教育部高职高专计算机教指委规划教材

软件测试技术与项目实训

主　编　于艳华　王素华　吴艳平
副主编　于艳波　李宏伟　白淑平
主　审　李　季

中国人民大学出版社
·北京·

总 序

近年来，我国高等教育取得了跨越式发展，毛入学率由1998年的8%迅速增长到2010年的25%，已经进入到大众的发展阶段，这其中，高等职业教育对实现“形成全民学习、终身学习的学习型社会”、“构建终身教育体系”的宏伟目标，发挥着其他教育形式不可替代的作用。

质量是职业教育的生命，社会需求是职业教育发展的终极动力。新颁布的《国家中长期教育改革和发展规划纲要》（简称《纲要》）特别强调通过推进教育教学改革来提高质量。《纲要》要求通过课程、教材、教学模式和评价方式的创新，推进就业创业教育，实现人才培养方式转变，着力提高学生的职业道德、职业技能和就业创业能力。

实际上，为了适应我国高等职业教育的发展，全面提高教育教学质量，教育部主管部门先后启动了“国家精品课程建设”和“国家示范性高等职业院校建设计划”，经过四年的建设，无论是办学条件、人才培养模式，还是学生的就业质量都取得了显著进步；同时，也涌现出了一批高水平的优秀课程和优秀教材，为传播优秀教学理念、教学方法和教学内容起到了重要作用，为提高教学质量奠定了坚实的基础。

为进一步深化教育教学改革和精品课程建设，进一步挖掘优秀的课程和教材，推广优秀的教育成果，扩大精品课程的受益面，在教育部高等学校高职高专计算机类专业教学指导委员会的指导下，中国人民大学出版社组织召开了计算机类专业的教材研讨会，并成立了教材编审委员会，计划在未来两三年内陆续推出百种高职高专计算机系列精品教材。

此套教材的作者大都是有着丰富的职业教育教学经验和较高专业学术水平的专家和教授。教材内容的选择克服了追求理论“大而全”的不足，做到了少而精，有针对性，突出了能力的训练和培养；教材体例的安排突出了学习使用的弹性和灵活性，形成文字教材和多媒体教程相结合的立体化教材，加强了教师对学生学习过程的指导和帮助，形象生动、灵活方便，更能适应学员在职、业余自学，或配合教师讲授时使用，相信会起到很好的教学效果。为满足教师在实际教学中的需求，本套教材在编写体例形式上不拘一格，具备“任务引领型”、“案例型”、“项目实训型”等写作特点，其目的是让学生在学中练、练中学，在实际动手练习中掌握理论知识和专业技能。

我们期待，这套高职高专计算机精品教材能够为促进我国高校IT职业教育的教学质量做出积极的贡献；我们也相信，这套教材必将在实践中日臻完善、追求卓越！

教育部高等学校高职高专计算机类专业教学指导委员会 主任委员

大连东软信息学院院长　温涛教授

二〇一〇年六月

前　言

本书是一本以“工作过程导向”为理念，与软件行业特点相结合，以培养综合职业能力为核心，以项目为载体，以工作过程化知识为内容，以工作过程流为结构，开发的基于“工作过程导向”的行动体系教材。

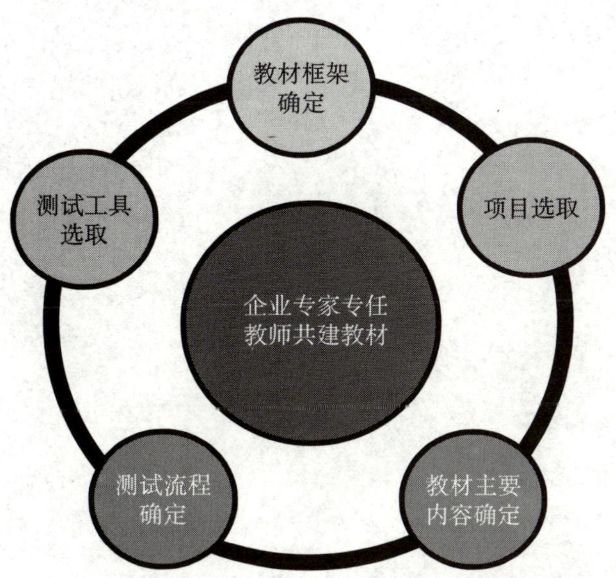

通过对软件测试岗位工作任务的分析，以软件测试员职业岗位能力培养为主线，以一个项目的测试流程展开为核心，结合学生的认知特点和教学规律，采用递进与并列相结合的方式来展现内容，其中基于Web应用程序测试是本书的核心内容。通过与企业专家签订聘书，

招开座谈会等方式，采用了“五同”原则进行了教材建设，即共同制定教材框架、共同开发制定项目、共同确定教材内容、共同确定测试流程、共同选取测试。

本书一共分为4章，内容的选取都是按照企业的测试规范来设计的，第1章 CVIT 新闻发布系统项目介绍及测试计划，采用一个相对比较简单的测试计划模板，虽然各个公司采用的模板不同，但主要包括的要素是一样的。第2章 CVIT 新闻发布系统的白盒测试，这里主用采用 NUnit 工具进行单元测试。因为本书的项目是以 .NET 技术开发的，所以采用 .NET 的单元测试工具 NUnit。第3章 CVIT 新闻发布系统黑盒测试，主要采用黑盒测试的几种方法进行功能测试用例的设计与执行。第4章 CVIT 新闻发布系统的自动化测试及工具使用，这里主要介绍两种企业比较常用的测试工具，一个是性能测试工具，一个是单元测试工具。

本书由于艳华、王素华、吴艳平担任主编，于艳波、李宏伟、白淑华担任副主编，李季担任主审，孙佳帝、杨柏婷、王明月、乔巍、李航、刘洋等参与部分章节编写。其中，性能测试主要由于艳华编写，功能测试主要由吴艳平、于艳波，李宏伟、白淑华、孙佳帝编写，单元测试主要由王素华、杨柏婷、王明月、乔巍、李航、刘洋编写。

本书建议教学课时数为96学时，第1章4学时，第2章24学时，第3章30学时，第4章48学时。如授课老师在讲课中有疑问，欢迎提出宝贵意见，进行批评指正。本书相关教学资源下载请登录 www.crup.com.cn/jiaoyu，也可发邮件至 sunlin@crup.com.cn。

由于编者水平有限，加上时间仓促，书中难免有不足之处，恳请各位专家、读者给与指正。

作者

2011年9月

目 录

第1章　CVIT新闻发布系统的测试计划

软件测试就是在软件交付用户使用或投入运行前，对软件需求规格说明、设计规格说明和编码的最终复审，是软件质量保证的关键步骤。软件测试是为了发现错误而执行程序的过程。软件测试在软件生命周期中横跨两个阶段：通常在编写出每一个模块之后就需要对它做必要的测试（称为单元测试），编码和单元测试属于软件生命周期中的同一个阶段；在结束这个阶段后对软件系统还要进行各种综合测试，如集成测试、系统测试、性能测试和配置测试等，这是软件生命周期的另一个独立阶段，即测试阶段。

本书的设计思想为以一个真实项目为背景展开测试活动，针对具体项目按照软件测试阶段进行测试，通过对项目进行单元测试、集成测试、系统测试、验收测试来完整地体现软件测试各阶段，让学生在实际动手操作中掌握软件测试各阶段的理论知识，并且能针对项目展开测试活动，为学生今后从事软件测试工作打下坚实的理论与实践基础。

1.1　CVIT新闻发布系统项目说明及发布

1.1.1　CVIT新闻发布系统的说明介绍

1. 项目软硬件环境

- Windows XP/Windows 2003 Server 等系统
- 安装 Microsoft SQL Server 2005
- 安装 Microsoft .NET Framework SDK v3.5
- 安装 IIS 5.0 以上版本
- IE 5.5 以上版本

2. 系统文档

需求规格说明书

系统设计文档

3. CVIT 新闻发布系统主要界面

CVIT 新闻发布系统的主界面如图 1—1、1—2、1—3 所示。

4. CVIT 新闻发布系统主要功能模块

CVIT 新闻发布系统主要功能模块图如图 1—4 所示。

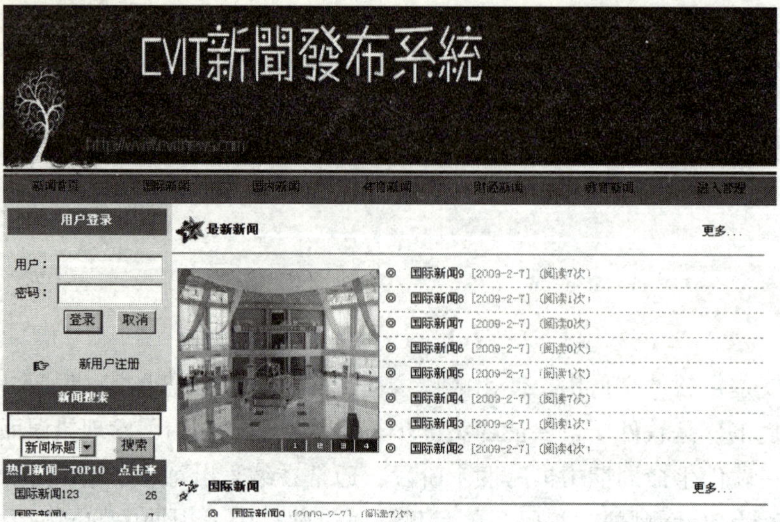

图 1—1　前台功能界面

图 1—2　后台管理员登录页面

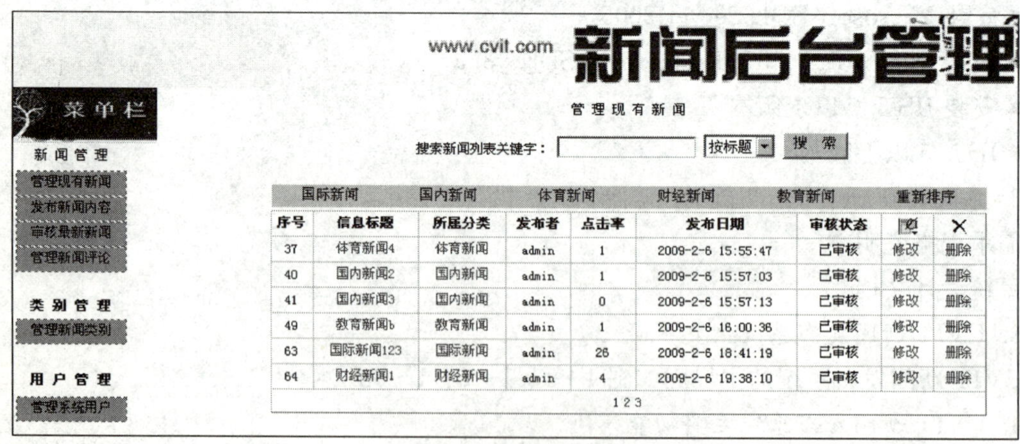

图 1—3　后台管理界面

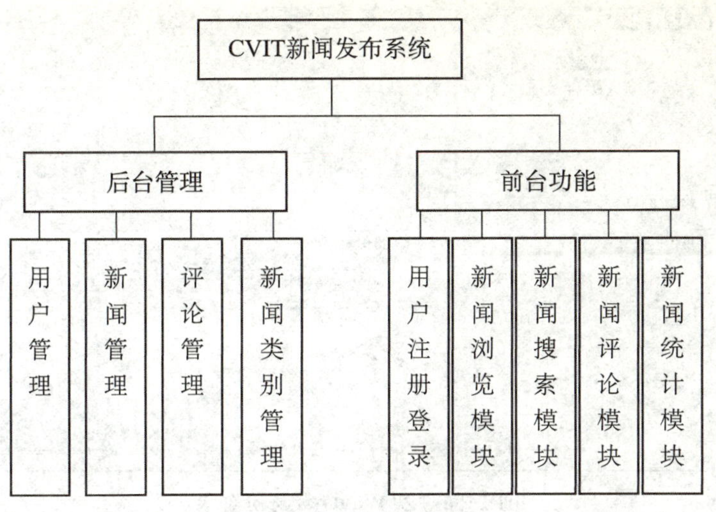

图 1—4　系统功能模块图

1.1.2　CVIT 新闻发布系统的发布过程

1. 启动服务

用鼠标右键单击“我的电脑→管理→服务和应用程序→服务”，进入到如图 1—5 所示的界面，选择 SQLEXPRESS 和 MSSQLSERVER，用鼠标右键选择“启动”。

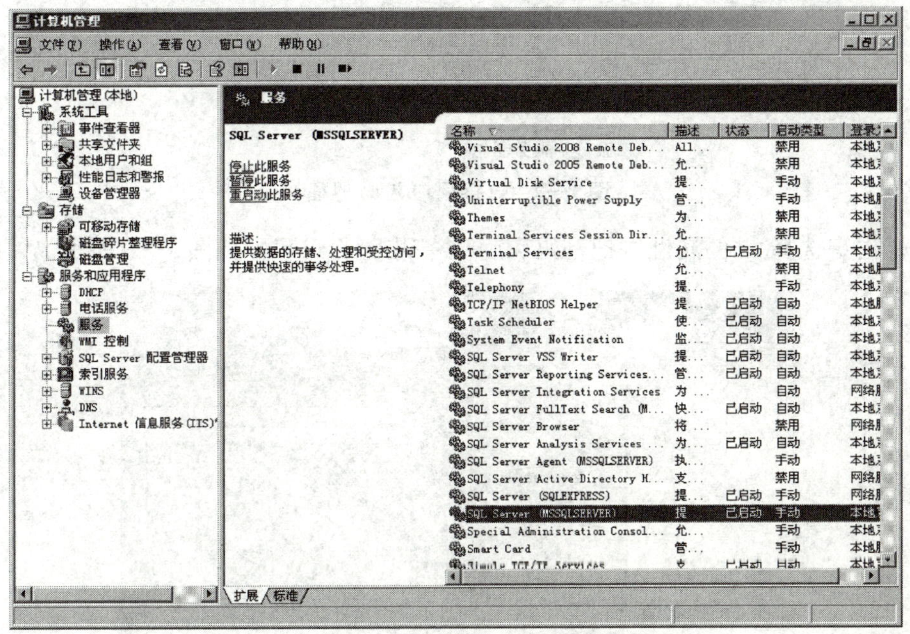

图 1—5　启动 SQL 服务

2. 附加数据库

(1) 打开 SQL Server 2005 环境，建立连接，首先输入“.”（表示本机），选择 Windows 身份验证，连接数据库，如图 1—6 所示。

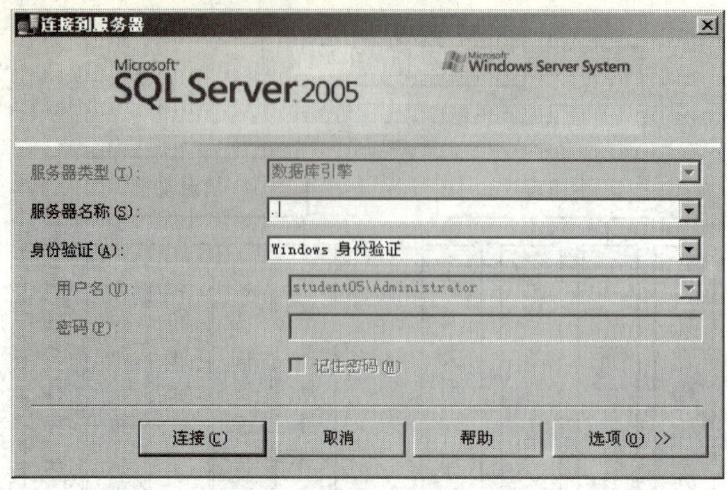

图 1—6 以 Windows 身份登录

(2) 打开 SQL Server 2005 后，单击“安全性→登录名→sa”，如图 1—7 所示。

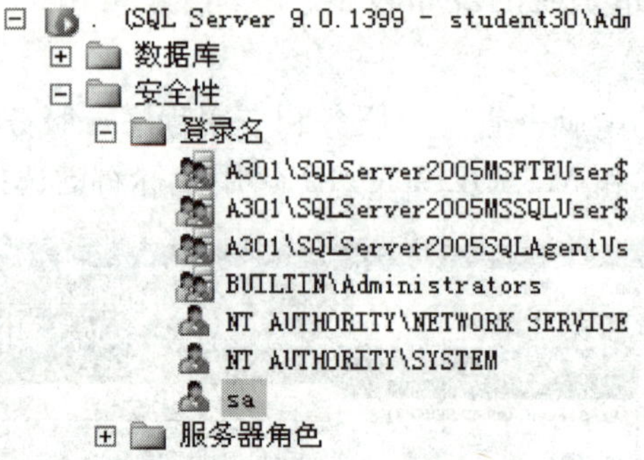

图 1—7 选择用户名 sa 界面

用鼠标右键选择 sa 的属性，把密码和确认密码改成 1111，如图 1—8 所示。

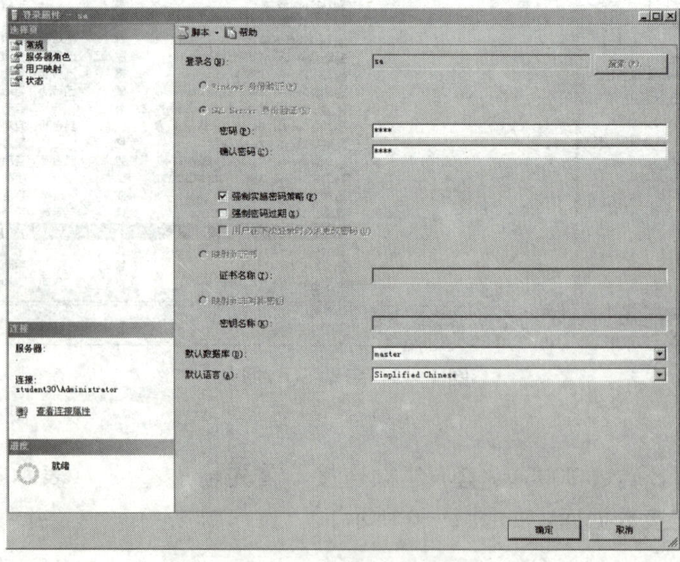

图 1—8 登录属性界面

选择状态后，出现如图 1—9 所示的界面。登录的方式选择“启用”，允许用户以 sa 的用户名登录。

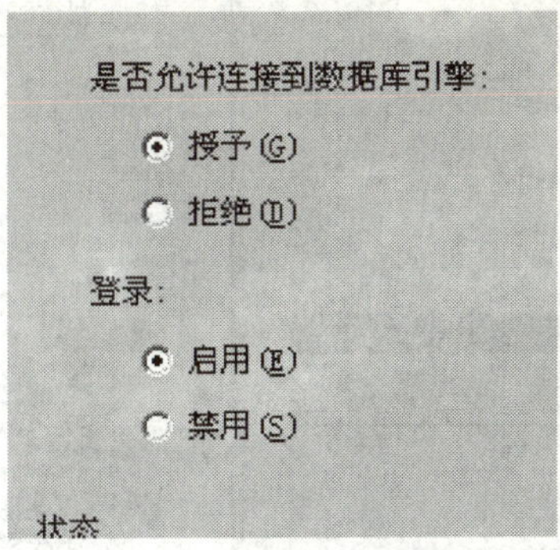

图 1—9　登录方式界面

(3) 单击“开始→所有程序→Microsoft SQL Server→2005 SQL Server Management Studio”，找到 SQL Server 2005 下的“对象资源管理器”，如图 1—10 所示。

在⊟ . (SQL Server 9.0.1399 - student30\Administrator)位置单击右键，选择“安全性”，出现如图 1—11 所示的界面。

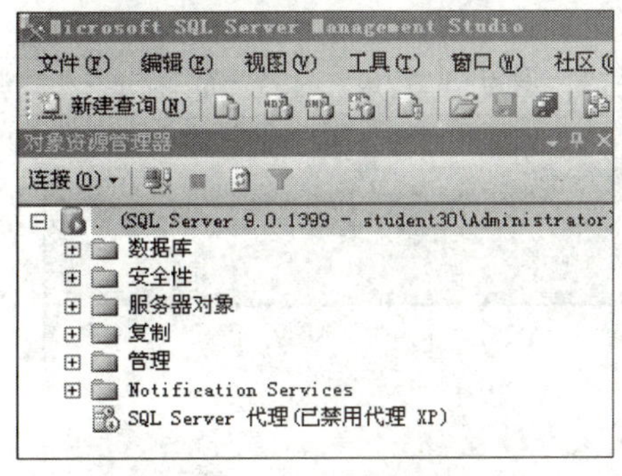

图 1—10　对象资源管理器

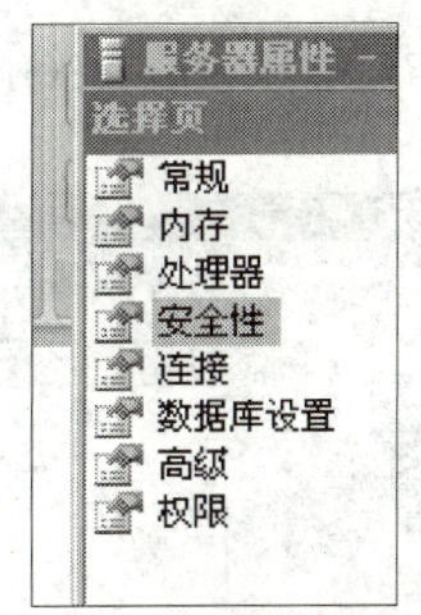

图 1—11　服务器属性界面

弹出“服务器身份验证”对话框，选择“SQL Server 和 Windows 身份验证模式”，如图 1—12 所示。

图 1—12　服务器身份验证界面

(4) 重新以 sa 账号登录，密码是 1111。用鼠标右键单击“数据库”，选择“附加”，如图 1—13 所示。

选择系统数据库文件，出现如图 1—14 所示的界面。单击“确定”按钮，附加数据库成功。

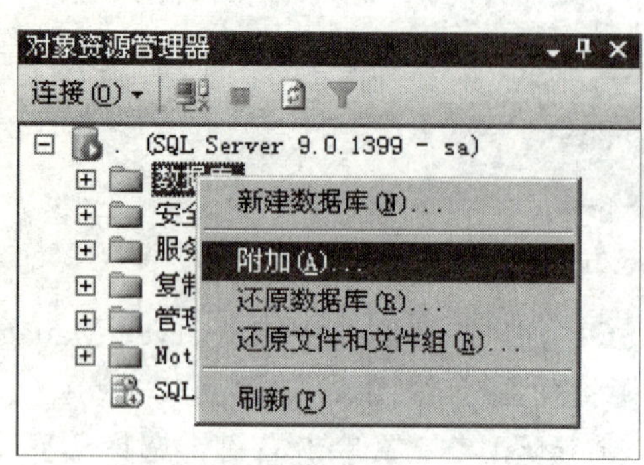

图 1—13　附加数据库界面

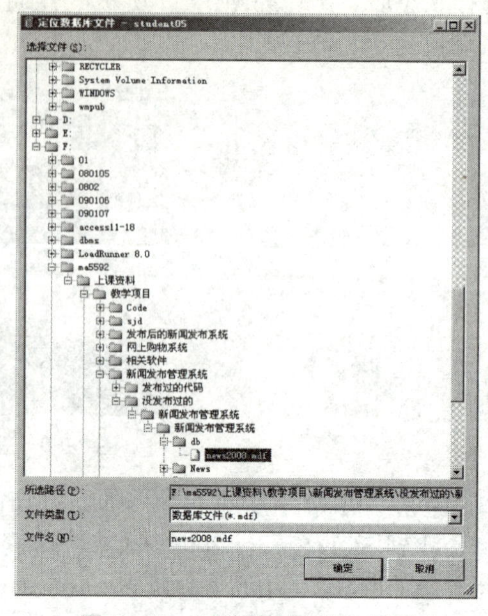

图 1—14　系统数据库文件界面

3. 发布网站

(1) 单击“Visual Studio 2008→文件→打开→项目解决方案”，如图 1—15 所示。

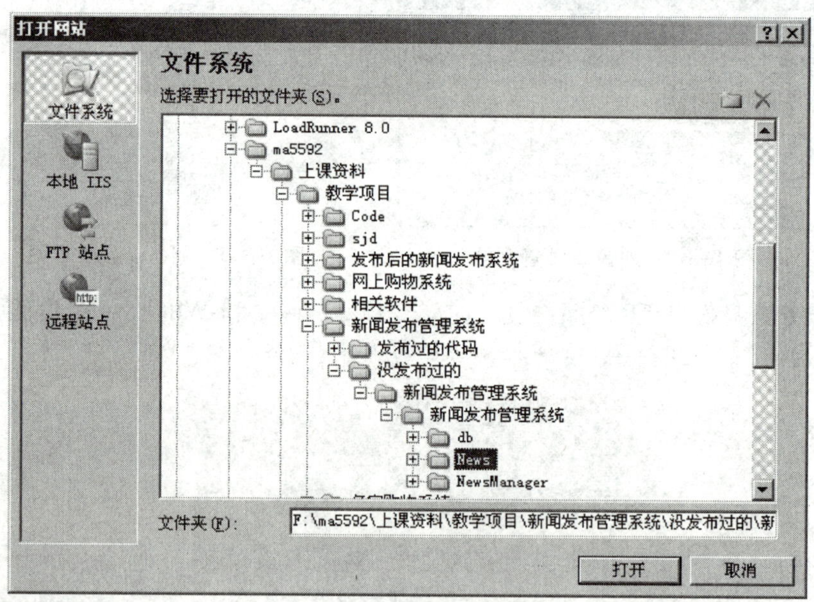

图 1—15　项目存放位置

(2) 单击“打开→解决方案资源管理器”，用右键单击“网站路径”，选择“发布网站”，如图 1—16 所示。

选择要发布的位置，新建文件夹，如 C:\YYH，如图 1—17 所示。

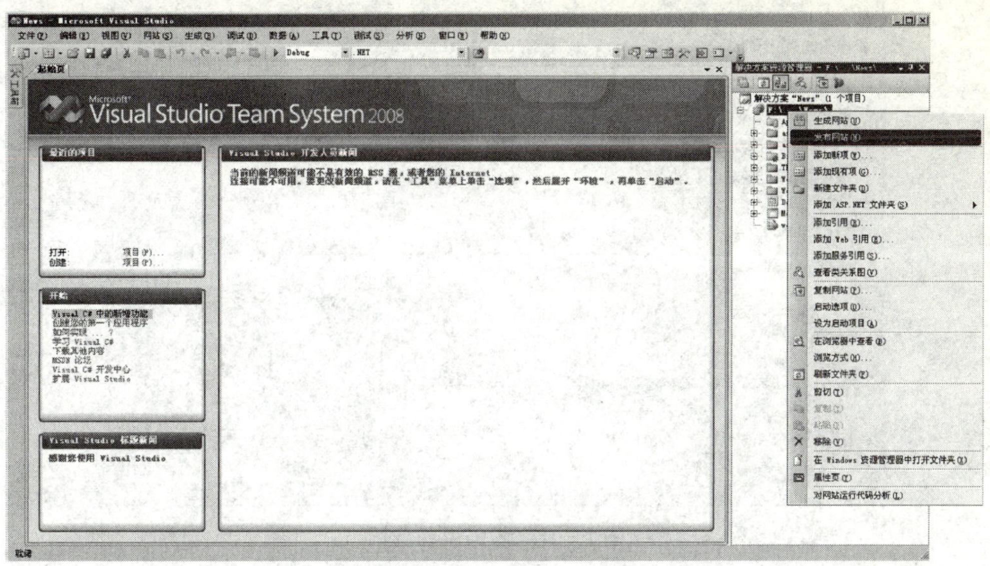

图 1—16　发布网站界面

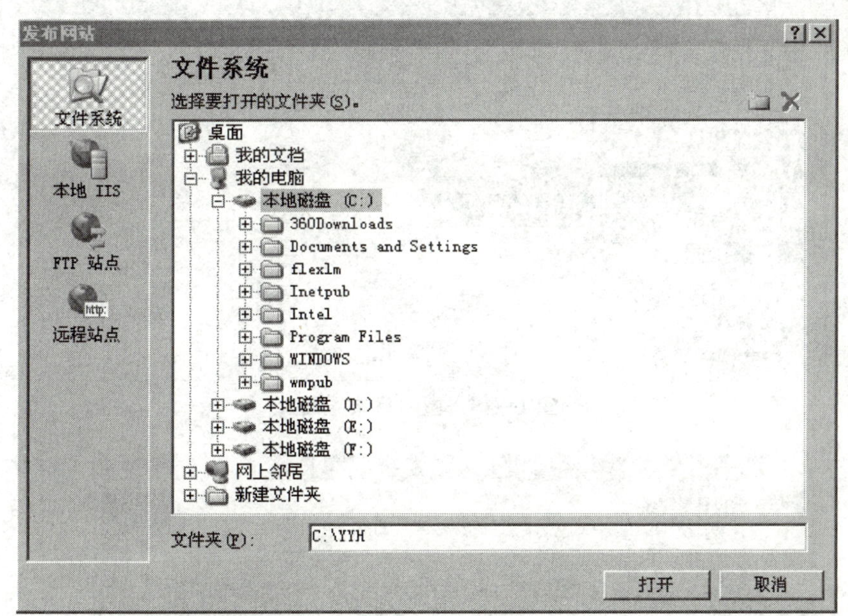

图 1—17　选择发布位置界面

单击“打开”按钮，出现如图 1—18 所示的发布网站界面。取消“允许更新此预编译站点”，然后单击“确定”按钮。

(3) 用鼠标右键依次单击“我的电脑→Internet 信息→默认网站→新建→虚拟目录”，如图 1—19 所示。

在图 1—20 中输入虚拟目录别名“YYH”。单击“下一步”按钮后，出现如图 1—21 所示的界面。

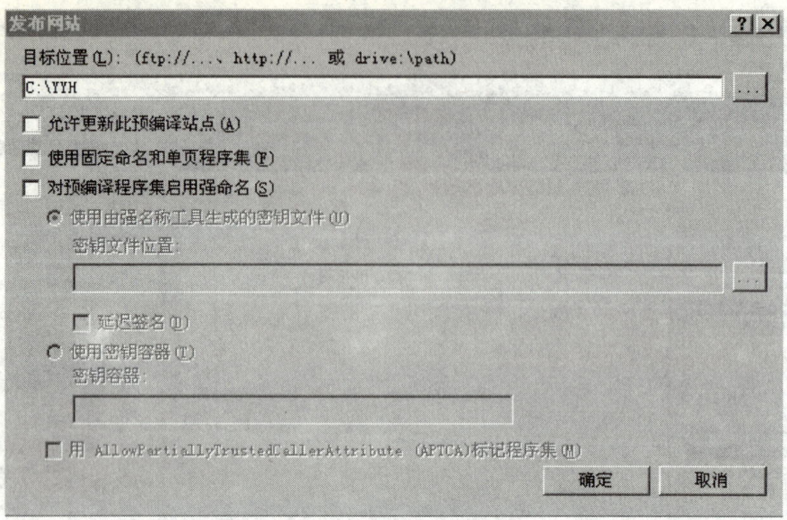

图 1—18　发布网站界面

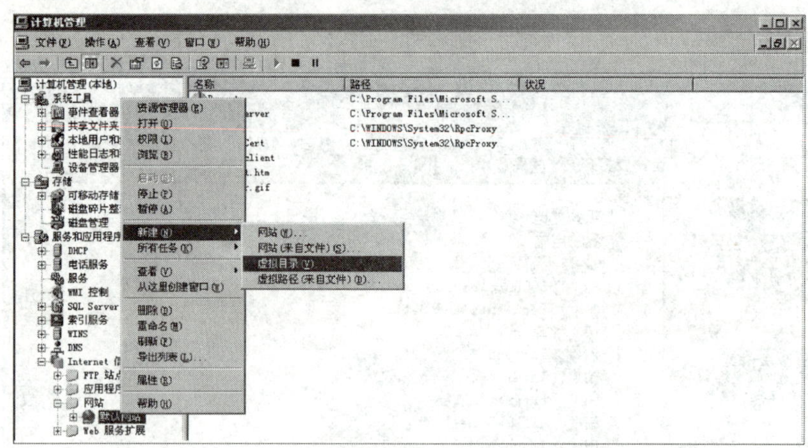

图 1—19　虚拟目录界面

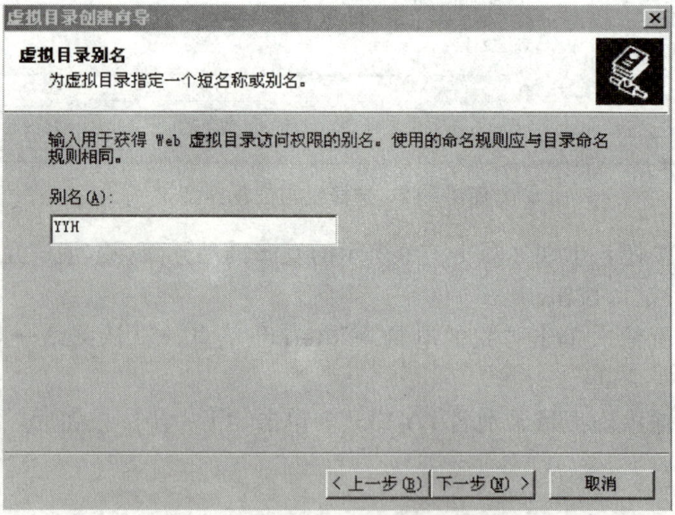

图 1—20　虚拟目录创建向导界面

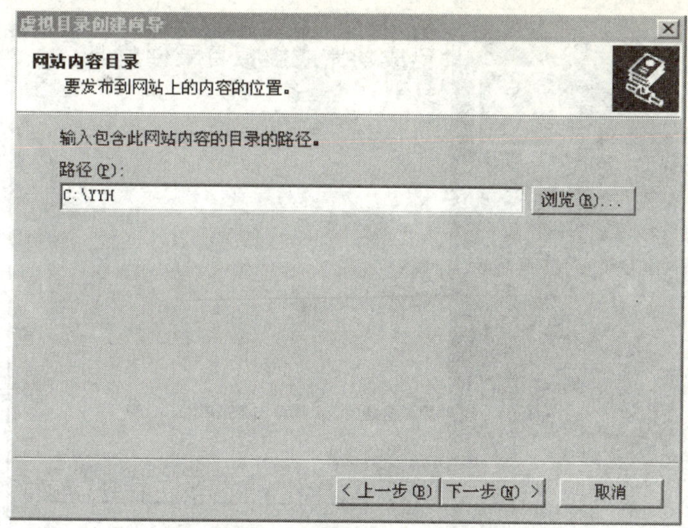

图 1—21　发布网站的路径界面

单击“下一步”按钮，选择权限，除了“写入”，其他各项均勾选上，如图 1—22 所示。

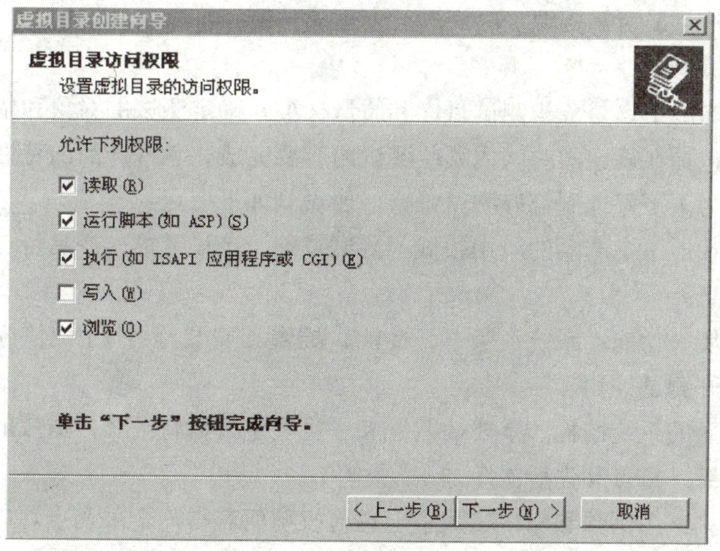

图 1—22　访问权限界面

单击“下一步”按钮后，出现如图 1—23 所示的成功安装界面。在地址栏中输入 http：//localhost/YYH，即可访问 CVIT 新闻发布系统。

1.2　测试计划相关知识

1.2.1　测试计划主要设计的内容

1. 测试计划要点

测试计划主要集中在测试目标、质量标准、测试策略、测试范围、测试用例设计方法、所需资源以及日程安排，关键是制订有效的测试策略，清楚地界定测试范围，识别测试中所

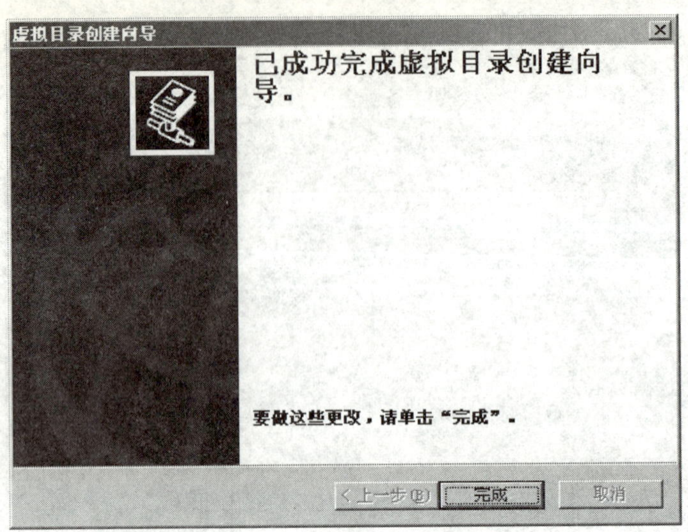

图 1—23　虚拟目录创建向导成功安装界面

存在的各种风险并找出风险回避、监控和管理的方法，针对不同的测试目标或阶段确定测试方法，对测试工作量及所需资源、时间进行合理的估算。

2. 制订测试策略

制订测试策略的工作是分析测试目标和质量标准，确定测试的对象和依据、测试的重点和采用的方法，包括在规定的时间内哪些测试内容要完成，软件产品的特性或质量在哪些方面要得到确认。为了更好地制订好测试策略，要做到如下三点：

(1) 全面细致地了解产品的应用领域、测试范围、市场需求、产品特点、主要功能和技术架构等项目信息。

(2) 基于模块、功能、系统、版本、性能、配置和安装等各个因素对产品质量的影响，客观、全面地展开测试计划。

根据软件单元的系统结构的重要性差异和一旦发生故障将给客户造成的损失大小，来确定软件测试的等级、重点和先后次序。

(3) 需要在测试用例数和测试覆盖率上进行权衡而获得一个平衡点，以便能使用尽可能少的有效测试用例去发现尽可能多的程序错误。测试不足意味着让用户承担隐藏错误带来的危险；但是，过度测试又会浪费许多宝贵的资源或耽误软件产品的发布时间。

3. 确定测试范围

测试主要根据产品设计规格说明书、代码发生的变化及其影响的区域，来确定哪些功能和特性需要测试，哪些功能和特性不需要测试。在确定测试范围时，要考虑如下因素：

(1) 优先级最高的需求功能。

(2) 新增加的功能和编码改动较大的已有功能。

(3) 容易出现问题的部分功能。

(4) 过去测试不够充分的地方。

(5) 经常被用户使用的功能和配置（占 20%）。

1.2.2　测试计划六要素（5W1H）

"5W1H"分别指的是：WHAT、WHY、WHEN、WHERE、WHO、HOW。

- WHAT：明确测试的范围和主要内容。
- WHY：明确测试的目的。
- WHEN：确定测试开始和结束的时间。
- WHERE：给出测试文档的软件的存放位置。
- WHO：测试人员的确定及分配。
- HOW：确定主要采用的测试方法及测试工具。

1.3　CVIT 新闻发布系统的测试计划设计

密级：机密

文档编号：200901

第 1 版

CVIT 新闻发布系统

测试计划

2009 年 3 月

蓝星软件工作室

1. 简介

1.1　目的

《CVIT 新闻发布系统》的"测试计划"文档编写的目的：

根据项目的最终要求，对软件的功能、性能、界面、接口等内容进行测试，确定测试策略、测试范围、确定测试人员和测试进度等。确保软件的质量。

1.2　背景

该项目是为提高学校管理效率而开发的，保证学校快速向学生和老师传播信息。项目的基本功能包括：

前台功能：用户注册登录、新闻浏览、新闻搜索、新闻评论和新闻统计

后台：用户管理、新闻管理、评论管理、新闻类别管理

项目的软、硬件要求：

-软件：SQL Server 2005、Visual Studio 2008、IIS 5.0。

-硬件：MS Windows Server 2003/2008、IE 5.5 以上版本、IIS 5.0 以上版本。

1.3 范围

根据需求规格说明书和系统设计文档，制订测试策略，包括测试方法、测试用例、测试工具等。

单元测试：检验程序最小单元有无错误，接口、数据结构、边界、覆盖、逻辑检验单元编码与设计是否吻合。

集成测试：测试各功能模块间的接口是否正确，保证软件功能的完整实现。

系统测试：根据需求规格说明书进行功能测试、性能测试、界面测试。

验收测试：与用户一起依据用户手册对项目的功能进行验证。

2. 测试文档

2.1 测试使用文档

文档名称	发表日期	作者或来源	出版单位
需求规格说明书	2009.7	李航	长春职业技术学院蓝星工作室
系统设计文档	2009.7	李航	长春职业技术学院蓝星工作室

2.2 测试提交文档

文档名称	发表日期	作者或来源	出版单位
测试计划	2010.1	于艳华	长春职业技术学院蓝星工作室
测试用例	2010.4	吴艳平、于艳华	长春职业技术学院蓝星工作室
测试总结分析报告	2010.6	李季、王素华	长春职业技术学院蓝星工作室

3. 资源

3.1 人力资源

角　色	人　数	具体职责或注释
测试组长	2 人	负责拟订软件项目的测试计划和方案，提供测试技术指导，组织测试资源，安排测试计划实施，提交测试分析报告，总结整个测试活动
测试设计员	5 人	参与制订测试计划，生成测试模型，在面向对象的设计系统中确定并定义测试类的操作、属性和关联关系，确定测试用例，指导测试实施，参与测试评估和测试分析报告的编写
测试员	15 人	实施测试，填写测试记录，记录结果和缺陷

3.2 系统资源

测试工具	用途	生产商	版本
Word	测试计划、测试用例	Microsoft	2003
NUnit	单元测试		
LoadRunner 8.0	性能测试		9.0
TestDirector 8.0	测试管理		9.0

4. 测试进度和里程碑

4.1　项目测试进度

以下测试工作任务的起止时间为：

制订测试计划（2009.1—2009.3）

确定测试需求

评估风险

制订测试策略

确定测试资源

创建时间表

生成测试计划

设计测试（2009.3—2009.5）

准备测试计划说明书

确定并说明测试用例

复审和评估测试覆盖

实施测试（2009.5—2009.6）

单元测试阶段

集成测试阶段

系统测试阶段

提交测试分析报告

测试活动总结（2009.6—2009.7）

4.2　测试里程碑

里程碑任务	工作量	开始日期	结束日期
制订测试计划		2009.1	2009.3
设计测试		2009.3	2009.5
实施测试		2009.5	2009.6
评估测试		2009.6	2009.7

5. 可交付的工件

测试计划书

测试用例集

主要模块的测试脚本

测试总结分析报告

课后自测及相关实训 1

一、填空题

1. ______是指导测试的纲领性文件。

2. 测试计划编写 6 要素：______、______、When、Where、Who、How。

3. 软件测试计划一般由______来编写。

二、选择题

1. 测试计划的制订必须注意（　　）。

A. 测试策略　测试范围　　B. 测试方法　测试安排

C. 测试风险　测试管理　　D. 以上都是

2. 制订测试计划的步骤是（　　）。

A. 确定项目管理机制、预计测试工作量、测试计划评审

B. 确定测试范围、确定测试策略、确定测试标准、预计测试工作量

C. 确定测试构架、确定项目管理机制、预计测试工作量、测试计划评审

D. 确定测试范围、确定测试策略、确定测试标准、确定测试构架、确定项目管理机制、预计测试工作量、测试计划评审

3. 测试计划文档不应包含下面（　　）项内容。

A. 测试策略　　B. 测试用例

C. 测试时间安排　　D. 测试标准

4. 编写测试计划的目的是（　　）。

A. 使测试工作顺利进行　　B. 使项目参与人员沟通更舒畅

C. 使测试工作更加系统化　　D. 以上都是

三、判断题

1. 测试人员要坚持原则，缺陷未修复完坚决不予通过。（　　）

2. 软件测试的目的是尽可能多地找出软件的缺陷。（　　）

3. 项目立项前测试人员不需要提交任何工件。（　　）

4. 我们可以人为地使得软件不存在配置问题。（　　）

5. 在软件开发的过程中，若能推迟暴露其中的错误，则为修复和改正错误所花费的代价就会降低。（　　）

6. 好的测试是用少量测试用例运行程序，发现被测程序尽可能多的错误。（　　）

7. 好的测试员不懈追求完美。（　　）

四、实训

CVIT 新闻发布系统测试计划的设计。

第 2 章　CVIT 新闻发布系统的白盒测试

2.1　白盒测试相关知识

2.1.1　白盒测试概述

1. 白盒测试的概念

白盒测试也称结构测试或逻辑驱动测试，它按照程序内部的结构测试程序，通过测试来检测产品内部动作是否按照设计规格说明书的规定正常进行，检验程序中的每条通路是否都能按预定要求正确工作。

这一方法是把测试对象看做一个打开的盒子，测试人员依据程序内部逻辑结构相关信息，设计或选择测试用例，对程序所有逻辑路径进行测试，通过在不同点检查程序的状态，来确定实际的状态是否与预期的状态一致。

采用什么方法对软件进行测试呢？常用的软件测试方法有两大类：静态测试方法和动态测试方法。其中软件的静态测试不要求在计算机上实际执行所测试的程序，主要以一些人工的模拟技术对软件进行分析和测试；而软件的动态测试是通过输入预先按照一定的测试准则构造的一组实例数据来动态运行程序，从而达到发现程序错误的过程。

白盒测试在软件测试整个过程的每个阶段都有不同程度的体现，其中单元测试阶段使用的白盒测试方法最多，有时候甚至将二者等同起来。因此本章主要讲解单元测试及其方法，以下小节均以单元测试作为主要讲解内容。

单元测试（模块测试）是开发者编写的一小段代码，用于检验被测代码的一个很小的、很明确的功能是否正确。通常，一个单元测试用于判断某个特定条件（或者场景）下某个特定函数的行为。例如，可能把一个很大的值放入一个有序的 list 中，然后确认该值出现在 list 的尾部。又如，从字符串中删除匹配某种模式的字符，然后确认字符串确实不再包含这些字符。

单元测试由程序员自己来完成，最终受益的也是程序员自己。可以这么说，程序员有责任编写功能代码，同时也就有责任为自己的代码编写单元测试。执行单元测试，就是为了证明这段代码的行为与我们期望的一致。

工厂在组装一台电视机之前，会对每个元件都进行测试，这就是单元测试。单元测试是对最小的可测试软件元素（单元）实施的测试，它所测试的内容包括单元的内部结构（如逻辑和数据流）以及单元的功能和可观测的行为。

在这里，对于面向对象的程序而言是以类为单元的，而对于面向过程的程序而言是以函数为单元的。因此，一个单元测试用于判断某个特定条件（或场景）下某个特定类或函数的行为。一般而言，软件开发中的单元测试是指对方法的测试。例如，有一个函数用来从字符串中删除匹配某种模式的字符，那么对这个函数而言，单元测试就是用来确认执行完该函数时字符串中确实不再包含那些符合条件的字符了。又如，函数的功能是求 N 个数字中的最大值，那么单元测试就是用来确认最后得到了最大值。

单元测试的目的就是通过检查软件内部的逻辑结构，对软件中的逻辑路径进行覆盖测试；在程序不同地方设立检查点，检查程序的状态，以确定实际运行状态与预期状态是否一致。

要进行单元测试，需要一定的规划，它的具体实施步骤如下：

（1）测试计划阶段：根据需求说明书，制订测试进度。

（2）测试设计阶段：依据程序设计说明书，按照一定规范化的方法进行软件结构划分和设计测试用例。

（3）测试执行阶段：输入测试用例，得到测试结果。

（4）测试总结阶段：对比测试的结果和代码的预期结果，分析错误原因，找到并解决错误。

2. 进行单元测试的必要性

其实程序员每天都在做单元测试。比如写了一个函数，除了极简单的外，总要执行一下查看功能是否正常，很多时候还会想办法输出一些数据，看一些边界条件的值是否被正常执行，但这并不算是真正的单元测试，它只能称为是临时的。针对这段代码的测试还很不完整，测试覆盖的百分比超不过 70%，没被测试到的数据可能遗留大量的细小错误，而且这些错误会互相影响；如果不在前期解决，当错误积累到一定程度时，代码就会变得难以调试，导致项目后期测试和维护的成本大幅度提高，甚至项目最终失败。可以说，进行充分的单元测试是提高软件质量、降低开发成本的保障。

程序员编写代码时，一定会反复调试以保证它能够编译通过。编译没有通过的代码是不可能提交的。但是仅仅是代码通过编译，只能说明它的语法是正确的，无法保证它的语义也一定正确。而单元测试可以用来验证这段代码的行为是否与我们的期望一致，让程序员自信地提交自己的代码。对于程序员来说，如果养成了对自己写的代码进行单元测试的习惯，不但可以写出高质量的代码，而且还能提高编程水平。

单元测试的优点也是很明显的，主要有以下几点：

（1）它是一种验证行为。程序中的每一项功能都通过单元测试来验证它的正确性，它为以后的开发提供支援。就算是开发后期，我们也可以轻松地增加功能或更改程序结构，而不用担心在这个过程中会破坏重要的东西，同时它为代码的重构提供了保障。这样，我们就可以更自由地对程序进行改进。

（2）它是一种设计行为。编写单元测试将使我们从调用者的角度观察、思考。特别是先写测试（test-first），迫使我们把程序设计成易于调用和可测试的形式，即解除软件中的耦合。

（3）它是一种编写文档的行为。单元测试是一种无价的文档，它是展示函数或类如何使用的最佳文档。这份文档是可编译的、可运行的，并且它保持最新，永远与代码同步。

（4）它具有回归性。自动化的单元测试避免代码出现回归，编写完成之后，可以随时快速运行测试。

除此之外，单元测试还可以迫使测试人员去仔细思考软件的实现，检测代码中的每条分支和路径，揭示隐藏在代码中的错误，对代码的测试比较彻底，从而使代码最优化。

3. 单元测试的任务

单元测试任务包括以下五点：

（1）模块接口测试；

（2）模块局部数据结构测试；

（3）模块边界条件测试；

（4）模块中所有独立执行通路测试；

（5）模块的各条错误处理通路测试。

模块接口测试是单元测试的基础。只有在数据能正确流入/流出模块的前提下，其他测试才有意义。测试接口正确与否应该考虑下列因素：

（1）输入的实际参数与形式参数的个数是否相同；

（2）输入的实际参数与形式参数的属性是否匹配；

（3）输入的实际参数与形式参数的量纲是否一致；

（4）调用其他模块时所给实际参数的个数是否与被调模块的形参个数相同；

（5）调用其他模块时所给实际参数的属性是否与被调模块的形参属性匹配；

（6）调用其他模块时所给实际参数的量纲是否与被调模块的形参量纲一致；

（7）调用预定义函数时所用参数的个数、属性和次序是否正确；

（8）是否存在与当前入口点无关的参数引用；

（9）是否修改了只读型参数；

（10）对全程变量的定义各模块是否一致；

（11）是否把某些约束作为参数传递。

如果模块内包含外部输入/输出，还应该考虑下列因素：

（1）文件属性是否正确；

（2）OPEN/CLOSE 语句是否正确；

（3）格式说明与输入/输出语句是否匹配；

（4）缓冲区大小与记录长度是否匹配；

（5）文件使用前是否已经打开；

（6）是否处理了文件尾；

（7）是否处理了输入/输出错误；

（8）输出信息中是否有文字性错误。

检查局部数据结构是为了保证临时存储在模块内的数据在程序执行过程中完整、正确。局部数据结构往往是错误的根源，应仔细设计测试用例，力求发现下面几类错误：

（1）不合适或不相容的类型说明；

（2）变量无初值；

（3）变量初始化或默认值有错；

（4）不正确的变量名（拼错或不正确地截断）；

（5）出现上溢、下溢和地址异常。

除了局部数据结构外，如果可能，单元测试时还应该查清全局数据（如 FORTRAN 的公用区）对模块的影响。

在模块中应对每一条独立执行路径进行测试，单元测试的基本任务是保证模块中每条语句至少执行一次。设计测试用例是为了发现因错误计算、不正确的比较和不适当的控制流造成的错误。此时基本路径测试和循环测试是最常用且最有效的测试技术。计算中常见的错误包括：

（1）误解或用错了运算符优先级；

（2）混合类型运算；

（3）变量初值错；

（4）精度不够；

（5）表达式符号错。

比较判断与控制流常常紧密相关，测试用例还应致力于发现下列错误：

（1）不同数据类型的对象之间进行比较；

（2）错误地使用逻辑运算符或优先级；

（3）因计算机表示的局限性，期望理论上相等而实际上不相等的两个量相等；

（4）比较运算或变量出错；

（5）循环终止条件或不可能出现；

（6）迭代发散时不能退出；

（7）错误地修改了循环变量。

一个好的设计应能预见各种出错条件，并预设各种出错处理通路，出错处理通路同样需要认真测试，测试应着重检查下列问题：

（1）输出的出错信息难以理解；

（2）记录的错误与实际遇到的错误不相符；

（3）在程序自定义的出错处理段运行之前，系统已介入；

（4）异常处理不当；

（5）错误陈述中未能提供足够的定位出错信息。

边界条件测试是单元测试中最后，也是最重要的一项任务。众所周知，软件经常在边界上失效，采用边界值分析技术，针对边界值及其左、右设计测试用例，很有可能发现新的错误。

2.1.2 单元测试用例及用例设计

了解单元测试的任务后，下面介绍测试用例，测试用例也是单元测试的核心，决定单元测试是否成功。测试用例（Test Case）是为某个特殊目标而编制的一组测试输入、执行条件以及预期结果，以便测试某个程序路径或核实是否满足某个特定需求。测试用例的核心是输入数据。预期输出是依据输入数据和程序功能来确定的，也就是说，对于某一程序，输入数据确定后，预期输出也就可以确定了。对于生成/销毁被测试对象和运行测试的语句，所有测试用例都大同小异。它主要通过对代码的逻辑结构进行分析来设计测试用例。

一个完整的单元测试说明应该包含正面测试（Positive Testing）和负面测试（Negative Testing）。正面测试验证程序是应该执行的工作，负面测试验证程序是不应该执行的工作。

测试用例是按一定的顺序执行的与测试目标相关的测试活动的描述，是确定“怎样”测试的。测试用例被看做是有效发现软件缺陷的最小测试执行单元，也被视为软件的测试规格说明书。在测试工作中，测试用例的设计是非常重要的，是测试执行的正确性、有效性的基础。如何有效地设计测试用例，一直是测试人员所关注的问题；设计好测试用例，也是保证测试工作的最关键的因素之一。

单元测试的方法总体上分为静态方法和动态方法两大类。

静态分析是一种不通过执行程序而进行测试的技术。静态分析的关键功能是检查软件的表示与描述是否一致，没有冲突或者没有歧义。

动态分析的主要特点是当软件系统在模拟的或真实的环境中执行之前、之中和之后，对软件系统行为的分析。动态分析包含了程序在受控的环境下使用特定的期望结果进行正式运行。它显示了一个系统在检查状态下是否正确。动态测试要根据程序的控制结构设计测试用例，其原则如下：

- 保证一个模块中的所有独立路径至少被使用一次；
- 对所有逻辑值均需测试 true 和 false；
- 在上下边界及可操作范围内运行所有循环；
- 检查内部数据结构以确保其有效性。

但是对一个具有多重选择和循环嵌套的程序，不同的路径数目可能是天文数字，而且即使精确地实现了单元测试，也不能断言测试过后程序完全正确。如图 2—1 所示的穷举测试流程图，其中包括了一个执行达 20 次的循环，它所包含的不同执行路径数高达 5^{20} 条，假使有一个测试程序对每一条路径进行测试都需要 1ms，一天工作 24 小时，一年工作 365 天，若要对它进行穷举测试，则需要 3024 年的时间。

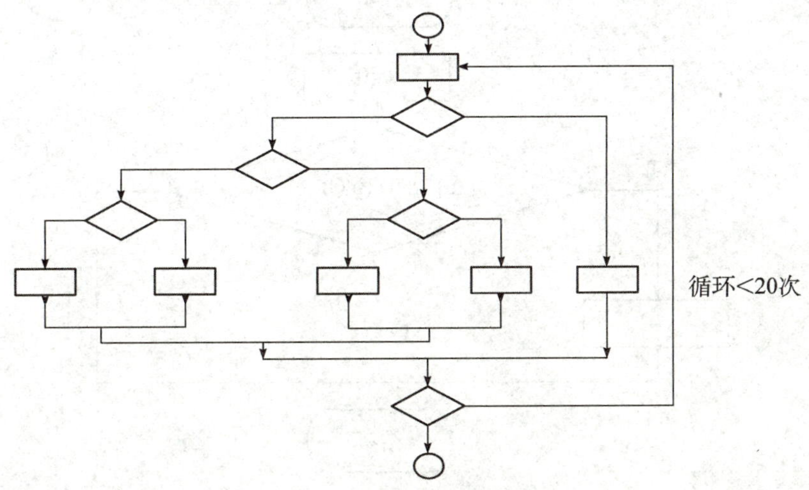

图 2—1 穷举测试流程图

以上的情况说明，实现穷举的工作量过大，需要的时间过长，实施起来是不现实的。任何软件开发项目都要受到期限、费用、人力和时机等条件的限制，尽管我们是为了充分揭露程序中的所有隐藏错误，彻底的做法是针对所有可能的数据进行测试，但事实告诉人们，这样做是不可能实现的。

在测试阶段既然穷举测试不可行，为了节省时间和资源，提高测试效率，就必须精心设计测试用例，也就是从数量巨大的可用测试用例中精心挑选少量的测试数据，使得采用这些测试能够达到最佳的测试效果。因此，人们发明了各种测试用例的设计方法，在实际测试用例设计过程中，不仅根据需要、场合单独使用这些方法，还常常综合运用多个方法，使测试用例的设计更为有效。单元测试用例的设计方法从大的方面来说包括两个：逻辑覆盖法和基本路径测试法。

1. 逻辑覆盖法

逻辑覆盖是以程序内部的逻辑结构为基础的测试用例设计技术，这一方法要求测试人员对程序的逻辑结构有清楚的了解。它通过对程序逻辑结构遍历实现程序的覆盖，是一系列测试过程的总称，这组测试过程逐渐进行越来越完整的通路测试。根据覆盖源程序语句的详尽程度将逻辑覆盖划分为：语句覆盖（SC）、判定覆盖（DC）、条件覆盖（CC）、判定-条件覆盖（CDC）、多条件覆盖（MCC）和修正判定条件覆盖（MCDC）。这六种覆盖通过一个 C 语言的例子来进行说明流程图如图 2—2 所示。

```
int function(bool a,bool b,bool c)
{
    int x;
    x = 0;
    if(a&&(b || c))
        x = 1;
    return x;
}
```

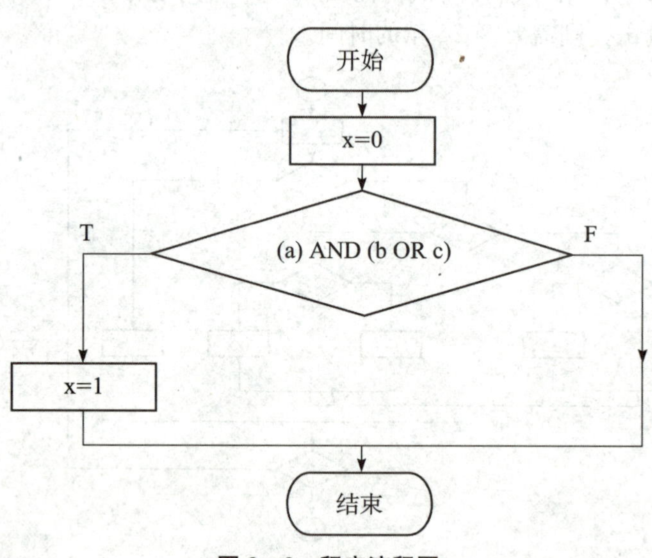

图 2—2 程序流程图

(1) 语句覆盖。语句覆盖就是设计若干个测试用例，运行所测试的程序，使得每个可执行语句至少执行一次。要想使每个语句都覆盖一次，设计以下的测试用例即可实现：

a=T，b=T，c=T

通过上面的用例，可以实现执行上述程序中的所有语句，但是语句覆盖的方法并不能测试到程序的逻辑错误。比如，在 if (a&& (b||c)) 中，&& 错写成 ||，或者 || 错写成 &&，

上述测试用例虽然可以达到语句 100%的覆盖率，但该逻辑错误却无法发现。因此一般认为语句覆盖是很弱的逻辑覆盖法。

（2）判定覆盖。判定覆盖就是设计足够的测试用例，运行所测试的程序，使得程序中每个判断的取真分支和取假分支至少经历一次，因此判定覆盖又称分支覆盖。判断覆盖比逻辑覆盖稍强。

除了双值（“真”或“假”）的判定语句外，还有多值判定语句，如 case 语句，因此判定覆盖更一般的含义是：使得每一个判定获得每一种可能的结果至少一次。

以上述代码为例，构造下面的测试用例即可实现判定覆盖标准：

a=T，b=T，c=T

a=F，b=F，c=F

试用上述用例测试代码，它不仅满足了判定覆盖，而且满足了语句覆盖，因此判定覆盖比逻辑覆盖更强。但是，假设本段程序中有逻辑错误，第一个运算符 && 错写成 ||，或者第二个运算符错写成了 &&。这时，虽然上述测试用例可以达到 100%的判定覆盖（真假条件都走了一遍），但是并不能发现上述的逻辑错误，如表 2—1 所示。当 a=T，b=T，c=T 时，a&&（b||c）如预期一样为 T，但是如果把 a&&（b||c）错写成 a||(b||c)，其结果仍然为 T，就不能发现这个逻辑错误。因此需要更强的逻辑覆盖标准。

表 2—1　　判定覆盖

序号	a	b	C	a&&（b||c）	a||(b||c)	判定覆盖%
1	T	T	T	T	T	50
2	F	F	F	F	F	50

（3）条件覆盖。由于程序中的判定条件可能是由多个条件组合而成的复合条件，条件覆盖就是设计若干个测试用例，运行所测试的程序，使得程序中每个判断条件的可能取值至少执行一次。按照这个想法，设计一个测试用例，使得上述代码达到 100%的条件覆盖：

a=F，b=T，c=F

a=T，b=F，c=T

经过研究可以发现，上述两个测试用例，在满足了条件覆盖的同时，也覆盖了两个分支条件，但是如果选用下面的测试用例：

a=F，b=T，c=T

a=T，b=F，c=F

你会发现，它们满足了条件覆盖，但并没有满足判定覆盖，如表 2—2 所示。那么为了解决这个问题，需要对条件和分支兼顾。

表 2—2　　条件覆盖

序号	a	b	c	a&&（b||c）	条件覆盖%	判定覆盖%
1	F	T	T	F	100	50
2	T	F	F	F		

(4) 判定-条件覆盖。判定-条件覆盖就是设计足够的测试用例，使得判断中每个条件的所有可能取值至少执行一次，同时每个判断的所有可能判断结果也至少执行一次。针对代码中的条件，选用下面的测试用例：

a=T，b=T，c=T

a=F，b=F，c=F

但是如前所述，这时虽然可以满足判定-条件覆盖，仍无法测试出一些逻辑错误，如表2—3所示。

表2—3　　判定-条件覆盖

序号	a	b	c	a&&(b‖c)	a&&(b&&c)	判定-条件覆盖%
1	T	T	T	T	T	100
2	F	F	F	F	F	

(5) 条件组合覆盖。条件组合覆盖也称多条件覆盖，就是设计足够的测试用例，运行所测试的程序，使得每个判断的所有可能的条件取值组合至少执行一次，显然满足条件组合覆盖的测试用例一定是满足判定覆盖、条件覆盖和判定-条件覆盖的。

我们用排列组合的方法得出测试用例，该例子代码中的判定语句有三个逻辑条件a、b、c，每个逻辑条件有两种可能取值，因此共有$2^3=8$种可能的组合，如表2—4所示，满足了条件组合覆盖。

表2—4　　条件组合覆盖

序号	a	b	c	a&&(b‖c)
1	T	T	T	T
2	T	T	F	T
3	T	F	T	T
4	T	F	F	F
5	F	T	T	F
6	F	T	F	F
7	F	F	T	F
8	F	F	F	F

虽然上述测试用例满足了条件组覆盖，但是判定语句中的逻辑条件较多时，排列组合的数目是非常巨大的。

(6) 修正条件判定覆盖。修正条件判定覆盖使用欧美的航空/航天制造厂商和使用单位联合制定的“航空运输和装备系统软件认证标准”，目前在国外的国防、航空航天领域应用广泛。这个覆盖度量需要足够的测试用例来确定各个条件能够影响到包含的判定结果。它要求满足两个条件：首先，每一个程序模块的入口和出口点都要考虑至少被调用一次，每个程序判定到所有可能的结果值要至少转换一次；其次，程序的判定被分解为通过逻辑操作符(and和or)连接的bool条件，每个条件对于判定的结果值是独立的。

设计如表2—5所示的测试用例，在这些用例的基础上，按照修正条件判定覆盖要求的条件选择需要的用例。

表 2—5　　修正条件判定覆盖

序号	a	b	c	a&&（b‖c）	a	b	c
1	T	T	T	T	5		
2	T	T	F	T	6	4	
3	T	F	T	T	7		4
4	T	F	F	F		2	3
5	F	T	T	F	1		
6	F	T	F	F	2		
7	F	F	T	F	3		
8	F	F	F	F			

由表 2—5 可知，a 可以通过用例 1 和 5 达到修正条件判定覆盖的要求（用例 2 和 6 或用例 3 和 7 也可以满足相应要求），变量 b 可以通过用例 2 和 4 达到修正条件判定覆盖的要求，变量 c 可以通过用例 3 和 4 达到修正条件判定覆盖的要求，因此使用用例集｛1，2，3，4，5｝即可满足修正条件判定覆盖的要求。当然，这不是唯一的用例组合，可以用其他的组合实现同样的目标。

2. 基本路径测试法

在上面例子中的程序，仅仅有两个分支，它是程序中最简单的情况，在实际工程中，情况往往复杂得多。如图 2—1 所示的测试程序，要想完全覆盖它，其路径的组合是一个庞大的数字，要在实际测试时执行这么多条路径的测试是不可能实现的。

为了解决这一问题，需要把覆盖的路径数缩减到一定小的数量内，如将程序中的循环体只执行一次。而基本路径测试法就是一种压缩路径数的方法，它在程序控制流图的基础上，通过分析控制流图的复杂环路复杂性，导出基本可执行路径的集合，然后根据此设计测试用例。设计出的测试用例要保证在测试程序的每一条可执行语句至少执行一次。

（1）程序的控制流图。

控制流图是描述程序控制流的一种图示方式。其中基本的控制结构对应的图形符号如图 2—3所示。圆圈称为控制流图的一个结点，它表示一个或多个元分支的语句或源程序语句。

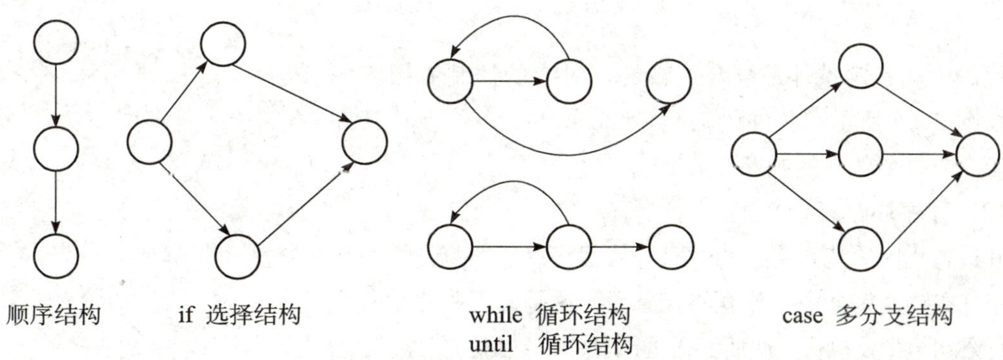

图 2—3　控制流程图的图形符号

根据以上的规则，图 2—4 所示的程序流程图可以转换成图 2—5 所示的控制流程图。

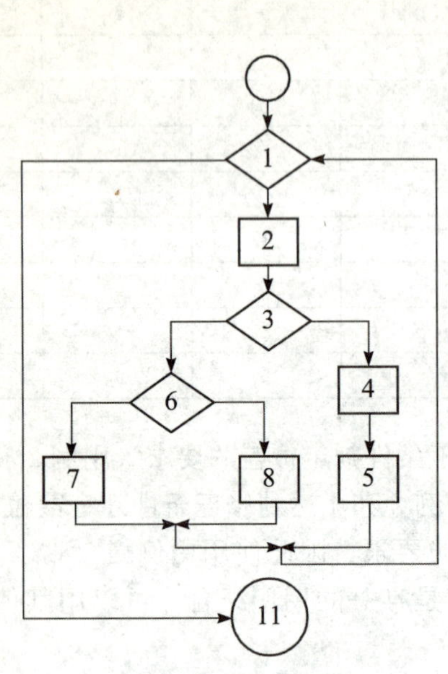

图 2—4 程序流程图

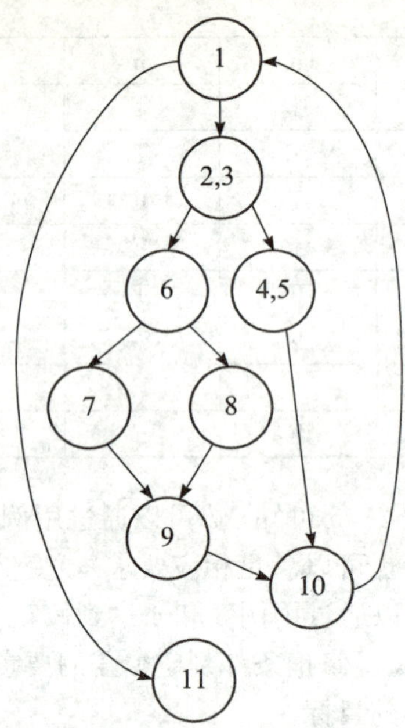

图 2—5 控制流程图

这里我们假定在流程图中用菱形框表示的判定条件内没有复合条件，而一组顺序处理框可以映射为一个单一的结点。控制流程图中的箭头（边）表示控制流的方向，类似于流程图中的流线，一条边必须终止于一个结点，但在选择或者是多分支结构中分支的汇聚处，即使汇聚处没有执行语句也应该添加一个汇聚结点。边和结点圈定的部分叫做区域，当对区域计数时，图形外的部分也应记为一个区域。

但是如果判断中的条件表达式是复合条件，即条件表达式是由一个或多个逻辑运算符（or、and）连接的逻辑表达式，那么需要改变复合条件的判断为一系列只有单个条件的嵌套的判断。例如，有下面的一段代码：

```
if a and b
then x;
else y;
```

代码中的判定条件是复合逻辑的，对应的控制流图应该画成如图 2—6 所示。条件语句 if a and b 中，条件 a 和条件 b 各有一个单个条件的判断结点。

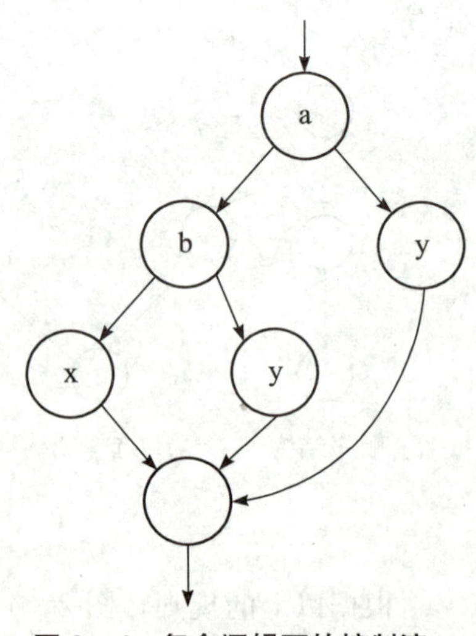

图 2—6 复合逻辑下的控制流

（2）程序环路复杂性。

在进行程序的基本路径测试时，从程序的环路复杂性可导出程序基本路径集合中的独立路径条数，这是确保程序中每个可执行语句至少要执行一次所必需的测试用例数目的上界。

独立路径是指包括一组以前没有处理的语句或条件的一条路径。从控制流图来看，一条独立路径是至少包含一条在其他独立路径中从没有过的边的路径。比如在图 2—5 的控制流图中，一组独立的路径有：

path1：1-11

path2：1-2-3-4-5-10-1-11

path3：1-2-3-6-8-9-10-1-11

path4：1-2-3-6-7-9-10-1-11

因此，路径 1-2-3-4-5-10-1-2-3-6-8-9-10-1-11 是不合法的，它不能作为一条独立路径，因为它只是前面已有路径的组合，并不包含新的边。

路径 path1、path2、path3、path4 组成了图 2—5 所示的控制流图的基本路径集。只要设计出的测试用例能够确保这些基本路径的执行，就可以使程序中的每个可执行语句至少执行一次，每个条件的取真和取假分支也能得到测试。但是基本路径集并不是唯一的，对于给定的控制流图，可以得到不同的路径集，只要能覆盖全部路径就可以了。

通常环路的复杂性可以定义为控制流图的区域数，图 2—5 中有 4 个区域，环路复杂性为 V(G) =4，它是构成基本路径集的独立路径数的上界，可以据此得到应该设计的测试用例的数目。

（3）基本路径测试法步骤。

基本路径测试法适用于模块的详细设计及源程序，主要步骤如下：

① 以详细设计或源代码为基础，得出程序的控制流图；

② 通过计算得到控制流图 G 的环路复杂性 V(G)；

③ 确定线性无关的路径的基本集；

④ 生成测试用例，确保基本路径集中每条路径的执行。

下面举一个用 PDL 语言描述的求平均值的代码实例，运用以上的四个步骤，说明设计测试用例的过程。

```
PROCEDURE average;
  INTERFACE RETURNS average, total. input, total. valid;
  INTERFACE ACCEPTS value, minimum, maximum;
  TYPE value[1:100] IS SCALAR ARRAY;
  TYPE average, total. input, total. valid, minimum, maximum, sum IS SCALAR;
  TYPE I IS INTEGER;
  i = 1;
  total. input = total. valid = 0;
  sum = 0;
  DO WHILE value[i]〈〉 - 999 AND total. input＜100
     increment total. input by 1;
       IF value[i]＞= minimum AND value[i]＜= maximum
          THEN increment total. valid by1;
             sum = sum + value[i];
          ELSE skip;
```

```
        ENDIF
        increment i by 1;
    ENDDO
    IF total.valid>0
       THEN average = sum/total.valid;
       ELSE average = -999;
    ENDIF
END average
```

下面按前文中的四个步骤一一解析。

① 以详细设计或源代码作为基础，导出程序的控制流图。

利用在图 2—3 中的控制流图的图形符号、图 2—4 中的程序流图和对应的图 2—5中的控制流图，以及图 2—6 中的复合逻辑下的控制流图给出的符号和构造规则生成控制流图。对于上述过程，对将要映射为对应控制流图中一个结点的 PDL 语句或语句组，加上用数字表示的符号。加了标号的 PDL 程序及对应的控制流图如图 2—7、2—8 所示。

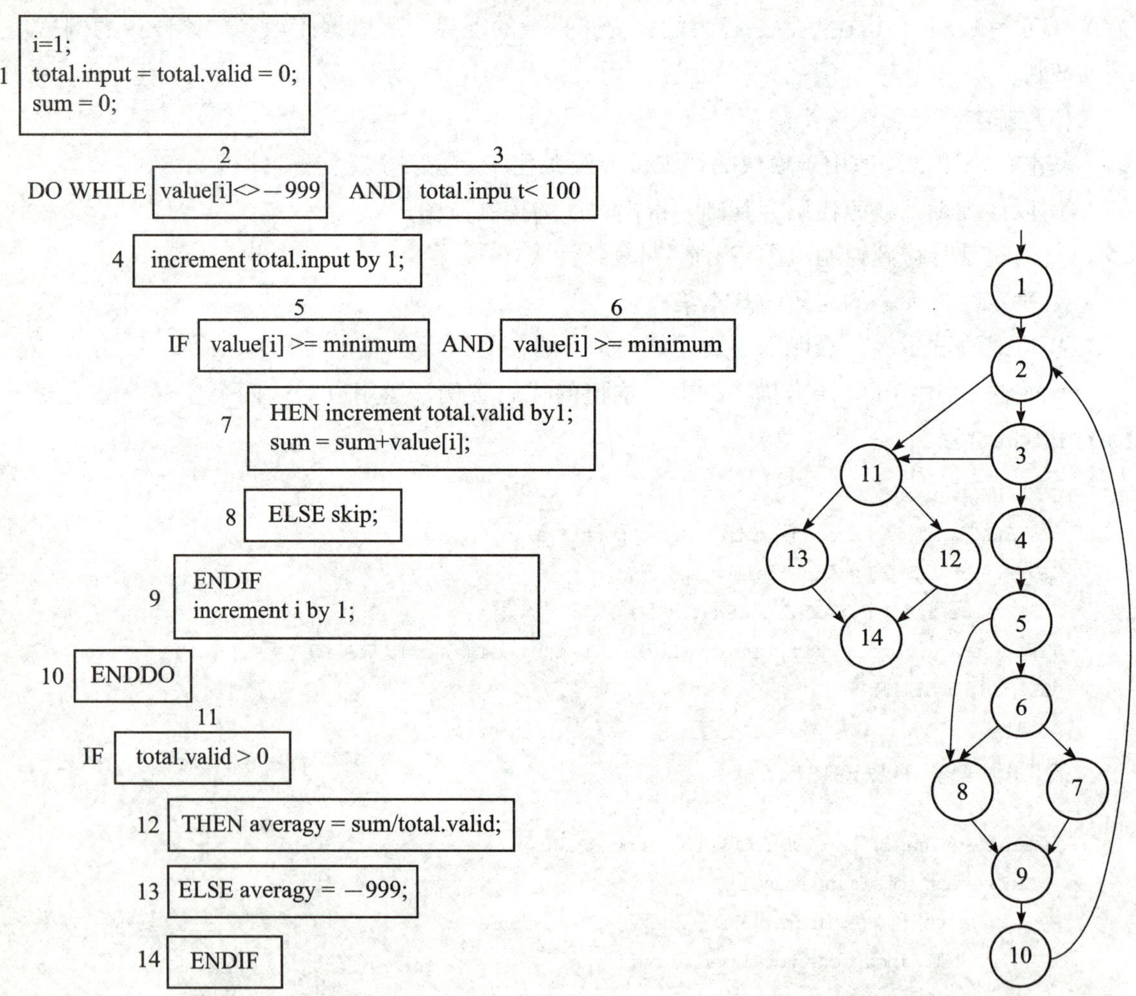

图 2—7　对求平均值程序过程定义结点

图 2—8　求平均值程序的控制流图

② 通过计算得到控制流图 G 的环路复杂性 V(G)。

由前文给出的计算环路复杂性的方法，计算出控制流图 2—8 的环路复杂性。如果一开始就知道判断结点的个数，甚至不必画出整个控制流图，就可以计算出该图的环路复杂性的值。由图 2—8 可以算出：

V(G) ＝6（区域数）＝5（判断结点数，指结点：2、3、5、6、11）＋1＝6

③ 确定线性无关路径的基本集。

针对图 2—8 所示的求平均值过程的控制流图计算出环路复杂性的值，就是该图已有的线性无关基本路径集中的路径数目。该图所有的 6 条路径如下所示：

path1：1 - 2 - 11 - 12 - 13

path2：1 - 2 - 11 - 13 - 14

path3：1 - 2 - 3 - 11 - 12 - 14

path4：1 - 2 - 3 - 4 - 5 - 8 - 9 - 10 - 2…

path5：1 - 2 - 3 - 4 - 5 - 6 - 7 - 9 - 10 - 2…

path6：1 - 2 - 3 - 4 - 5 - 6 - 8 - 9 - 10 - 2…

其中，path4～path6 后面的省略号表示此后的路径可以选择。

④ 生成测试用例，确保基本路径集中每条路径的执行。

根据判断结点给出的条件，选择适当的数据以保证每一条路径可以被测试到。满足上述基本路径集的测试用例如下所示：

用例编号	001	用例名称	条件 2、12 有效性测试
模块名称	求平均值	编制人	wsh
编制时间	2010.12.15	修改历史	
测试目的	验证逻辑条件 2 及 12 的有效性		
测试数据	value [k] ＝有效输入，限于 k＜i（i 定义如下） value [i] ＝－999，当 2＜＝i＜＝100		
期望结果	1. n 个值的正确的平均值 2. 正确的总计数		
实际结果			
测试人员		测试日期	

用例编号	002	用例名称	条件 2、13 有效性测试
模块名称	求平均值	编制人	wsh
编制时间	2010.12.15	修改历史	
测试目的	验证逻辑条件 2 及 13 的有效性		
测试数据	value [1] ＝－999		

续前表

期望结果	1. 平均值=－999 2. 总计数取初始值		
实际结果			
测试人员		测试日期	

用例编号	003	用例名称	条件 3 有效性测试
模块名称	求平均值	编制人	wsh
编制时间	2010.12.15	修改历史	
测试目的	验证逻辑条件 3 的有效性		
测试数据	试图处理 101 个或更多的值，而前 100 个应当是有效的值		
期望结果	与测试用例 001 相同		
实际结果			
测试人员		测试日期	

用例编号	004	用例名称	条件 5 无效性测试
模块名称	求平均值	编制人	wsh
编制时间	2010.12.15	修改历史	
测试目的	验证逻辑条件 5 的无效性		
测试数据	1. value [i] =有效输入，且 i<100 2. value [k] <最小值，当 k<i 时		
期望结果	1. n 个值的正确的平均值 2. 正确的总计数		
实际结果			
测试人员		测试日期	

用例编号	005	用例名称	条件 5 有效性、6 无效性测试
模块名称	求平均值	编制人	wsh
编制时间	2010.12.15	修改历史	
测试目的	验证逻辑条件 5 有效性、6 无效性测试		
测试数据	1. value [i] =有效输入，且 i<100 2. value [k] >最大值，当 k<=i 时		
期望结果	1. n 个值的正确的平均值 2. 正确的总计数		

续前表

实际结果			
测试人员		测试日期	

用例编号	006	用例名称	条件 5 有效性、6 有效性测试
模块名称	求平均值	编制人	wsh
编制时间	2010.12.15	修改历史	
测试目的	验证逻辑条件 5 有效性、6 有效性测试		
测试数据	1. value［i］＝有效输入，且 i＜100		
期望结果	1. n 个值的正确的平均值 2. 正确的总计数		
实际结果			
测试人员		测试日期	

当测试用例生成之后，就可以使用本书第 4 章介绍的工具 NUnit 来编程实现测试。在此不再给出测试代码，在本章后面的小节中将详细给出一个完整项目的测试用例及代码。

每个测试用例执行之后，与预期结果进行比较，如果所有测试用例都执行完毕，则可以确信程序中所有的可执行语句至少被执行了一次。但是必须注意的是，一些独立的路径往往不是孤立的，有时它是程序正常的控制流的一部分，这时，这些路径的测试可以是另一条路径测试的一部分。

2.2　用单元测试工具 NUnit 进行单元测试

本节介绍真实项目《CVIT 新闻发布管理系统》的单元测试用例的写法。该项目用于新闻浏览、新闻发布、新闻评论以及会员注册等，主要分为前、后台管理系统。

前台实现的功能主要包括用户注册、修改已注册用户信息功能。

（1）注册用户发布新闻功能；

（2）新闻搜索功能；

（3）各新闻类别中的新闻数量的统计功能；

（4）用户对新闻进行评论功能；

（5）热点新闻统计及浏览功能；

（6）按类别浏览新闻功能。

后台实现的功能主要包括：

（1）管理现有新闻；

（2）发布新的新闻；

（3）对要发布的新闻进行审核；

（4）管理新闻评论；

（5）管理新闻栏目；

（6）管理系统用户。

该系统使用ASP. NET＋VS 2008＋SQL Server 2005开发，涉及角色有：管理员、普通用户和游客。该系统的功能模型如图2—9所示，业务流程图如图2—10所示。

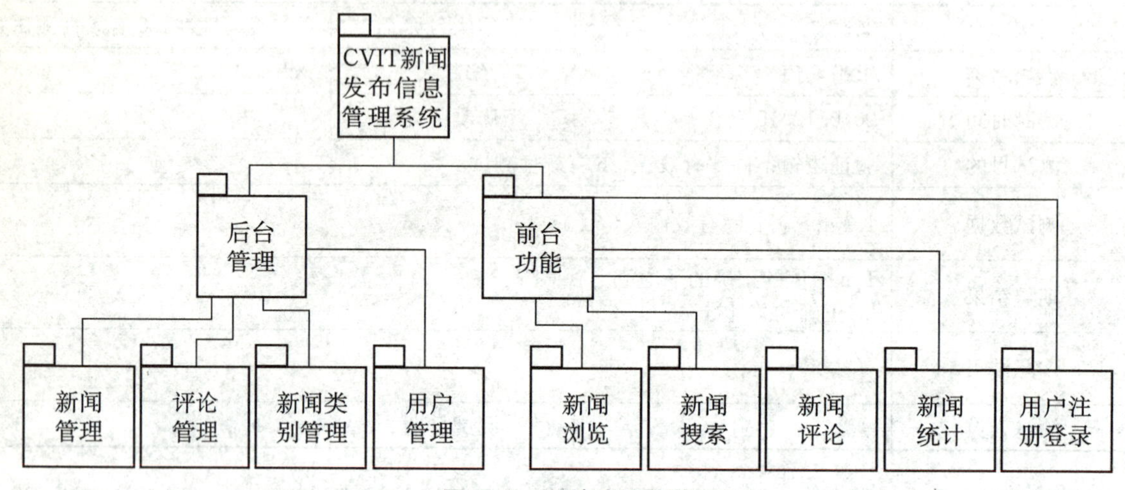

图2—9 系统功能模型

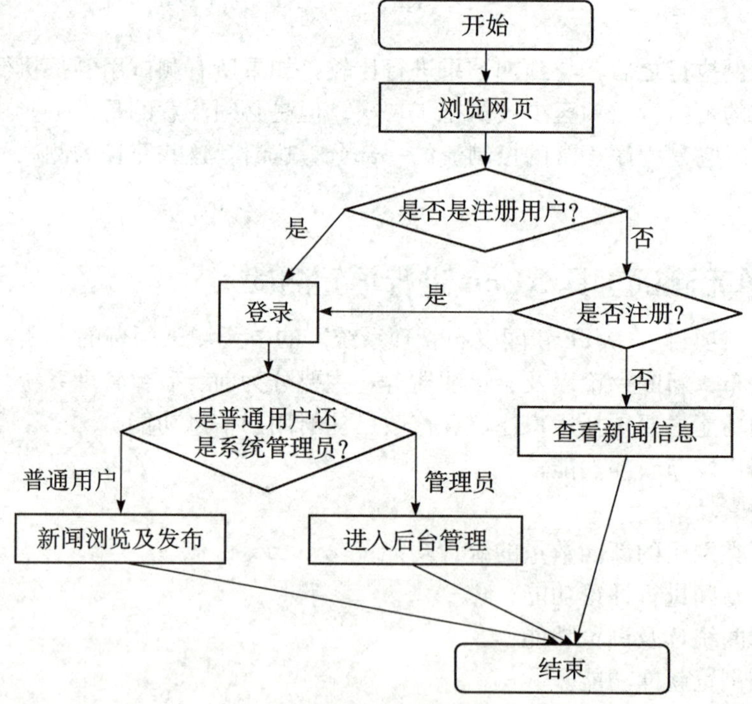

图2—10 业务流程图

在本系统中采用的是标准的三层架构，这三层架构是完成系统前台、后台功能的基础，包括Model层、DAL层、BLL层，当然还包括Web页面的开发与实现。本章将涉及系统中主要模块代码部分的单元测试，阐述的顺序与代码的开发顺序一致的。在面向对象程序的开发中，主要是对各种类的分析与实现，单元测试也主要是针对类来操作的。系统所涉及的类如表 2—6 所示。

表 2—6　　类的列表

包		类　名	说　明
Web			
		Default	前台首页页面类
		BigTypeNews	前台新闻栏目页面类
		ListView. aspx	前台新闻内容浏览及评论页面类
		MoreComments	前台新闻全部评论浏览页面类
		AllNews	前台全部新闻页面类
		Search	前台新闻搜索页面类
		UserReg	前台用户注册页面类
		UserAddNews	前台用户发布新闻页面类
		UserCenter	前台个人管理信息页面类
	adminManager	Admin _ Login	后台登录页面类
		Admin _ Index	后台首页页面类
		Admin _ NewsList	后台管理现有新闻页面类
		Admin _ EditNews	后台修改新闻页面类
		Admin _ DeleteNews	后台删除新闻页面类
		Admin _ AddNews	后台发布新闻页面类
		Admin _ CheckNews	后台审核新闻页面类
		CheckNews	管理审核功能页面类
		Admin _ Comments	后台管理新闻评论页面类
		Admin _ BigClass	后台管理新闻类别页面类
		Admin _ EditBig	后台修改新闻类别页面类
		Admin _ DeleteBig	后台删除新闻类别页面类
		Admin _ AllUsers	后台管理系统用户页面类
		Admin _ EditUser	后台修改用户信息页面类
		Admin _ DeleteUser	后台删除用户信息页面类
BLL			
		NewsLogic	新闻信息管理逻辑类
		BigClassLogic	新闻类别管理逻辑类
		CommentsLogic	新闻评论管理逻辑类
		UserLogic	用户管理逻辑类
DAL			
		DBbase	数据库操作类
		NewsAccess	新闻数据访问类
		BigClassAccess	新闻类别数据访问类
		CommentsAccess	新闻评论数据访问类
		UserAccess	用户数据访问类
		FormatString	截取字符串类
Model			

续前表

包	类　名	说　明
	NewsInfo	新闻信息类
	BigClassInfo	新闻类别信息类
	CommentsInfo	新闻评论信息类
	UserInfo	用户信息类

数据库中一共有四个表，具体含义如表 2—7 所示。

表 2—7　　数据库表的含义

表　名	说　明
tb _ News	新闻内容的详细信息：新闻名、发布时间等
tb _ Comments	新闻评论详细信息：评论内容等
tb _ BigClass	新闻类别的详细信息
tb _ User	用户的详细信息

本章后面的小节首先介绍三层架构的测试用例及测试代码，接下来介绍 Web 页面的后台类主要方法的测试。前者包括对新闻显示与检索、新闻评论、用户管理这三个部分的测试。

2.2.1　DBbase.cs 类的测试

在本项目中，确切地说是四层架构：Model＋BLL＋DAL＋Web，本书将表示层单独拿出来做测试，因为它涉及所有 Web 页面的 HTML 代码及后台方法，并且针对本项目来说这一层页面比较多。

下面介绍 Model＋BLL＋DAL 层的测试。在这三层中，首先 Model 层是对于数据库的映射，结构比较简单。BLL 层本质上是对业务逻辑层的封装，本项目中的业务逻辑比较简单，在 BLL 层不需要做过多的额外处理，只需要通过它向 DAL 层获取数据即可，因此该层代码也非常简单。这样，Model＋BLL 层的代码不需要特别使用测试代码进行测试，只对涉及处理具体数据的 DAL 层进行测试即可，但是测试的原理都是通用的，读者可以将它们拿到其他代码中使用。

在本系统的功能实现上，都需要对数据库进行操作，因此 DAL 层的 DBbase 类是完成这些功能的必要前提，主要功能是根据数据提供创建各类型的数据操作对象。

在 DBbase.cs 中，一共有执行语句返回 DataSet 数据集、执行语句返回 DataRow、执行 SQL 语句或存储过程的方法 ExecuteNonQuery( )、执行 SQL 语句的方法 ExecuteNonQuery( )、执行语句返回 DataTable 的方法、执行语句返回 SqlDataReader 对象、执行语句，返回该语句查询出的数据行的总数等 7 个有返回值的方法，下面一一进行单元测试。首先使用基本路径法设计测试用例，读者可参考前面章节中完整的设计步骤，在此直接给出结果。

1. 对 ReturnDataSet（string strSQL）方法的测试

由于方法中代码非常简单，所以控制流图也不复杂，控制流图如图 2—11 所示。由于有一个环路，因此生成 1＋1＝2 个测试用例。

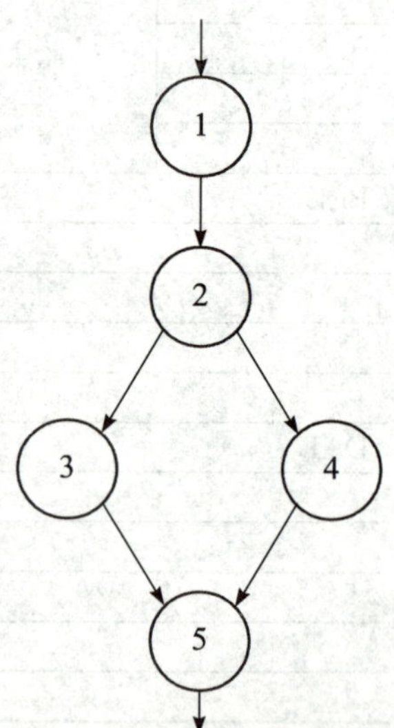

图 2—11　ReturnDataSet (string strSQL) 控制流图

其中条件 3 代表 try 语句，4 代表 catch 语句。由于该方法返回值类型是 DataSet，没有办法用具体数据验证，只能通过验证第一个表的数据行数来检验其有效性。

用例编号	001	用例名称	条件 3 有效性测试
模块名称	DBbase. cs	编制人	wsh
编制时间	2010. 12. 15	修改历史	
测试目的	验证条件 3 有效性测试		
测试数据	1. strSQL＝" select * from tb _ User"；		
期望结果	1. 返回 DataSet 中第一个表的 11 行数据（假定数据库相应表中的数据为 11 行）		
实际结果			
测试人员		测试日期	

用例编号	002	用例名称	条件 4 有效性测试
模块名称	DBbase. cs	编制人	wsh
编制时间	2010. 12. 15	修改历史	
测试目的	验证条件 4 有效性测试		
测试数据	1. strSQL＝" select * from tb _ User"；		
期望结果	1. 没有正确返回行数		
实际结果			
测试人员		测试日期	

测试用例 001 的单元测试代码如下，可通过第 4 章中所述方法使用 NUnit 执行下述代码进行测试。

```
using System;
using System.Collections.Generic;
using System.Linq;
using System.Text;
using NUnit.Framework;
using System.Data;
using DAL;
namespace DAL
{
    [TestFixture]
    public class DBbaseTest
    {
        [Test]
        public void ReturnDataSetTest( )
        {
```

```
            DBbase target = new DBbase( );
            string strSQL = "select * from tb_User";                //初始化传入方法中参数的值
            int expectedNum = 11;                                   //根据表中数据设定此值
            DataSet actualDataSet = target.ReturnDataSet(strSQL);
            int actualNum = actualDataSet.Tables[0].Rows.Count;     //DataSet 中第一个表的行数
            Assert.AreEqual(expectedNum, actualNum);
            //断言,测试 ReturnDataSet 方法是否返回预期的结果
        }
    }
}
```

对于测试用例 002 可根据测试用例中输入数据的描述，改变上述代码中 expectedNum 的值即可。

对于后面被测代码，不再画出控制流图以及测试用例，读者只需根据本章所述的基本路径法就可以得到正确的测试用例个数及用例，在此只给出验证代码有效性的单元测试代码以及详细的注释。

注意： 单元测试代码仅为数据有效时的结果，如果读者想验证输入数据错误或无效，则适当改变 expected 的值即可。

2. 对 GetDataRow（string strSQL）方法的测试

单元测试代码如下：

```
using System;
using System.Collections.Generic;
using System.Linq;
using System.Text;
using NUnit.Framework;
using System.Data;
using DAL;
namespace DAL
{
    [TestFixture]
    public class DBbaseTest
    {
        [Test]
        public void GetDataRowTest( )
        {
            DBbase target = new DBbase( );                      //初始化为适当的值
            string strSQL = "select * from tb_User";            //初始化为适当的值
            string expected = "UserName";                       //初始化为适当的值
            DataRow actualDataRow;
            actualDataRow = target.GetDataRow(strSQL);
            string actual = actualDataRow.Table.Columns[1].ToString( );
            //取 DataRow 第 2 列为 tb_User 表第二列
```

```
            Assert.AreEqual(expected,actual);                //两者一致时,NUnit 会显示绿色
        }
    }
}
```

3. 对 ExecuteNonQuery（bool IsPro，string strSQL）方法的测试

用该方法执行 SQL 语句的单元测试代码如下：

```
using System;
using System.Collections.Generic;
using System.Linq;
using System.Text;
using NUnit.Framework;
using System.Data;
using DAL;
namespace DAL
{
    [TestFixture]
    public class DBbaseTest
    {
        [Test]
        public void ExecuteNonQueryTest( )
        {
            DBbase target = new DBbase( );
            bool IsPro = false;                              //执行 SQL 语句
            string strSQL = "select * from tb_User";         //查询用户表
            bool expected = true;                            //TODO:初始化为适当的值
            bool actual;
            actual = target.ExecuteNonQuery(IsPro,strSQL);
            Assert.AreEqual(expected,actual);
        }
    }
}
```

由于 ExecuteNonQuery(string strSQL）方法也是用于执行 SQL 语句的，因此不再给出代码，读者可自行尝试。

4. 对 ReturnTable(string strSQL）方法的测试

单元测试代码如下：

```
using System;
using System.Collections.Generic;
using System.Linq;
using System.Text;
using NUnit.Framework;
using System.Data;
```

```
using DAL;
namespace DAL
{
    [TestFixture]
    public class DBbaseTest
    {
        [Test]
        public void ReturnTableTest( )
        {
            DBbase target = new DBbase( );
            string strSQL = "select * from tb_User";                  //查询 tb_User 表
            int expected = 11;          //本项目该表中行数为 11,读者可根据自己实际情况改变此值
            int actual = target.ReturnTable(strSQL).Rows.Count;    //表中行数
            Assert.AreEqual(expected, actual);
        }
    }
}
```

5. 对 ReturnDataReader（string strSQL）方法的测试

单元测试代码如下：

```
using System;
using System.Collections.Generic;
using System.Linq;
using System.Text;
using NUnit.Framework;
using System.Data;
using DAL;
using System.Data.SqlClient;
namespace DAL
{
    [TestFixture]
    public class DBbaseTest
    {
        [Test]
        public void ReturnDataReaderTest( )
        {
            DBbase target = new DBbase( );
            string strSQL = "select * from tb_User";                         //查询表
            string expected = "sjd1";                   //初始化为表中第一行第二列的值
            SqlDataReader actualsdr = target.ReturnDataReader(strSQL);     //调用被测试方法
            string actual;
            if (actualsdr.Read( ))
            {
```

```
                actual = actualsdr.GetString(1);                    //获取第一行第二列的值
                Assert.AreEqual(expected,actual);
            }
        }
    }
}
```

6. 对 ReturnRowCount (string strSQL) 方法的测试

单元测试代码如下：

```
using System;
using System.Collections.Generic;
using System.Linq;
using System.Text;
using NUnit.Framework;
using System.Data;
using DAL;
using System.Data.SqlClient;
namespace DAL
{
    [TestFixture]
    public class DBbaseTest
    {
        [Test]
        public void ReturnRowCountTest( )
        {
            DBbase target = new DBbase( );
            string strSQL = "select * from tb_User";            //查询表
            int expected = 11;                                   //返回的预期行数
            int actual;
            actual = target.ReturnRowCount(strSQL);              //返回的真实行数
            Assert.AreEqual(expected,actual);
        }
    }
}
```

2.2.2 新闻信息显示与检索的测试

新闻信息显示与检索是本系统的重要功能之一。该任务中包括新闻内容的显示与检索及新闻栏目的显示与检索两部分。在该任务中 MODAL 类库中的类 NewsInfo、BigClassInfo 主要完成对数据库中的新闻内容表 tb _ News、新闻栏目表 tb _ BigClass 中字段的定义。DAL 类库中的类 NewsAccess、BigClassAccess 主要是对新闻内容及标题操作的各种功能的具体实现。BLL 类库中的类 NewsLogic、BigClassLogic 则是对 DAL 类库中类的逻辑调用。

新闻内容的显示与检索需要完成实体层 MODEL 类库中的 NewsInfo 类、数据访问层

DAL 类库中的 NewsAccess 类、逻辑层 BLL 类库中的 NewsLogic 类。其中 NewsInfo 类中定义的属性对应新闻内容表 tb _ News 中的字段。NewsAccess 类用于实现新闻内容显示与索引的基本方法。NewsLogic 类则用于完成对 NewsAccess 类的逻辑调用从而实现新闻内容显示与检索的功能。新闻栏目的显示与检索要完成实体层 MODEL 类库中的 BigClassInfo 类、数据访问层 DAL 类库中的 BigClassAccess 类、逻辑层 BLL 类库中的 BigClassLogic 类。其中 BigClassInfo 类中定义的属性对应新闻栏目表 tb _ BigClass 中的字段。BigClassAccess 类用于实现新闻栏目显示与索引的基本方法。BigClassLogic 类则用于完成对 BigClassAccess 类的逻辑调用从而实现新闻栏目显示与检索的功能。

因此本小节中主要是对 DAL 类库中的类 NewsAccess、BigClassAccess 的测试。

1. NewsAccess. cs 类的测试

该类包含 21 个方法，下面给出主要的测试代码。

（1）GetNewsID( ) 方法的测试。单元测试代码如下：

```
using System;
using System.Collections.Generic;
using System.Linq;
using System.Text;
using NUnit.Framework;
using System.Data;
using DAL;
namespace DAL
{
    [TestFixture]
    public class NewAccessTest
    {
        [Test]
        public void GetNewsIDTest( )
        {
            NewsAccess target = new NewsAccess( );
            int expected = 14;                    //news2008 中的表 tb_News 中一共有 14 行记录
            DataSet actualds;
            actualds = target.GetNewsID( );
            int actual = actualds.Tables[0].Rows.Count;        //返回的实际行数
            Assert.AreEqual(expected,actual);
        }
    }
}
```

（2）GetBigClassIDByNewsID(int id) 方法的测试。单元测试代码如下：

```
using System;
using System.Collections.Generic;
using System.Linq;
```

```
using System.Text;
using NUnit.Framework;
using System.Data;
using DAL;
namespace DAL
{
    [TestFixture]
    public class NewAccessTest
    {
        [Test]
        public void GetBigClassIDByNewsIDTest( )
        {
            NewsAccess target = new NewsAccess( );
            int id = 68;                          //要获取的栏目 ID 为 1
            int expected = 1;                     //数据库中栏目 ID 为 1 的记录有 9 条
            int actual = target.GetBigClassIDByNewsID(id).Tables[0].Rows.Count;
            //执行程序时实际返回的栏目数
            Assert.AreEqual(expected,actual);
        }
    }
}
```

(3) GetData _ news( ) 方法的测试。单元测试代码如下：

```
using System;
using System.Collections.Generic;
using System.Linq;
using System.Text;
using NUnit.Framework;
using System.Data;
using DAL;
namespace DAL
{
    [TestFixture]
    public class NewAccessTest
    {
        [Test]
        public void GetData_newsTest( )
        {
            NewsAccess target = new NewsAccess( );          //TODO: 初始化为适当的值
            int expected = 14;                              //查询结果应该为 14 条记录
            DataSet actualds;
            actualds = target.GetData_news( );
            int actual = actualds.Tables[0].Rows.Count;     //实际查询结果记录数
```

```
            Assert.AreEqual(expected,actual);
        }
    }
}
```

（4）GetData _ news(int BigClassID) 方法的测试。单元测试代码如下：

```
using System;
using System.Collections.Generic;
using System.Linq;
using System.Text;
using NUnit.Framework;
using System.Data;
using DAL;
namespace DAL
{
    [TestFixture]
    public class NewAccessTest
    {
        [Test]
        public void GetData_newsTest1( )
        {
            NewsAccess target = new NewsAccess( );          //TODO: 初始化为适当的值
            int BigClassID = 1;                             //设栏目 ID 为 1
            int expected = 9;                               //栏目 ID 为 1 的记录为 9 条
            DataSet actualds;
            actualds = target.GetData_news(BigClassID);
            int actual = actualds.Tables[0].Rows.Count;     //实际获取到的栏目 ID 为 1 的记录数
            Assert.AreEqual(expected,actual);
        }
    }
}
```

（5）GetDataByBigClass(int BigClassID) 方法的测试。单元测试代码如下：

```
using System;
using System.Collections.Generic;
using System.Linq;
using System.Text;
using NUnit.Framework;
using System.Data;
using DAL;
namespace DAL
{
    [TestFixture]
```

```
    public class NewAccessTest
    {
        [Test]
        public void GetDataByBigClassTest( )
        {
            NewsAccess target = new NewsAccess( );          //TODO: 初始化为适当的值
            int BigClassID = 2;                             //初始化栏目 ID 为 2
            int expected = 2;                               //返回正确的记录条数为 2
            DataSet actualds;
            actualds = target.GetDataByBigClass(BigClassID);
            int actual = actualds.Tables[0].Rows.Count;     //实际返回的记录数
            Assert.AreEqual(expected,actual);
        }
    }
}
```

(6) GetDataByBigClassTopN(int BigClassID, int n) 方法的测试。单元测试代码如下：

```
using System;
using System.Collections.Generic;
using System.Linq;
using System.Text;
using NUnit.Framework;
using System.Data;
using DAL;
namespace DAL
{
    [TestFixture]
    public class NewAccessTest
    {
        [Test]
        public void GetDataByBigClassTopNTest( )
        {
            NewsAccess target = new NewsAccess( );
            int BigClassID = 1;                             //初始化栏目 ID 为 1
            int n = 3;                                      //获取前三条记录
            int expected = 3;                               //期望获得的数目也为 3
            DataSet actualds;
            actualds = target.GetDataByBigClassTopN(BigClassID,n);
            int actual = actualds.Tables[0].Rows.Count;     //实际获得的记录数目
            Assert.AreEqual(expected,actual);
        }
    }
}
```

（7）GetDataNewN(int n) 方法的测试。单元测试代码如下：

```
using System;
using System.Collections.Generic;
using System.Linq;
using System.Text;
using NUnit.Framework;
using System.Data;
using DAL;
namespace DAL
{
    [TestFixture]
    public class NewAccessTest
    {
        [Test]
        public void GetDataNewNTest( )
        {
            NewsAccess target = new NewsAccess( );
            int n  = 8;                                         //获取前 8 条新闻
            int expected = 8;                                   //预期获得新闻数量为 8 条
            DataSet actualds;
            actualds = target.GetDataNewN(n);
            int actual = actualds.Tables[0].Rows.Count;         //实际获得的新闻条数
            Assert.AreEqual(expected,actual);
        }
    }
}
```

（8）GetDataTopNHits(int n) 方法的测试。单元测试代码如下：

```
using System;
using System.Collections.Generic;
using System.Linq;
using System.Text;
using NUnit.Framework;
using System.Data;
using DAL;
namespace DAL
{
    [TestFixture]
    public class NewAccessTest
    {
        [Test]
        public void GetDataTopNHitsTest( )
        {
```

```
            NewsAccess target = new NewsAccess( );
            int n = 10;                                          //获取点击率最高的 10 条新闻
            int expected = 10;                                   //预期能获取 10 条
            DataSet actualds;
            actualds = target.GetDataTopNHits(n);
            int actual = actualds.Tables[0].Rows.Count;          //实际获取的点击率最高的新闻条数
            Assert.AreEqual(expected, actual);
        }
    }
}
```

(9) AddNews(Model.NewsInfo M_news) 方法的测试。单元测试代码如下：

```
using System;
using System.Collections.Generic;
using System.Linq;
using System.Text;
using NUnit.Framework;
using System.Data;
using DAL;
using Model;
namespace DAL
{
    [TestFixture]
    public class NewAccessTest
    {
        [Test]
        public void AddNewsTest( )
        {
            NewsAccess target = new NewsAccess( );
            NewsInfo M_news = new NewsInfo( );                   //初始化 M_news
            M_news.Title = "国际新闻";
            M_news.Info = "发生大事件";
            M_news.BigClassID = 1;
            M_news.UserName = "admin";
            M_news.Cindex = 49;
            bool expected = true;                                //预期插入成功
            bool actual;
            actual = target.AddNews(M_news);                     //实际插入结果
            Assert.AreEqual(expected, actual);
        }
    }
}
```

(10) UpdateNews(Model. NewsInfo M _ news) 方法的测试。单元测试代码如下：

```
using System.Collections.Generic;
using System.Linq;
using System.Text;
using NUnit.Framework;
using System.Data;
using DAL;
using Model;
namespace DAL
{
    [TestFixture]
    public class NewAccessTest
    {
        [Test]
        public void UpdateNewsTest( )
        {
            NewsAccess target = new NewsAccess( );
            NewsInfo M_news = new NewsInfo( );
            //初始化要修改的M_news属性
            M_news.Title = "财经新闻 1";
            M_news.BigClassID = 4;
            M_news.Info = "财经新闻 123";
            M_news.UserName = "admin";
            M_news.N_id = 99;
            bool expected = true;                    //预期插入成功
            bool actual;
            actual = target.UpdateNews(M_news);
            Assert.AreEqual(expected,actual);
        }
    }
}
```

(11) DeleteNewByID(int id) 方法的测试。单元测试代码如下：

```
using System;
using System.Collections.Generic;
using System.Linq;
using System.Text;
using NUnit.Framework;
using System.Data;
using DAL;
using Model;
namespace DAL
{
```

```
    [TestFixture]
    public class NewAccessTest
    {
        [Test]
        public void DeleteNewByIDTest( )
        {
            NewsAccess target = new NewsAccess( );
            int id = 4;                                  //要删除 ID 为 4 的新闻
            bool expected = true;                        // 预期结果是删除成功
            bool actual;
            actual = target.DeleteNewByID(id);           //实际结果
            Assert.AreEqual(expected,actual);
        }
    }
}
```

（12）UpdateHits(int id) 方法的测试。

在本项目中，UpdateHits(int id) 方法返回值类型为 void，也就是说没有返回值，那么在做单元测试的时候并不是没有返回值就没有办法进行单元测试，而且没有返回值的函数也是非常有必要进行测试的。

没有返回值的方法执行后，对一些变量、对象以及其他方法会有影响，改变了它们的值或属性，可以利用这种改变进行测试。本方法的单元测试代码如下：

```
using System;
using System.Collections.Generic;
using System.Linq;
using System.Text;
using NUnit.Framework;
using System.Data;
using DAL;
using Model;
using System.Data.SqlClient;
namespace DAL
{
    [TestFixture]
    public class NewAccessTest
    {
        [Test]
        public void UpdateHitsTest( )
        {
            NewsAccess target = new NewsAccess( );
            DBbase db = new DBbase( );
            int id = 37;
            //获取更新之前的实际点击率
```

```
                string strSQL = "select Hit from tb_News where N_id = '" + id + "'";
                DataSet ds = new DataSet( );
                ds = db.ReturnDataSet(strSQL);
                int oldHit = Convert.ToInt32(ds.Tables[0].Rows[0]["Hit"]);
                //执行更新点击率
                target.UpdateHits(id);
                //获取更新之后的实际点击率
                string strSQL1 = "select Hit from tb_News where N_id = '" + id + "'";
                DataSet ds1 = new DataSet( );
                ds1 = db.ReturnDataSet(strSQL);
                int newHit = Convert.ToInt32(ds1.Tables[0].Rows[0]["Hit"]);
                int actual = newHit;
                int expected = oldHit + 1;
                Assert.AreEqual(expected,actual);
            }
        }
    }
```

（13）DataBindNews(int id) 方法的测试。

DataBindNews(int id) 方法的返回值类型是 DataSet，在此之前的大部分方法的返回值类型与此相同，在此使用另一种测试方法，检测的不像前面那样的 DataSet 中第一个表中包含的行数，而是比较实际的查询结果中相同的字段。在实际编写单元测试代码过程中，可以从不同的检验角度出发，只要能够得到正确的结果就可以。单元测试代码如下：

```
using System;
using System.Collections.Generic;
using System.Linq;
using System.Text;
using NUnit.Framework;
using System.Data;
using DAL;
using Model;
using System.Data.SqlClient;
namespace DAL
{
    [TestFixture]
    public class NewAccessTest
    {
        [Test]
        public void DataBindNewsTest( )
        {
            NewsAccess target = new NewsAccess( );
            int id = 37;                          //要查询的新闻 ID
            int expected = 37;                    //预期查询出来的新闻的 ID 为 37
```

```
            int actual = Convert.ToInt32(target.DataBindNews(id).Tables[0].Rows[0]["N_id"]);
            //实际查询结果
            Assert.AreEqual(expected,actual);
        }
    }
}
```

（14）QueryByNewsTitle(string title) 方法的测试。单元测试代码如下：

```
using System;
using System.Collections.Generic;
using System.Linq;
using System.Text;
using NUnit.Framework;
using System.Data;
using DAL;
using Model;
using System.Data.SqlClient;
namespace DAL
{
    [TestFixture]
    public class NewAccessTest
    {
        [Test]
        public void QueryByNewsTitleTest( )
        {
            NewsAccess target = new NewsAccess( );
            //设定要查找的新闻标题中含有国际新闻字样
            string title = "国际新闻";
            int expected = 9;                              //查询出 9 条
            int actual;
            //实际查询出的含国际新闻字样标题的新闻条数
            actual = target.QueryByNewsTitle(title).Tables[0].Rows.Count;
            Assert.AreEqual(expected,actual);
        }
    }
}
```

（15）AdminQueryByNewsTitle(string title) 方法的测试。单元测试代码如下：

```
using System;
using System.Collections.Generic;
using System.Linq;
using System.Text;
using NUnit.Framework;
```

```
using System.Data;
using DAL;
using Model;
using System.Data.SqlClient;
namespace DAL
{
    [TestFixture]
    public class NewAccessTest
    {
        [Test]
        public void QueryByNewsTitleTest( )
        {
            NewsAccess target = new NewsAccess( );
            //设定要查找的新闻标题中含有国际新闻字样
            string title = "国内新闻";
            int expected = 2;                           //查询出 2 条
            int actual;
            //实际查询出的含国际新闻字样标题的新闻条数
            actual = target.QueryByNewsTitle(title).Tables[0].Rows.Count;
            Assert.AreEqual(expected,actual);
        }
    }
}
```

（16）QueryByNewsInfo(string info) 方法的测试。单元测试代码如下：

```
using System;
using System.Collections.Generic;
using System.Linq;
using System.Text;
using NUnit.Framework;
using System.Data;
using DAL;
using Model;
using System.Data.SqlClient;
namespace DAL
{
    [TestFixture]
    public class NewAccessTest
    {
        [Test]
        public void QueryByNewsTitleTest( )
        {
            NewsAccess target = new NewsAccess( );
```

```
            //设定要查找的新闻标题中含有国际新闻字样
            string title = "财经新闻";
            int expected = 1;                               //查询出1条
            int actual;
            //实际查询出的含国际新闻字样标题的新闻条数
            actual = target.QueryByNewsTitle(title).Tables[0].Rows.Count;
            Assert.AreEqual(expected,actual);
        }
    }
}
```

(17) AdminQueryByNewsInfo(string info) 方法的测试。单元测试代码如下：

```
using System;
using System.Collections.Generic;
using System.Linq;
using System.Text;
using NUnit.Framework;
using System.Data;
using DAL;
using Model;
using System.Data.SqlClient;
namespace DAL
{
    [TestFixture]
    public class NewAccessTest
    {
        [Test]
        public void AdminQueryByNewsTitleTest( )
        {
            NewsAccess target = new NewsAccess( );
            //设定要查找的新闻标题中含有国际新闻字样
            string title = "教育新闻";
            int expected = 1;                               //查询出1条
            int actual;
            //实际查询出的含国际新闻字样标题的新闻条数
            actual = target.AdminQueryByNewsTitle(title).Tables[0].Rows.Count;
            Assert.AreEqual(expected,actual);
        }
    }
}
```

(18) GetMaxCindex( ) 方法的测试。

该方法中有一个逻辑判断语句，因此生成两条测试用例，一个是条件 db.ReturnDataSet

(sql). Tables[0]. Rows. Count>0 为真，另一个是该条件为假的两种情况。因此在写单元测试代码的时候也需要分别对这两种情况进行测试。

条件为真时的单元测试代码如下：

```
using System;
using System.Collections.Generic;
using System.Linq;
using System.Text;
using NUnit.Framework;
using System.Data;
using DAL;
using Model;
using System.Data.SqlClient;
namespace DAL
{
    [TestFixture]
    public class NewAccessTest
    {
        [Test]
        public void GetMaxCindexTest( )
        {
            NewsAccess target = new NewsAccess( );
            int expected = 100;    //原始数据库的 tb_News 表中有 16 条新闻,Cindex 最大值为 100
            int actual;
            actual = target.GetMaxCindex( );
            Assert.AreEqual(expected,actual);
        }
    }
}
```

条件为假时，也就是数据库的 tb _ News 表中没有记录，可将数据库备份后，删除其中的所有记录，进行测试，单元测试代码如下：

```
using System;
using System.Collections.Generic;
using System.Linq;
using System.Text;
using NUnit.Framework;
using System.Data;
using DAL;
using Model;
using System.Data.SqlClient;
namespace DAL
{
```

```
    [TestFixture]
    public class NewAccessTest
    {
        [Test]
        public void GetMaxCindexTest( )
        {
            NewsAccess target = new NewsAccess( );
            int expected = 0;                          //条件为假,返回值为 a 的初值
            int actual;
            actual = target.GetMaxCindex( );
            Assert.AreEqual(expected,actual);
        }
    }
}
```

（19）GetNewsOfFlag0( ) 方法的测试。单元测试代码如下：

```
using System;
using System.Collections.Generic;
using System.Linq;
using System.Text;
using NUnit.Framework;
using System.Data;
using DAL;
using Model;
using System.Data.SqlClient;
namespace DAL
{
    [TestFixture]
    public class NewAccessTest
    {
        [Test]
        public void GetNewsOfFlag0Test( )
        {
            NewsAccess target = new NewsAccess( );
            int expected = 2;                                        //未审核的为 2 条新闻
            int actual;
            actual = target.GetNewsOfFlag0( ).Tables[0].Rows.Count;  //实际未审核的条数
            Assert.AreEqual(expected,actual);
        }
    }
}
```

（20）CheckNewsByID(int id) 方法的测试。单元测试代码如下：

```
using System;
using System.Collections.Generic;
using System.Linq;
using System.Text;
using NUnit.Framework;
using System.Data;
using DAL;
using Model;
using System.Data.SqlClient;
namespace DAL
{
    [TestFixture]
    public class NewAccessTest
    {
        [Test]
        public void CheckNewsByIDTest( )
        {
            NewsAccess target = new NewsAccess( );
            int id = 77;                                    //审核 N_id 为 77 的新闻
            bool expected = true;                           //预期审核成功
            bool actual;
            actual = target.CheckNewsByID(id);
            Assert.AreEqual(expected, actual);
        }
    }
}
```

（21）DeleteNewsByBigClassID(int BigClassID) 方法的测试。单元测试代码如下：

```
using System;
using System.Collections.Generic;
using System.Linq;
using System.Text;
using NUnit.Framework;
using System.Data;
using DAL;
using Model;
using System.Data.SqlClient;
namespace DAL
{
    [TestFixture]
    public class NewAccessTest
    {
```

```
        [Test]
        public void DeleteNewsByBigClassIDTest( )
        {
            NewsAccess target = new NewsAccess( );
            int BigClassID = 3;                    //删除 BigClassID 为 3 的新闻
            bool expected = true;                  //预期删除成功
            bool actual;
            actual = target.DeleteNewsByBigClassID(BigClassID);
            Assert.AreEqual(expected,actual);
        }
    }
}
```

2. BigClassAccess 类的测试

（1）AddBigClass(string name）方法的测试。单元测试代码如下：

```
using System;
using System.Collections.Generic;
using System.Linq;
using System.Text;
using NUnit.Framework;
namespace DAL
{
    [TestFixture]
    public class BigClassAccessTest
    {
        [Test]
        public void AddBigClassTest( )                //添加新闻栏目方法测试
        {
            BigClassAccess target = new BigClassAccess( );
            string name = "娱乐新闻";                 //添加"娱乐新闻"栏目
            bool expected = true;                     //预期结果为添加成功
            bool actual;
            actual = target.AddBigClass(name);
            Assert.AreEqual(expected,actual);
        }
    }
}
```

（2）DeleteBigClassByID(int id）方法的测试。单元测试代码如下：

```
using System;
using System.Collections.Generic;
using System.Linq;
using System.Text;
```

```
using NUnit.Framework;
namespace DAL
{
    [TestFixture]
    public class BigClassAccessTest
    {
        [Test]
        public void DeleteBigClassByIDTest( )
        {
            BigClassAccess target = new BigClassAccess( );
            int id = 6;                                          //要删除的新闻栏目 ID
            bool expected = true;                                //预期删除成功
            bool actual;
            actual = target.DeleteBigClassByID(id);
            Assert.AreEqual(expected,actual);
        }
    }
}
```

（3）UpdateBigClass(Model.BigClassInfo delBC）方法的测试。单元测试代码如下：

```
using System;
using System.Collections.Generic;
using System.Linq;
using System.Text;
using NUnit.Framework;
using Model;
namespace DAL
{
    [TestFixture]
    public class BigClassAccessTest
    {
        [Test]
        public void UpdateBigClassTest( )
        {
            BigClassAccess target = new BigClassAccess( );
            BigClassInfo delBC = new BigClassInfo( );
            delBC.B_id = 1;                    //要修改的新闻栏目的 id
            delBC.Name = "天气新闻";            //将新闻栏目 id 为 1 的栏目名称改为“天气新闻”
            bool expected = true;              //预期修改成功
            bool actual;
            actual = target.UpdateBigClass(delBC);
            Assert.AreEqual(expected,actual);
        }
```

```
    }
}
```

（4）GetData _ BigClass( ) 方法的测试。单元测试代码如下：

```
using System;
using System.Collections.Generic;
using System.Linq;
using System.Text;
using NUnit.Framework;
using Model;
using System.Data;
namespace DAL
{
    [TestFixture]
    public class BigClassAccessTest
    {
        [Test]
        public void GetData_BigClassTest( )
        {
            BigClassAccess target = new BigClassAccess( );
            int expected = 6;                          //预期查询出 6 条记录
            int actual = target.GetData_BigClass( ).Tables[0].Rows.Count;
            Assert.AreEqual(expected,actual);
        }
    }
}
```

（5）GetBigClass( ) 方法的测试。单元测试代码如下：

```
using System;
using System.Collections.Generic;
using System.Linq;
using System.Text;
using NUnit.Framework;
using Model;
using System.Data;
namespace DAL
{
    [TestFixture]
    public class BigClassAccessTest
    {
        [Test]
        public void GetBigClassTest( )
        {
```

```
            BigClassAccess target = new BigClassAccess( );
            int expected = 6;                                     //共查询出 6 条可显示的新闻
            int actual;
            actual = target.GetBigClass( ).Tables[0].Rows.Count;
            Assert.AreEqual(expected,actual);
        }
    }
}
```

(6) UpdateBigClassFlag(string flag, int id) 方法的测试。单元测试代码如下：

```
using System.Text;
using NUnit.Framework;
using Model;
using System.Data;
namespace DAL
{
    [TestFixture]
    public class BigClassAccessTest
    {
        [Test]
        public void UpdateBigClassFlagTest( )
        {
            BigClassAccess target = new BigClassAccess( );
            int id = 1;                         //修改 B_id 为 1 的新闻
            string flag = "不显示";             //将 B_id = 1 的新闻栏目修改为“不显示”状态
            bool expected = true;               //预期修改成功
            bool actual;
            actual = target.UpdateBigClassFlag(flag, id);
            Assert.AreEqual(expected,actual);
        }
    }
}
```

(7) UpdateBigClassNameAndFlag(int id, string name, string flag) 方法的测试。单元测试代码如下：

```
using System.Text;
using NUnit.Framework;
using Model;
using System.Data;
namespace DAL
{
    [TestFixture]
    public class BigClassAccessTest
```

```
    {
        [Test]
        public void UpdateBigClassNameAndFlagTest( )
        {
            BigClassAccess target = new BigClassAccess( );//TODO: 初始化为适当的值
            int id = 2;                               //修改 B_id = 2 的新闻栏目的相关信息
            string name = "国内大事";                  //栏目名称改为“国内大事”
            string flag = "不显示";                    //将该栏目改为“不显示”状态
            bool expected = true;
            bool actual;
            actual = target.UpdateBigClassNameAndFlag(id,name,flag);
            Assert.AreEqual(expected,actual);
        }
    }
}
```

(8) GetBigClassByID(int M _ bc) 方法的测试。单元测试代码如下：

```
using System;
using System.Collections.Generic;
using System.Linq;
using System.Text;
using NUnit.Framework;
using Model;
using System.Data;
namespace DAL
{
    [TestFixture]
    public class BigClassAccessTest
    {
        [Test]
        public void GetBigClassByIDTest( )
        {
            BigClassAccess target = new BigClassAccess( );
            int M_bc = 3;                             //查询 id 为 3 的栏目信息
            string expected = "体育新闻";              //查询出的栏目名称为“体育新闻”
            string actual;
            actual = (target.GetBigClassByID(M_bc).Tables[0].Rows[0][1]).ToString( );
            Assert.AreEqual(expected,actual);
        }
    }
}
```

(9) GetMaxCindex( ) 方法的测试。

该方法与 NewAccess.cs 类的方法(18) 类似，有一个逻辑判断语句，因此生成两条测试用例，一个是条件 db. ReturnDataSet(sql). Tables[0]. Rows. Count>0 为真，另一个是该条件为假的情况。因此在编写单元测试代码的时候也就需要分别对这两种情况进行测试。

条件为真时，单元测试代码如下：

```
using System;
using System.Collections.Generic;
using System.Linq;
using System.Text;
using NUnit.Framework;
using Model;
using System.Data;
namespace DAL
{
    [TestFixture]
    public class BigClassAccessTest
    {
        [Test]
        public void GetMaxCindexTest( )
        {
            BigClassAccess target = new BigClassAccess( );
            int expected = 6;                              //表中的 Cindex 最大值为 6
            int actual;
            actual = target.GetMaxCindex( );
            Assert.AreEqual(expected, actual);
        }
    }
}
```

条件为假时，也就是数据库的 tb _ BigClass 表中没有记录，可将数据库备份好后，删除其中的所有记录，进行测试，代码如下：

```
using System;
using System.Collections.Generic;
using System.Linq;
using System.Text;
using NUnit.Framework;
using Model;
using System.Data;
namespace DAL
{
    [TestFixture]
    public class BigClassAccessTest
    {
        [Test]
```

```
        public void GetMaxCindexTest( )
        {
            BigClassAccess target = new BigClassAccess( );
            //数据库的表中没有数据,因此返回值为 GetMaxCindex( )方法中的变量 a 的值
            int expected = 0;
            int actual;
            actual = target. GetMaxCindex( );
            Assert. AreEqual(expected, actual);
        }
    }
}
```

(10) GetNewsCount( ) 方法的测试。单元测试代码如下：

```
using System;
using System. Collections. Generic;
using System. Linq;
using System. Text;
using NUnit. Framework;
using Model;
using System. Data;
namespace DAL
{
    [TestFixture]
    public class BigClassAccessTest
    {
        [Test]
        public void GetNewsCountTest( )
        {
            BigClassAccess target = new BigClassAccess( );
            int expected = 4;                              //共有 4 条符合条件的记录
            int actual;
            actual = target. GetNewsCount( ). Tables[0]. Rows. Count;
            Assert. AreEqual(expected, actual);
        }
    }
}
```

(11) UpdateNewsCount(int BigClassID) 方法的测试。单元测试代码如下：

```
using System;
using System. Collections. Generic;
using System. Linq;
using System. Text;
using NUnit. Framework;
```

```
using Model;
using System.Data;
namespace DAL
{
    [TestFixture]
    public class BigClassAccessTest
    {
        [Test]
        public void UpdateNewsCountTest( )
        {
            BigClassAccess target = new BigClassAccess( );
            int BigClassID = 1;                          //更新 ID 为 1 的新闻栏目
            bool expected = true;                        //预期更新成功
            bool actual;
            actual = target.UpdateNewsCount(BigClassID);
            Assert.AreEqual(expected,actual);
        }
    }
}
```

（12）UpdateNewsCountDEL(int BigClassID) 方法的测试。单元测试代码如下：

```
using System;
using System.Collections.Generic;
using System.Linq;
using System.Text;
using NUnit.Framework;
using Model;
using System.Data;
namespace DAL
{
    [TestFixture]
    public class BigClassAccessTest
    {
        [Test]
        public void UpdateNewsCountDELTest( )
        {
            BigClassAccess target = new BigClassAccess( );
            int BigClassID = 5;                          //删除 id 为 5 的新闻栏目
            bool expected = true;                        //预期删除成功
            bool actual;
            actual = target.UpdateNewsCountDEL(BigClassID);
            Assert.AreEqual(expected,actual);
        }
```

```
        }
    }
```

(13) GetNewsCount(int id) 方法的测试。单元测试代码如下：

```
using System;
using System.Collections.Generic;
using System.Linq;
using System.Text;
using NUnit.Framework;
using Model;
using System.Data;
namespace DAL
{
    [TestFixture]
    public class BigClassAccessTest
    {
        [Test]
        public void GetNewsCountTest1( )
        {
            BigClassAccess target = new BigClassAccess( );
            int id = 3;                                    //获取 id 为 3 的新闻栏目下的新闻条数
            int expected = 1;                              //TODO: 初始化为适当的值
            int actual;
            actual = target.GetNewsCount(id);
            Assert.AreEqual(expected,actual);
        }
    }
}
```

2.2.3　新闻评论的测试

新闻评论是本系统的重要功能之一。在本部分中 MODAL 类库中的类 CommentsInfo 主要完成对数据库中的评论表 tb _ Comments 中字段的定义。DAL 类库中的类 CommentsAccess 主要是对新闻评论的各种功能的具体实现。BLL 类库中类 CommentsLogic 是对 DAL 类库中类的逻辑调用。

其中 CommentsInfo 类中定义的属性对应评论表 tb _ Comments 中的字段。CommentsAccess 类用于实现新闻评论功能的基本方法。CommentsLogic 类则用于完成对 CommentsAccess 类的逻辑调用从而实现新闻评论的功能。

因此本小节中主要是对 DAL 类库中的类 CommentsAccess 的测试，该类中一共包含七个方法，下面一一进行单元测试。

(1) DeleteAllByNewsID(int NewsID) 方法的测试。单元测试代码如下：

```
using System;
using System.Collections.Generic;
```

```
using System.Linq;
using System.Text;
using NUnit.Framework;
namespace DAL
{
    [TestFixture]
    public class CommentsAccessTest
    {
        [Test]
        public void DeleteAllByNewsIDTest( )
        {
            CommentsAccess target = new CommentsAccess( );
            int NewsID = 64;                                   //删除 NewsID 为 64 的新闻的所有评论
            bool expected = true;                              //删除成功
            bool actual;
            actual = target.DeleteAllByNewsID(NewsID);
            Assert.AreEqual(expected, actual);
        }
    }
}
```

(2) DeleteNewsCommentsByCommentsID(int C_id) 方法的测试。单元测试代码如下：

```
using System;
using System.Collections.Generic;
using System.Linq;
using System.Text;
using NUnit.Framework;
namespace DAL
{
    [TestFixture]
    public class CommentsAccessTest
    {
        [Test]
        public void DeleteNewsCommentsByCommentsIDTest( )
        {
            CommentsAccess target = new CommentsAccess( );
            int C_id = 20;                                     //删除评论 ID 为 20 的评论
            bool expected = true;                              //预期删除成功
            bool actual;
            actual = target.DeleteNewsCommentsByCommentsID(C_id);
            Assert.AreEqual(expected, actual);
        }
    }
```

```
}
```

(3) GetAllAnswer( ) 方法的测试。单元测试代码如下：

```
using System;
using System.Collections.Generic;
using System.Linq;
using System.Text;
using NUnit.Framework;
namespace DAL
{
    [TestFixture]
    public class CommentsAccessTest
    {
        [Test]
        public void GetAllAnswerTest( )
        {
            CommentsAccess target = new CommentsAccess( );
            int expected = 16;          //tb_Comments 表中共有 16 条新闻评论
            int actual;
            actual = target.GetAllAnswer( ).Tables[0].Rows.Count;
            Assert.AreEqual(expected,actual);
        }
    }
}
```

(4) GetAnswerByNewsID(int NewsID) 方法的测试。单元测试代码如下：

```
using System;
using System.Collections.Generic;
using System.Linq;
using System.Text;
using NUnit.Framework;
namespace DAL
{
    [TestFixture]
    public class CommentsAccessTest
    {
        [Test]
        public void GetAnswerByNewsIDTest( )
        {
            CommentsAccess target = new CommentsAccess( );
            int NewsID = 0;             //查询新闻 ID 为 0 的最新三条新闻评论
            int expected = 3;
            int actual;
```

```
                actual = target.GetAnswerByNewsID(NewsID).Tables[0].Rows.Count;
                Assert.AreEqual(expected,actual);
            }
        }
    }
```

（5）GetALLAnswerByNewsID(int NewsID) 方法的测试。单元测试代码如下：

```
using System;
using System.Collections.Generic;
using System.Linq;
using System.Text;
using NUnit.Framework;
namespace DAL
{
    [TestFixture]
    public class CommentsAccessTest
    {
        [Test]
        public void GetALLAnswerByNewsIDTest( )
        {
            CommentsAccess target = new CommentsAccess( );
            int NewsID = 0;                          //查询新闻 ID 为 0 的新闻的全部评论
            int expected = 6;
            int actual;
            actual = target.GetALLAnswerByNewsID(NewsID).Tables[0].Rows.Count;
            Assert.AreEqual(expected,actual);
        }
    }
}
```

（6）GetCindexByNewsID(int NewsID) 方法的测试。单元测试代码如下：

```
using System;
using System.Collections.Generic;
using System.Linq;
using System.Text;
using NUnit.Framework;
namespace DAL
{
    [TestFixture]
    public class CommentsAccessTest
    {
        [Test]
        public void GetCindexByNewsIDTest( )
```

```
        {
            CommentsAccess target = new CommentsAccess( );
            int NewsID = 0;                    //要获取新闻评论条数的新闻的 ID
            DataSet expected = 6;              //该新闻共有 6 条评论
            DataSet actual;
            actual = target.GetCindexByNewsID(NewsID);
            Assert.AreEqual(expected,actual);
        }
    }
}
```

（7）AddAnswerByNewsID(Model.CommentsInfo Ma) 方法的测试。该方法中有 if-else 语句，因此生成两个测试用例。若不满足 if 条件，则说明该新闻已有新闻评论。单元测试代码如下：

```
using System;
using System.Collections.Generic;
using System.Linq;
using System.Text;
using NUnit.Framework;
using Model;
namespace DAL
{
    [TestFixture]
    public class CommentsAccessTest
    {
        [Test]
        public void AddAnswerByNewsIDTest( )
        {
            CommentsAccess target = new CommentsAccess( );
            CommentsInfo Ma = new CommentsInfo( );
            //初始化评论内容
            Ma.C_user = "wsh";
            Ma.C_qq = "123456";
            Ma.C_email = "123456@qq.com";
            Ma.C_word = "好大一场雪";
            Ma.C_time = "2011—2—23 19:42:55";
            Ma.NewID = 0;
            Ma.Cindex = 4;
            //预期插入成功
            bool expected = true;
            bool actual;
            actual = target.AddAnswerByNewsID(Ma);
            Assert.AreEqual(expected,actual);
```

```
        }
    }
}
```

若满足 if 条件，则说明一条新闻没有新闻评论，从数据库的 tb _ Comments 表中找到一条没有新闻评论的新闻 ID，对它添加新闻评论。单元测试代码如下：

```
using System;
using System.Collections.Generic;
using System.Linq;
using System.Text;
using NUnit.Framework;
using Model;
namespace DAL
{
    [TestFixture]
    public class CommentsAccessTest
    {
        [Test]
        public void AddAnswerByNewsIDTest( )
        {
            CommentsAccess target = new CommentsAccess( );
            CommentsInfo Ma = new CommentsInfo( );
            //初始化评论内容
            Ma.C_user = "wsh";
            Ma.C_qq = "123456";
            Ma.C_email = "123456@qq.com";
            Ma.C_word = "天气真好";
            Ma.C_time = "2011-2-23 19:42:55";
            Ma.NewID = 73;
            //预期插入成功
            bool expected = true;
            bool actual;
            actual = target.AddAnswerByNewsID(Ma);
            Assert.AreEqual(expected,actual);
        }
    }
}
```

2.2.4 用户管理的测试

后台用户管理实现是本系统的重要功能之一。在该部分中 MODAL 类库中类 UserInfo 主要完成对数据库的用户表 tb _ User 中字段的定义。DAL 类库中类 UserAccess 主要是对用户操作的各种功能的具体实现。BLL 类库中类 UserLogic 是对 DAL 类库中类的逻辑调用。

后台用户管理实现需要完成实体层 MODEL 类库中 UserInfo 类、数据访问层 DAL 类库中 UserAccess 类、逻辑层 BLL 类库中 UserLogic 类。其中 UserInfo 类中定义的属性对应用户表 tb _ User 中的字段。UserAccess 类用于实现用户操作的基本方法。UserLogic 类则用于完成对 UserAccess 类的逻辑调用从而实现用户操作的功能。

本小节中主要是对 DAL 类库中的类 UserAccess 的测试，该类中一共包含 12 个方法，下面一一进行单元测试。

(1) AdminLogin(string UserName，string PassWord) 方法的测试。单元测试代码如下：

```
using System;
using System.Collections.Generic;
using System.Linq;
using System.Text;
using NUnit.Framework;
namespace DAL
{
    [TestFixture]
    public class UserAccessTest
    {
        [Test]
        public void AdminLoginTest( )
        {
            UserAccess target = new UserAccess( );
            string UserName = "sjdsjd";                         //管理员用户名
            string PassWord = "CDC198008F7DB091C45C3B07106D5535";//加密过的密码,此处没有解密
            int expected = 1;                                   //查询出的行数
            int actual;
            actual = target.AdminLogin(UserName,PassWord);
            Assert.AreEqual(expected,actual);
        }
    }
}
```

(2) AddUser(Model.UserInfo del _ ad) 方法的测试。单元测试代码如下：

```
using System;
using System.Collections.Generic;
using System.Linq;
using System.Text;
using NUnit.Framework;
using Model;
namespace DAL
{
    [TestFixture]
    public class UserAccessTest
```

```
    {
        [Test]
        public void AddUserTest( )
        {
            UserAccess target = new UserAccess( );
            UserInfo del_ad = new UserInfo( );
            //添加用户
            del_ad.UserName = "wsh";
            del_ad.Password = "wsh";
            del_ad.UserEmail = "123456@qq.com";
            del_ad.Lever = "普通用户";
            //预期添加成功
            bool expected = true;
            bool actual;
            actual = target.AddUser(del_ad);
            Assert.AreEqual(expected,actual);
        }
    }
}
```

（3）DeleteAdmin(Model.UserInfo ma）方法的测试。单元测试代码如下：

```
using System;
using System.Collections.Generic;
using System.Linq;
using System.Text;
using NUnit.Framework;
using Model;
namespace DAL
{
    [TestFixture]
    public class UserAccessTest
    {
        [Test]
        public void DeleteAdminTest( )
        {
            UserAccess target = new UserAccess( );
            UserInfo ma = new UserInfo( );
            ma.U_id = 12;                          //删除 U_id 为 12 的用户
            bool expected = true;                  //预期删除成功
            bool actual;
            actual = target.DeleteAdmin(ma);
            Assert.AreEqual(expected,actual);
        }
    }
}
```

（4）UpdateAdminPassword（Model. UserInfo del _ ad）方法的测试。单元测试代码如下：

```
using System;
using System.Collections.Generic;
using System.Linq;
using System.Text;
using NUnit.Framework;
using Model;
namespace DAL
{
    [TestFixture]
    public class UserAccessTest
    {
        [Test]
        public void UpdateAdminPasswordTest( )
        {
            UserAccess target = new UserAccess( );
            UserInfo del_ad = new UserInfo( );
            //要修改的用户 ID 和密码
            del_ad.U_id = 13;
            del_ad.Password = "wsh";
            //预期修改成功
            bool expected = true;
            bool actual;
            actual = target.UpdateAdminPassword(del_ad);
            Assert.AreEqual(expected,actual);
        }
    }
}
```

（5）UpdateAdminAleave(Model. UserInfo del _ ad）方法的测试。单元测试代码如下：

```
using System;
using System.Collections.Generic;
using System.Linq;
using System.Text;
using NUnit.Framework;
using Model;
namespace DAL
{
    [TestFixture]
    public class UserAccessTest
    {
        [Test]
```

```
        public void UpdateAdminAleaveTest( )
        {
            UserAccess target = new UserAccess( );
            UserInfo del_ad = new UserInfo( );
            //修改 ID 为 14 的管理权限为“普通用户”
            del_ad.U_id = 14;
            del_ad.Lever = "普通用户";
            //预期修改成功
            bool expected = true;
            bool actual;
            actual = target.UpdateAdminAleave(del_ad);
            Assert.AreEqual(expected,actual);
        }
    }
}
```

（6）GetDataAdmin( ) 方法的测试。单元测试代码如下：

```
using System;
using System.Collections.Generic;
using System.Linq;
using System.Text;
using NUnit.Framework;
using Model;
namespace DAL
{
    [TestFixture]
    public class UserAccessTest
    {
        [Test]
        public void GetDataAdminTest( )
        {
            UserAccess target = new UserAccess( );
            int expected = 10;                    //共有 10 个用户
            int actual;
            actual = target.GetDataAdmin( ).Tables[0].Rows.Count;
            Assert.AreEqual(expected,actual);
        }
    }
}
```

（7）QueryUserInfoByID(int id) 方法的测试。单元测试代码如下：

```
using System;
using System.Collections.Generic;
using System.Linq;
using System.Text;
```

```
using NUnit.Framework;
using Model;
using System.Data;
namespace DAL
{
    [TestFixture]
    public class UserAccessTest
    {
        [Test]
        public void QueryUserInfoByIDTest( )
        {
            UserAccess target = new UserAccess( );
            int id = 6;                              //查询 ID 为 6 的用户信息
            string expected = "sjd";                 //预期返回的信息中,用户名为 sjd
            DataSet actualds;
            actualds = target.QueryUserInfoByID(id);
            string actual = actualds.Tables[0].Rows[0][1].ToString( );
            Assert.AreEqual(expected,actual);
        }
    }
}
```

(8) QueryUserInfoByName(string name) 方法的测试。单元测试代码如下：

```
using System;
using System.Collections.Generic;
using System.Linq;
using System.Text;
using NUnit.Framework;
using Model;
using System.Data;
namespace DAL
{
    [TestFixture]
    public class UserAccessTest
    {
        [Test]
        public void QueryUserInfoByNameTest( )
        {
            UserAccess target = new UserAccess( );
            string name = "wsh";                          //查询用户名为 wsh 的用户信息
            string expected = "123456@qq.com";            //查询的用户信息中 Email 的内容
            DataSet actualds;
            actualds = target.QueryUserInfoByName(name);
            string actual = actualds.Tables[0].Rows[0][3].ToString( );
            Assert.AreEqual(expected,actual);
```

```
            }
        }
    }
```

(9) UpdateUserInfoByName(string name, string pwd, string email) 方法的测试。单元测试代码如下：

```
using System;
using System.Collections.Generic;
using System.Linq;
using System.Text;
using NUnit.Framework;
using Model;
using System.Data;
namespace DAL
{
    [TestFixture]
    public class UserAccessTest
    {
        [Test]
        public void UpdateUserInfoByNameTest( )
        {
            UserAccess target = new UserAccess( );
            string name = "wsh";                    //要修改的用户是 wsh
            string pwd = "123";                     //将 wsh 的密码改为 123
            string email = "123456@163.com";        //将 wsh 的 E-mail 改为 123456@163.com
            bool expected = true;
            bool actual;
            actual = target.UpdateUserInfoByName(name, pwd, email);
            Assert.AreEqual(expected, actual);
        }
    }
}
```

(10) UpdateUserInfo(Model.UserInfo ma) 方法的测试。单元测试代码如下：

```
using System;
using System.Collections.Generic;
using System.Linq;
using System.Text;
using NUnit.Framework;
using Model;
using System.Data;
namespace DAL
{
    [TestFixture]
    public class UserAccessTest
```

```
    {
        [Test]
        public void UpdateUserInfoTest( )
        {
            UserAccess target = new UserAccess( );
            UserInfo ma = new UserInfo( );
            //修改 U_id = 15 的用户信息
            ma.UserName = "wshwsh";
            ma.Password = "w";
            ma.UserEmail = "111@tom.com";
            ma.Lever = "管理员";
            ma.U_id = 15;
            bool expected = true;
            bool actual;
            actual = target.UpdateUserInfo(ma);
            Assert.AreEqual(expected,actual);
        }
    }
}
```

（11）CheckUser(string UserName) 方法的测试。单元测试代码如下：

```
using System;
using System.Collections.Generic;
using System.Linq;
using System.Text;
using NUnit.Framework;
using Model;
using System.Data;
namespace DAL
{
    [TestFixture]
    public class UserAccessTest
    {
        [Test]
        public void CheckUserTest( )
        {
            UserAccess target = new UserAccess( );
            string UserName = "God";                //检查用户名为 God 的用户是否存在
            int expected = 0;
            int actual;
            actual = target.CheckUser(UserName);
            Assert.AreEqual(expected,actual);
        }
    }
}
```

（12）UserLogin（string UserName，string PassWord）方法的测试。单元测试代码如下：

```
using System;
using System.Collections.Generic;
using System.Linq;
using System.Text;
using NUnit.Framework;
using Model;
using System.Data;
namespace DAL
{
    [TestFixture]
    public class UserAccessTest
    {
        [Test]
        public void UserLoginTest( )
        {
            UserAccess target = new UserAccess( );
            //登录的用户信息
            string UserName = "12345";
            string PassWord = "wsh";
            int expected = 1;
            int actual;
            actual = target.UserLogin(UserName, PassWord);
            Assert.AreEqual(expected, actual);
        }
    }
}
```

课后自测及相关实训2

一、填空题

知识点：单元测试

1. 白盒法必须考虑程序的______和______，以检查______的细节为基础，对程序中尽可能多的逻辑路径进行测试。

2. 白盒测试是______测试，被测对象是______，以程序的______为基础设计测试用例。

3. 逻辑覆盖是对程序内部有______存在的逻辑结构设计测试用例，根据程序内部的逻辑覆盖程度又可分为______、______、______、______、______和______ 6 种覆盖技术。

4. 实际的逻辑覆盖测试中，一般以______覆盖为主设计测试用例，然后再补充部分用例，以达到______覆盖测试标准。

5. 循环覆盖是对程序内部有______存在的逻辑结构设计测试用例，它通过限制______来测试。

6. 基本路径测试是在程序______基础上，通过分析控制构造的______复杂性，导出______集合，从而设计测试用例。

7. 单元测试主要测试______的 5 个基本特征：______、______、______、______和______。

8. 在单元测试中，需要为被测模块设计______模块和______模块。______用来模拟被测模块的上级调用模块，______用来代替被测模块所调用的模块。

9. 选择测试用例，使得被测程序中每个判定的每个分支至少执行一次，这种逻辑覆盖标准称为______。

10. 要覆盖含循环结构的所有路径是不可能的，一般通过限制______来测试。

二、选择题

知识点：单元测试方法

1. 单元测试主要针对模块的几个基本特征进行测试，该阶段不能完成的测试是（　　）。

A. 系统功能　　B. 局部数据结构

C. 重要的执行路径　　D. 错误处理

2. 软件测试过程中的集成测试主要是为了发现（　　）阶段的错误。

A. 需求分析　　B. 概要设计

C. 详细设计　　D. 编码

3. 不属于白盒测试的技术是（　　）。

A. 路径覆盖　　B. 判定覆盖

C. 循环覆盖　　D. 边界值分析

4. 集成测试时，能较早发现高层模块接口错误的测试方法为（　　）。

A. 自顶向下渐增式测试　　B. 自底向上渐增式测试

C. 非渐增式测试　　D. 系统测试

5. 确认测试以（　　）文档作为测试的基础。

A. 需求规格说明书　　B. 设计说明书

C. 源程序　　D. 开发计划

6. 使用白盒测试方法时，确定测试数据应根据（　　）和指定的覆盖标准。

A. 程序内部逻辑　　B. 程序的复杂度

C. 使用说明书　　D. 程序的功能

7. 程序的三种基本结构是（　　）。

A. 过程子、程序、分程序　　B. 顺序、选择、循环

C. 递归、堆栈、队列　　D. 调用、返回、转移

8. 结构化程序设计的一种基本方法是（　　）。

A. 筛选法　　B. 递归法

C. 归纳法　　D. 逐步求精法

9. 软件调试的目的是（　　）。

A. 找出错误所在并改正之　　B. 排除存在错误的可能性

C. 对错误性质进行分类　　D. 统计出错的次数

10. 程序三种基本结构的共同特点是（　　）。

A. 不能嵌套使用　　B. 只能用来写简单程序

C. 已经用硬件实现　　D. 只有一个入口和一个出口

11. 下面说法正确的是（　　）。

A. 经过测试没有发现错误说明程序正确

B. 测试的目标是为了证明程序没有错误

C. 成功的测试是发现了迄今尚未发现的错误的测试

D. 成功的测试是没有发现错误的测试

12. 覆盖准则最强的是（　　）。

A. 语句覆盖　　B. 判定覆盖

C. 条件覆盖　　D. 路径覆盖

13. 发现错误能力最弱的是（　　）。

A. 语句覆盖　　B. 判定覆盖

C. 条件覆盖　　D. 路径覆盖

14. 实际的逻辑覆盖测试中，一般以（　　）为主设计测试用例。

A. 条件覆盖　　B. 判定覆盖

C. 条件组合覆盖　　D. 路径覆盖

15. 下面（　　）方法能够有效地检测输入条件的各种组合可能引起的错误。

A. 等价类划分　　B. 边界值分析

C. 错误推测　　D. 因果图

16. 与确认测试阶段有关的文档是（　　）。

A. 需求规格说明书　　B. 概要设计说明书

C. 详细设计说明书　　D. 源程序

17. 超出软件工程范围的测试是（　　）。

A. 单元测试　　B. 集成测试

C. 确认测试　　D. 系统测试

18. 软件测试不需要了解软件设计的（　　）。

A. 功能　　B. 内部结构

C. 处理过程　　D. 条件

19. （　　）方法需要考查模块间的接口和各模块之间的联系。

A. 单元测试　　B. 集成测试

C. 确认测试　　D. 系统测试

20. 调试应该由（　　）完成。

A. 与源程序无关的程序员　　B. 编制该源程序的程序员

C. 不了解软件设计的机构　　D. 设计该软件的机构

三、简答题

1. 白盒测试的概念是什么？

2. 单元测试的方法总体上分为哪两大类？

3. 动态测试要根据程序的控制结构设计测试用例，其原则是什么？

4. 逻辑覆盖可分为哪些具体覆盖方式？

5. 画出与下面的程序流图相对应的控制流图。

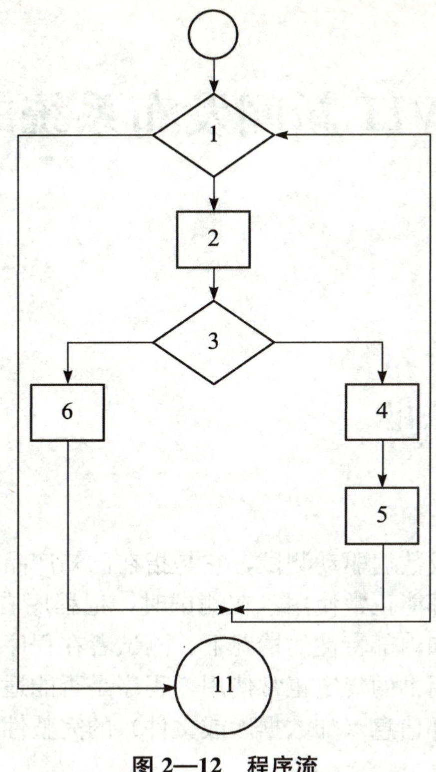

图 2—12　程序流

6. 写出基本路径测试法的步骤。

7. 用基本路径法设计第 5 题中程序流程图的测试路径。

第 3 章　CVIT 新闻发布系统的黑盒测试

3.1　黑盒测试相关知识

3.1.1　黑盒测试概述

1. 黑盒测试概述

黑盒测试也称功能测试或数据驱动测试，它是指在已知产品所应具有的功能前提下，通过测试来检测每个功能是否都能正常使用。在测试时，把程序看做一个不能打开的黑盆子，在完全不考虑程序内部结构和内部特性的情况下，测试者在程序接口进行测试。它只检查程序功能是否按照需求规格说明书的规定正常使用，程序是否能适当地接收输入数据而产生正确的输出信息，并且保持外部信息（如数据库或文件）的完整性。

2. 黑盒测试的优缺点

黑盒测试的优点如下：

- 比较简单，与软件的内部实现无关；
- 从用户角度出发；
- 基于软件开发文档。

黑盒测试的缺点如下：

- 覆盖率较低，大概只能达到代码量的 30%左右；
- 自动化测试的复用率较低。

3. 黑盒测试方法

黑盒测试方法主要有五种，分为等价类划分法、边界值划分法、错误推测法、场景法和因果图法。在实际测试用例设计过程中，不仅根据需要、场合单独使用这些方法，而且常常综合运用多个方法，使测试用例的设计更为有效。

3.1.2　等价类法

1. 等价类定义

等价类划分法是黑盒测试的典型方法，是指某个输入域的子集合。在该集合中，各个输入数据对于揭露程序中的错误都是等效的。

有效等价类：符合《需求规格说明书》，合理地输入数据集合。

无效等价类：不符合《需求规格说明书》，无意义地输入数据集合。

2. 等价类划分的步骤

（1）划分为有效等价类和无效等价类。

（2）根据上面等价类的划分，确定测试用例。

3. 等价类划分的原则

划分等价类最重要的是集合的划分。集合要划分为互不相交的子集，而子集并是整个集合。确定等价类的原则如下：

（1）如果规定了输入值的范围（闭区间），可以分为一个有效等价类，两个无效等价类。例如，$1<x<100$ 的有效等价类为“$1<x<100$”，无效等价类为输入范围两边的值。

（2）如果输入是布尔表达式，可以分为一个有效等价类和一个无效等类。如要求密码非空，则有效等价类为非空密码，无效等价类为空密码。

（3）如果输入条件规定了输入值的集合或者“必须如何”的条件，则可以确定一个有效等价类和一个无效等价类。

（4）在规定了输入数据的一组值（假定 n 个），且程序要对每一个输入值分别处理的情况下，可确定 n 个有效等价类和一个无效等价类。

（5）在规定了输入数据必须遵守的规则的情况下，可确定一个有效等价类（符合规则）和若干个无效等价类（从不同角度违反规则）。

【例 1】假定一台 ATM 机允许提取的增量为 50 元，总额为从 50 到 5000 元不等的现金；并要求一次最多取 2000 元，一天最多取 5000 元，一天最多取 3 次。请运用等价类和边界值的思想设计测试用例。

步骤 1： 划分有效等价类和无效等价类，如表 3—1 所示。

表 3—1

输入条件	有效等价类	无效等价类
提取的增量	① 50 元	② 非 50 元
总额	③ 50 到 5000 元	④ 小于 50 元 ⑤ 大于 5000 元
单次提取额	⑥ 50 到 2000 元	⑦ 小于 50 元 ⑧ 大于 2000 元
单日提取次数	⑨ 0～3 次	⑩ 大于 3 次

步骤 2： 设计测试用例，如表 3—2 所示。

表 3—2

序号	输入数据	所属等价类	测试方法	预期输出结果
1	100	1		取款成功
2	60	2		取款失败
3	600	3		取款成功
4	20	4		小于最小取款额数
5	5500	5		超过单日最大取款额数
6	1000	6		取款成功
7	30	7		小于最小取款额数
8	2500	8		超过单次最大取款额数
9	3 次	9		取款成功
10	4 次	10		超过单日最大取款次数
11	50	3/6	等价类/边界值	取款成功
12	2000	6	等价类/边界值	取款成功
13	5000	3	等价类/边界值	取款成功

【例 2】QQ 邮箱注册密码测试用例，界面如图 3—1 所示。

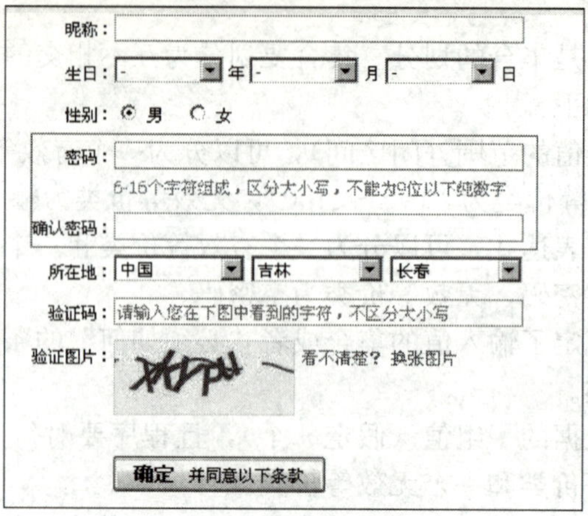

图 3—1　QQ 邮箱注册界面

步骤 1：确定有效等价类和无效等价类，如表 3—3 所示。

表 3—3

输入条件	有效等价类	无效等价类
6～16 个字符	①6 个字符 ②6～16 个字符 ③16 个字符	④小于 6 个字符 ⑤大于 16 个字符
不能为 9 位以下纯数字		⑥9 位以下纯数字
密码是否为明文	⑦密码不是明文	
两次密码输入一致		⑧两次输入密码不一致

步骤 2：设计测试用例，如表 3—4 所示。

表 3—4

序号	输入数据	所属等价类	预计结果	实际结果
1	Ms1234	①	可以注册	可以注册
2	Mss12345	②	可以注册	可以注册
3	Mesdrfe123456789	③	可以注册	可以注册
4	Ms123	④	提示密码为 6～16 个字符	提示密码为 6～16 个字符
5	Msdfreewwsd123455	⑤	提示密码为 6～16 个字符	提示密码为 6～16 个字符
6	1234567	⑥	提示密码不能为 9 位以下纯数字	提示密码不能为 9 位以下纯数字
7	Msjkdl123	⑦	密码不是明文	密码不是明文
8		⑧	提示两次输入结果不一致	提示两次输入结果不一致

3.1.3　边界值法

1. 边界值法定义

边界值分析法是一种非常实用的测试用例设计技术，但在白盒测试中也应用到了边界值的测试思想。边界值法具有很强的发现程序错误的能力，它的测试用例来自等价类的边界。

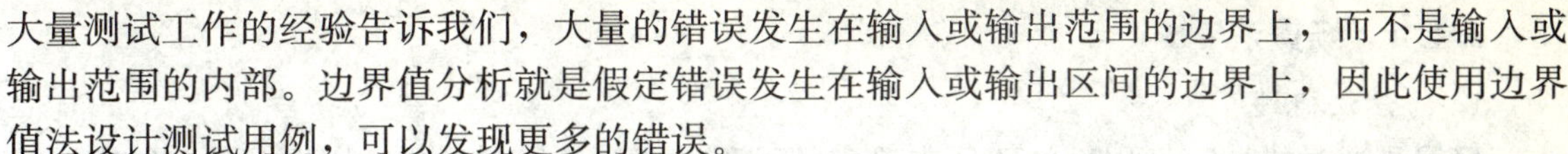

大量测试工作的经验告诉我们，大量的错误发生在输入或输出范围的边界上，而不是输入或输出范围的内部。边界值分析就是假定错误发生在输入或输出区间的边界上，因此使用边界值法设计测试用例，可以发现更多的错误。

在使用边界值法设计测试用例时，应该首先确定好输入边界和输出边界情况，然后再选取正好等于、刚刚大于或刚刚小于边界的值作为测试数据，而不是选取等价类中的典型值或任意值作为测试数据。

2. 边界值法划分原则

一般情况下，可以遵循以下几个原则来设计测试用例。

规则 1：如果输入条件规定了值的范围，应取刚达到这个范围的边界值，以及刚刚超过这个范围边界的值作为测试输入的数据。

规则 2：如果输入条件规定了值的个数，应用最大个数、最小个数、比最小个数少一、比最大个数多一的数作为测试输入的数据。

规则 3：根据每个输入条件，使用规则 1 或 2。

规则 4：如果程序的规格说明给出的输入域或输出域是有序集合，则应选取集合的第一个元素和最后一个元素作为测试用例数据。

规则 5：如果程序中使用了一个内部数据结构，则应当选择这个内部数据结构的边界值来作为测试用例。

规则 6：分析规格说明，找出其他可能的边界条件。

【例 3】除法器，输入 0～100 之间的整数，因此自然产生 0 和 100 两个边界，我们在构造测试用例的时候要重点考虑这两个边界，如表 3—5 所示。

表 3—5

输入条件	有效等价类	无效等价类
0～100 之间的整数	①0 ②0～100 之间的整数 ③100	④负整数 ⑤大于 100 的整数 ⑥小数 ⑦特殊符号 ⑧空格 ⑨空
除数不能为 0		(10) 除数为 0

设计测试用例，如表 3—6 所示。

表 3—6

序号	被测边界	被除数	除数	所属等价类	测试方法	预期输出结果
1	0	0	50	等价类、边界值①	0	
2	0～100	50	50	②	等价类	1
3	100	100	50	③	等价类、边界值	2
4	0	−1	50	④	等价类、边界值	提示输入 0～100 之间的整数
5	100	101	50	⑤	等价类、边界值	提示输入 0～100 之间的整数
6		1.2	50	⑥	等价类	提示输入 0～100 之间的整数
7		@	50	⑦	等价类	提示输入 0～100 之间的整数
8				⑧	等价类	提示输入 0～100 之间的整数
9				⑨	等价类	提示输入 0～100 之间的整数
10		50	0	⑩	等价类	提示除数不能为 0

3.1.4 场景法

1. 场景法概述

场景是通过描述流经用例的路径来确定的过程，这个流经过程要从用例开始到结束遍历所有基本流和备选流。场景法就是根据这些基本流和备选流的流动过程设计测试用例的，基本过程如图 3—2 所示。

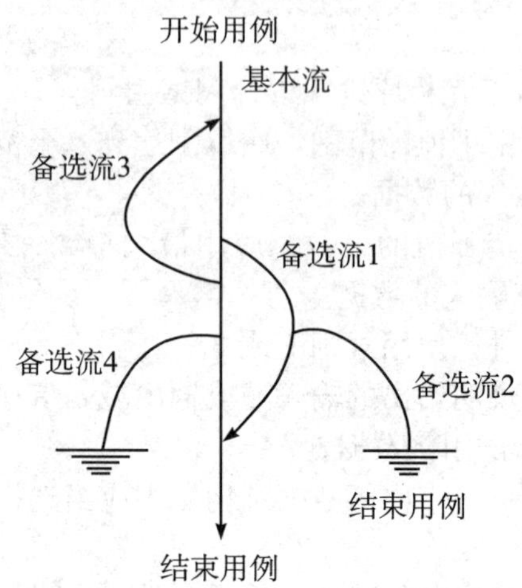

图 3—2 场景法设计用例流程图

目前的软件几乎都是由事件触发来控制流程的，事件触发时的情景便形成了场景，而同一事件不同的触发顺序和处理结果形成事件流。这种在软件设计方面的思想也可被引入到软件测试中，生动描绘出事件触发时的情景，有利于测试设计者设计测试用例，同时测试用例也更容易得到理解和执行。提出这种测试思想的是 Rational 公司。

2. 场景法设计测试用例的步骤

场景法设计测试用例的步骤如下：

（1）根据说明，描述出程序的基本流及各项备选流。

（2）根据基本流和各项备选流生成不同的场景。

（3）对每一个场景生成相应的测试用例。

（4）对生成的所有测试用例重新复审，去掉多余的测试用例，测试用例确定后，对每一个测试用例确定测试数据值。

【例 4】下面以使用 ATM 机取款场景举例说明。

场景描述。用户进入网上购物系统网站进行购物，选好物品后进行购买，这时需要使用账号登录，登录成功后付款，交易成功后生成订单，完成此次购物活动。

步骤 1：确定基本流及各项备选流。

基本流	确认 ATM 机正常运行→插入银行卡→输入密码→验证密码→取款→输入取款数额→取钱→显示余额→打印凭条→退卡
备选流 1	ATM 机没有正常运行
备选流 2	插错卡

续前表

备选流 3	卡消磁
备选流 4	吞卡
备选流 5	密码输入错误
备选流 6	密码输入错误三次
备选流 7	取款金额输入有误
备选流 8	ATM 机内没有现金
备选流 9	ATM 机内现金不足
备选流 10	卡内现金不足
备选流 11	达到每日最大提款金额

步骤 2：根据基本流和各项备选流生成不同的场景。

	基本流	备选流
场景 1—成功取款	基本流	备选流
场景 2— ATM 机没有正常运行	基本流	备选流 1
场景 3—插错卡	基本流	备选流 2
场景 4—卡消磁	基本流	备选流 3
场景 5—吞卡	基本流	备选流 4
场景 6—密码输入错误	基本流	备选流 5
场景 7—密码输入错误三次	基本流	备选流 6
场景 8—取款金额输入错误	基本流	备选流 7
场景 9— ATM 机内没有现金	基本流	备选流 8
场景 10— ATM 机内现金不足	基本流	备选流 9
场景 11—卡内现金不足	基本流	备选流 10
场景 12—达到每日最大提款金额	基本流	备选流

步骤 3：对每一个场景生成相应的测试用例，如表 3—7 所示。

表 3—7

测试用例 ID	场景/条件	账号	密码	取款金额	预期结果
01	场景 1—成功取款	有效	有效	有效	取款成功
02	场景 2— ATM 机没有正常运行	不适用	不适用	不适用	取款失败
03	场景 3—插错卡	不适用	不适用	不适用	取款失败
04	场景 4—卡消磁	不适用	不适用	不适用	取款失败
05	场景 5—吞卡	不适用	不适用	不适用	取款失败
06	场景 6—密码输入错误	有效	无效	不适用	取款失败
07	场景 7—密码输入错误三次	有效	无效	不适用	取款失败
08	场景 8—取款金额输入错误	有效	有效	无效	取款失败
09	场景 9— ATM 机内没有现金	有效	有效	无效	取款失败
10	场景 10— ATM 机内现金不足	有效	有效	无效	取款失败
11	场景 11—卡内现金不足	有效	有效	无效	取款失败
12	场景 12—达到每日最大提款金额	有效	有效	无效	取款失败

步骤 4：对生成的所有测试用例重新复审，去掉多余的测试用例，测试用例确定后，对每一个测试用例确定测试数据值。

测试用例 ID	场景/条件	账号	密码	取款金额	预期结果
01	场景 1—成功取款	XXXXXXXXXXXXXXXXXXX	123456	100	取款成功
02	场景 2— ATM 机没有正常运行	XXXXXXXXXXXXXXXXXXX	不适用	不适用	取款失败
03	场景 3—插错卡	XXXXXXXXXXXXXXXXXXX	不适用	不适用	取款失败
04	场景 4—卡消磁	XXXXXXXXXXXXXXXXXXX	不适用	不适用	取款失败
05	场景 5—吞卡	XXXXXXXXXXXXXXXXXXX	不适用	不适用	取款失败
06	场景 6—密码输入错误	XXXXXXXXXXXXXXXXXXX	无效	不适用	取款失败
07	场景 7—密码输入错误三次	XXXXXXXXXXXXXXXXXXX	无效	不适用	取款失败
08	场景 8—取款金额输入错误	XXXXXXXXXXXXXXXXXXX	123456	无效	取款失败
09	场景 9— ATM 机内没有现金	XXXXXXXXXXXXXXXXXXX	123456	无效	取款失败
10	场景 10— ATM 机内现金不足	XXXXXXXXXXXXXXXXXXX	123456	无效	取款失败
11	场景 11—卡内现金不足	XXXXXXXXXXXXXXXXXXX	123456	无效	取款失败
12	场景 12—达到每日最大提款金额	XXXXXXXXXXXXXXXXXXX	123456	无效	取款失败

3.1.5 因果图法

1. 因果图法概述

等价类划分法和边界值分析方法都着重考虑输入条件，但没有考虑输入条件的各种组合、输入条件之间的相互制约关系。虽然已经测试到各种输入条件可能出错的情况，但多个输入条件组合起来可能出错的情况却容易被忽视。

如果在测试时必须考虑输入条件的各种组合，则可能的组合数目将是天文数字，因此必须考虑采用一种适合于描述多种条件的组合、相应产生多个动作的形式来进行测试用例的设计，这就需要利用因果图（逻辑模型）。

因果图法的设计思想：一些程序的功能可以用判定表（或称决策表）的形式来表示，并根据输入条件的组合情况规定相应的操作。

因果图法是一种利用图解法分析输入的各种组合情况，从而设计测试用例的方法，它适合于检查程序输入条件的各种组合情况。

（1）图例说明。

① 4 种符号分别表示了规格说明中的 4 种因果关系，如图 3—3 所示。

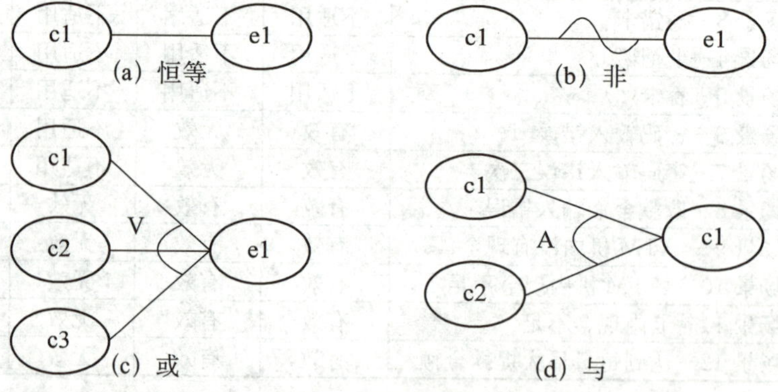

图 3—3 因果图关系

② 因果图中使用了简单的逻辑符号，以直线连接左右结点。左结点表示输入状态（或称原因），右结点表示输出状态（或称结果）。

③ c1 表示原因，通常置于图的左部；e1 表示结果，通常在图的右部。c1 和 e1 均可取值 0 或 1，0 表示某状态不出现，1 表示某状态出现。

（2）因果图概念。

① 关系。

恒等：若 c1 是 1，则 e1 也是 1；否则 e1 为 0。

非：若 c1 是 1，则 e1 是 0；否则 e1 是 1。

或：若 c1 或 c2 或 c3 是 1，则 e1 是 1；否则 e1 为 0。“或”可有任意个输入。

与：若 c1 和 c2 都是 1，则 e1 为 1；否则 e1 为 0。“与”也可有任意个输入。

② 约束。

输入状态相互之间还可能存在某些依赖关系，称为约束。例如，某些输入条件本身不可能同时出现，输出状态之间也往往存在约束。在因果图中，用特定的符号标明这些约束，如图 3—4 所示。

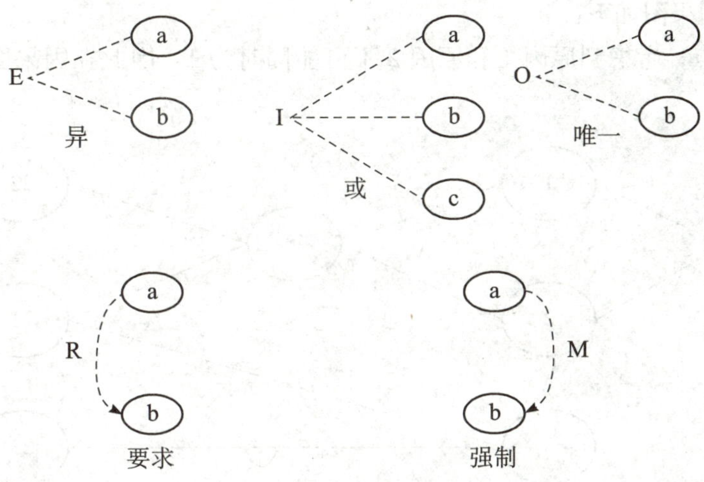

图 3—4　因果图约束

输入条件的约束有以下 4 类：

E 约束（异）：a 和 b 中至多有一个可能为 1，即 a 和 b 不能同时为 1。

I 约束（或）：a、b 和 c 中至少有一个必须是 1，即 a、b 和 c 不能同时为 0。

O 约束（唯一）；a 和 b 必须有一个，且仅有 1 个为 1。

R 约束（要求）：a 是 1 时，b 必须是 1，即不可能 a 是 1 时 b 是 0。

输出条件的约束类型只有 M 约束（强制）：若结果 a 是 1，则结果 b 强制为 0。

2. 利用因果图生成测试用例的基本步骤

（1）根据程序规格说明书描述，分析并确定因（输入条件）和果（输出结果或程序状态的改变），画出因果图。

（2）将得到的因果图转换为判定表。

（3）为判定表中每一列所表示的情况设计一个测试用例。

因果图方法最终生成的就是判定表，它适合于检查程序输入条件的各种组合情况。

【例 5】某软件规格说明书包含这样的要求：第一列字符必须是 A 或 B，第二列字符必须是一个数字，在此情况下进行文件的修改，但如果第一列字符不正确，则给出信息 L；如果第二列字符不是数字，则给出信息 M。

步骤 1：根据原因和结果，画出因果图。

（1）根据题意，原因和结果如下：

［原因］

1——第一列字符是 A；

2——第一列字符是 B；

3——第二列字符是一个数字。

［结果］

21——修改文件；

22 ——给出信息 L；

23——给出信息 M。

（2）对应的因果图如下：

11 为中间结点；考虑到原因 1 和原因 2 不可能同时为 1，因此在因果图上施加 E 约束，如图 3—5 所示。

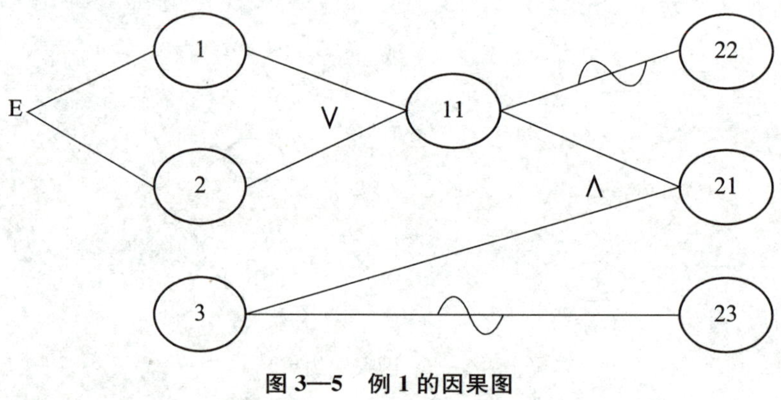

图 3—5 例 1 的因果图

步骤 2：将得到的因果图转换为判定表，如表 3—8 所示。

表 3—8

		1	2	3	4	5	6	7	8
原因（条件）	1	1	1	1	1	0	0	0	0
	2	1	1	0	0	1	1	0	0
	3	1	0	1	0	1	0	1	0
	11			1	1	1	1	0	0
动作（结果）	22			0	0	0	0	1	1
	21			1	0	1	0	0	0
	23			0	1	0	1	0	1

表中 3—8 种情况的左面两列情况中，原因 1 和 2 同时为 1 是不可能出现的，故应排除这两种情况。

步骤 3：为判定表中每一列所表示的情况设计一个测试用例，如表 3—9 所示。

表 3—9

		1	2	3	4	5	6	7	8
原因（条件）	1	1	1	1	1	0	0	0	0
	2	1	1	0	0	1	1	0	0
	3	1	0	1	0	1	0	1	0
	11			1	1	1	1	0	0
动作（结果）	22			0	0	0	0	1	1
	21			1	0	1	0	0	0
	23			0	1	0	1	0	1
测试用例				A6	Aa	B9	BP	C5	HY
				A0	A@	B1	B*	H4	E%

把表 3—9 的最下一栏给出了 6 种情况的测试用例，这是我们所需要的数据。

3.1.6　错误推测法

错误推测法是根据经验和直觉推测程序中所有可能存在的各种错误，从而有针对性地设计测试用例的方法。使用错误推测法时，可以凭经验列举程序中所有可能发生的错误和容易发生错误的特殊情况，帮助猜测错误可能发生的位置，提高错误猜测的有效性，根据它们选择测试用例。

例如，输入表格为空格，输入数据和输出数据为 0 的情况。

3.2　CVIT 新闻发布系统的功能测试

3.2.1　前台新用户注册模块的测试用例设计

功能图如图 3—6、3—7 所示。

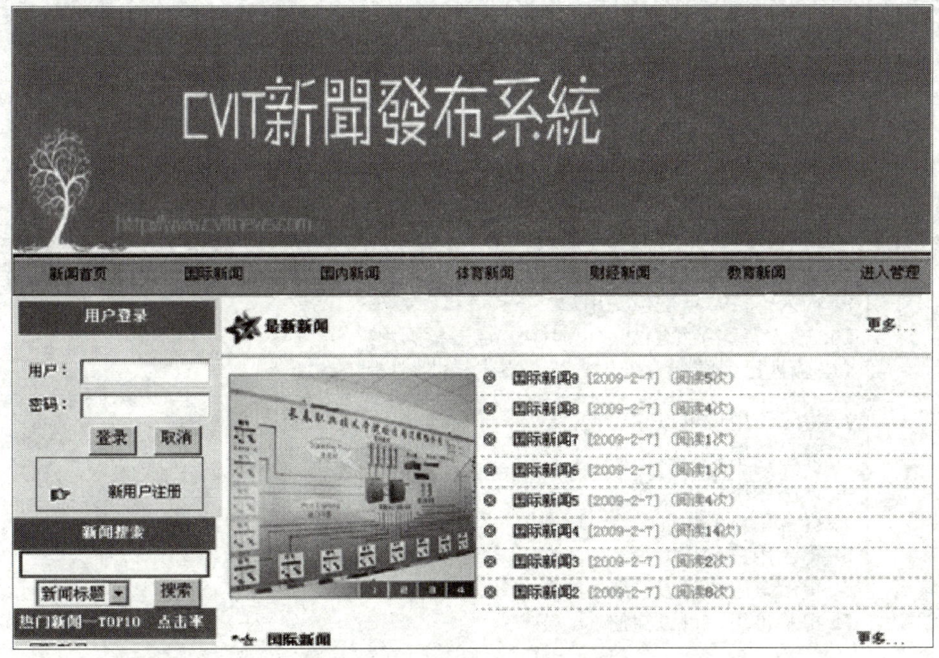

图 3—6　新用户注册链接图

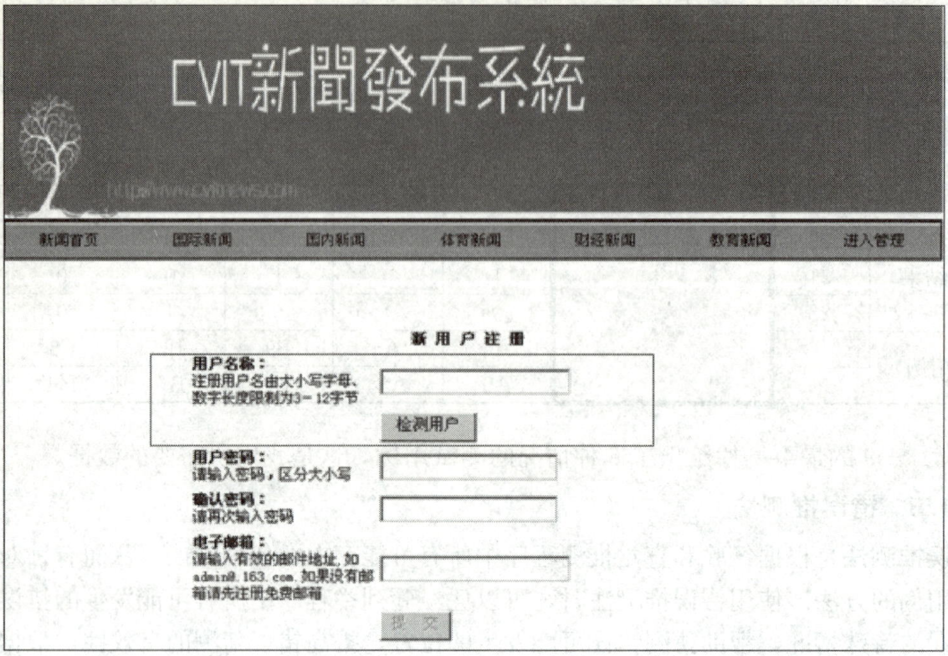

图 3—7　新用户注册界面

测试用例设计如下：

用例编号	TC001	用例名称	用户名称文本框测试
模块名称	CVIT 新闻发布系统新用户注册	编制人	马明珠
编制时间	2011.03.15	修改历史	
测试目的	测试用户名称文本框是否可用以及文本框内容的限定		
测试方法	边界值、等价类、场景法、错误推测法		
操作描述	1. 输入长度为 3 的用户名，如 A12，点击检测用户 2. 输入长度为 9 的用户名，如 Aaaaaa123，点击检测用户 3. 输入长度为 12 的用户名，如 AAAaaa123456，点击检测用户 4. 输入长度为 2 的用户名，如 A1，点击检测用户 5. 输入长度为 13 的用户名，如 AAAAAAaaaaa12，点击检测用户 6. 输入全部为数字的用户名，如 111111，点击检测用户 7. 输入全部为字母的用户名，如 AAAAaa，点击检测用户 8. 什么都不输入，点击检测用户 9. 输入空格，点击检测用户 10. 输入特殊字符，如@@＃＃，点击检测用户 11. 输入已经注册过的用户名，点击检测用户		
期望结果	1. 提示该用户可以注册 2. 提示该用户可以注册 3. 提示该用户可以注册 4. 提示用户名长度为 3～12 位 5. 提示用户名长度为 3～12 位 6. 提示该用户可以注册 7. 提示该用户可以注册		

续前表

期望结果	8. 提示用户名不能为空 9. 提示用户名长度为 3～12 位，由大小写字母、数字组成 10. 提示用户名格式不正确 11. 提示该用户已存在				
实际结果	1. 提示该用户可以注册 2. 提示该用户可以注册 3. 提示该用户可以注册 4. 提示该用户可以注册 5. 只能输入到 12 位，无提示 6. 提示该用户可以注册 7. 提示该用户可以注册 8. 提示用户名不能为空 9. 提示用户名不能为空 10. 提示用户名格式不正确 11. 提示该用户已存在				
测试人员	王昕	开发人员		测试日期	

用例编号	TC002	用例名称	用户密码文本框测试
模块名称	CVIT 新闻发布系统新用户注册	编制人	马明珠
编制时间	2011.03.15	修改历史	
测试目的	测试用户密码文本框是否可用以及确认密码对用户密码的限定		
测试方法	等价类、场景法、错误推测法		
操作描述	1. 输入一组密码，如 1234567ww，在确认密码中输入一致的密码，将全部信息填写完毕后点击提交 2. 输入一组密码，如 1234567ww，在确认密码中输入不一致的密码，如 1234 3. 输入一组密码，如 abc，在确认密码中输入 ABC 4. 在输入不一致的密码后，重新输入一致的密码 5. 不输入密码，输入确认密码，如 123 6. 输入密码，如 123，不输入确认密码 7. 在密码中输入空格，确认密码中输入空格		
期望结果	1. 注册成功 2. 提示两次输入密码不一致，请重新输入 3. 提示消失 4. 提示两次输入密码不一致 5. 提示两次输入密码不一致 6. 提示密码格式不正确		
实际结果	1. 注册成功 2. 提示两次输入密码不一致，光标停在确认密码中，不能移动 3. 提示消失，光标可以移动 4. 提示两次输入密码不一致 5. 注册成功 6. 注册成功		

测试人员	白彦超	开发人员		测试日期	

用例编号	TC003	用例名称	电子邮箱文本框测试
模块名称	CVIT 新闻发布系统新用户注册	编制人	马明珠
编制时间	2011.03.15	修改历史	
测试目的	测试电子邮箱文本框是否可用以及输入数据限定		
测试方法	等价类、场景法、错误推测法		
操作描述	1. 输入无效的邮件地址，如 123456 2. 输入无效的邮件地址，如@@@@￥# 3. 输入正确的邮件地址，如 admin@163.com，点击提交 4. 输入邮件地址为空 5. 输入邮件地址为空格		
期望结果	1. 提示邮件格式不正确 2. 提示邮件格式不正确 3. 可以注册 4. 可以注册 5. 可以注册		
实际结果	1. 提示电子邮箱格式不正确 2. 提示电子邮件格式不正确 3. 可以注册 4. 可以注册 5. 可以注册		
测试人员	王新宇	开发人员		测试日期	

用例编号	TC004	用例名称	新用户注册模块测试
模块名称	CVIT 新闻发布系统新用户注册	编制人	马明珠
编制时间	2011.03.15	修改历史	
测试目的	测试新用户注册模块的各项功能是否可用		
测试方法	等价类、场景法、错误推测法		
操作描述	1. 输入正确的用户名，如 dd123，不点击检测用户 输入用户密码，如 321 输入一致的确认密码，如 321 输入正确的邮箱，如 username@163.com，点击提交 2. 输入正确的用户名，如 hh111，点击检测用户 不输入密码 输入正确的邮件地址，如 username@163.com，点击提交 3. 用 Tab 键切换，查看各个文本框是否响应 Tab 键 4. 输入用户名，如 123s，用 Tab 键切换到检测用户按钮，点击回车键		
期望结果	1. 注册成功 2. 提交按钮不可用 3. 注册成功 4. 响应 Tab 键 5. 点击回车键后检测用户		
实际结果	1. 注册成功 2. 提交不可点 3. 注册成功 4. 响应 Tab 键 5. 点击回车后键检测用户		
测试人员	丁云鹏	开发人员		测试日期	

用例编号	TC005		用例名称	新用户注册模块测试 Tab 键测试	
模块名称	CVIT 新闻发布系统新用户注册		编制人	马明珠	
编制时间	2011.03.15		修改历史		
测试目的	测试新用户注册模块的各项功能是否响应 Tab 键以及回车键				
测试方法	等价类、场景法、错误推测法				
操作描述	1. 用 Tab 键切换，查看各个文本框是否响应 Tab 键 2. 输入用户名，如 123s，用 Tab 键切换到检测用户按钮，点击回车键				
期望结果	1. 响应 Tab 键 2. 点击回车键后检测用户				
实际结果	1. 响应 Tab 键 2. 点击回车键后检测用户				
测试人员	王昕	开发人员		测试日期	

用例编号	TC006		用例名称	新用户注册标题测试	
模块名称	CVIT 新闻发布系统新用户注册		编制人	马明珠	
编制时间	2011.03.15		修改历史		
测试目的	测试新用户注册模块标题名称是否正确				
测试方法	等价类、场景法、错误推测法				
操作描述	查看新用户注册模块的标题				
期望结果	标题显示新用户注册				
实际结果	显示无标题页				
测试人员	白彦超	开发人员		测试日期	

3.2.2　前台新闻搜索模块测试用例

功能界面如图 3—8 所示。

图 3—8　前台新闻搜索功能模块界面

本模块测试用例设计如下：

用例编号	TC007	用例名称	新闻搜索文本框测试
模块名称	新闻搜索	编制人	马明珠
编制时间	2011.03.16	修改历史	
测试目的	测试新闻搜索内容		
测试方法	错误推测法		
操作描述	1. 输入内容为空（按标题搜索） 2. 输入内容为空格（按标题搜索） 3. 输入内容为“guojixinwen”（按标题搜索） 4. 输入内容为特殊字符（按标题搜索） 5. 输入内容为“国际新闻”（按标题搜索） 6. 输入内容为“国际”（按标题搜索）		
期望结果	1. 提示请输入关键字 2. 搜索到的新闻为空 3. 能搜索到新闻 4. 提示请输入必要信息 5. 能搜索到新闻 6. 给出搜索提示“国际新闻”		
实际结果	1. 提示“请输入关键字!”点击“确定”后，界面不居中 2. 搜索到的新闻为空 3. 提示请输入必要信息 4. 搜索到的新闻为空 5. 能搜索到新闻 6. 未提示		

测试人员	王新宇	开发人员		测试日期	

用例编号	TC008	用例名称	是否响应 Tab 键
模块名称	新闻搜索	编制人	马明珠
编制时间	2011.03.16	修改历史	
测试目的	测试能否使用 Tab 键切换到新闻搜索栏		
测试方法	错误推测法		
操作描述	使用 Tab 键切换		
期望结果	1. 可以切换到新闻搜索文本框 2. 可以切换到下拉菜单 3. 可以切换到搜索按钮		
实际结果	1. 可以切换到新闻搜索文本框 2. 可以切换到下拉菜单 3. 可以切换到搜索按钮		

测试人员	丁云鹏	开发人员		测试日期	

用例编号	TC009	用例名称	回车键是否可以直接搜索
模块名称	新闻搜索	编制人	马明珠
编制时间	2011.03.16	修改历史	
测试目的	测试回车键是否可以搜索到新闻		

续前表

测试方法	错误推测法				
操作描述	1. 正确输入搜索信息，如国际新闻，然后按回车键是否可以跳转到搜索的信息 2. 正确输入搜索信息，如国际新闻，用 Tab 键切换到搜索按钮单击回车				
期望结果	1. 可以跳转 2. 可以跳转				
实际结果	1. 提示请输入必要信息 2. 可以跳转				
测试人员	王昕	开发人员		测试日期	

用例编号	TC010		用例名称	下拉菜单测试	
模块名称	新闻搜索		编制人	马明珠	
编制时间	2011.03.16		修改历史		
测试目的	测试按内容搜索是否正确跳转				
测试方法	错误推测法				
操作描述	1. 下拉菜单是否可用 2. 单击下拉菜单，使用方向键（上、下）切换下拉菜单内容 3. 单击下拉菜单，使用鼠标滚轮切换下拉菜单内容 4. 将鼠标移动到下拉菜单选项时，颜色是否变深				
期望结果	1. 可用 2. 可以切换 3. 可以切换 4. 颜色变深				
实际结果	1. 可用 2. 可以切换 3. 可以切换 4. 颜色变深				
测试人员	白彦超	开发人员		测试日期	

3.2.3　前台新闻浏览模块测试用例

（1）前台新闻浏览界面如图 3—9 所示。

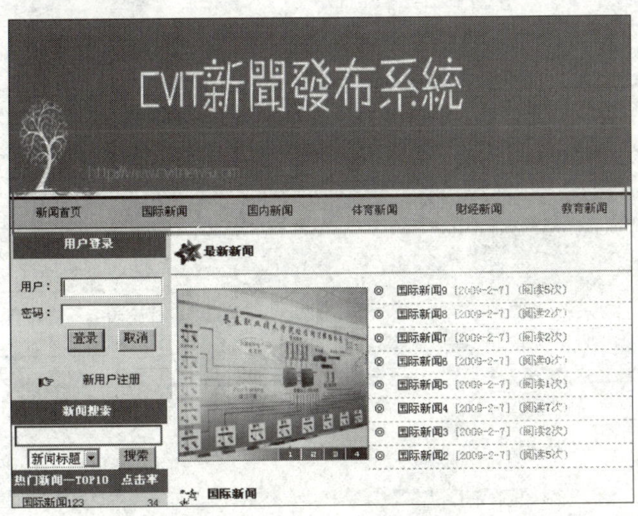

图 3—9　前台新闻浏览界面

本模块测试用例设计如下：

<table>
<tr><td>用例编号</td><td colspan="2">TC011</td><td colspan="2">用例名称</td><td>新闻浏览菜单栏测试</td></tr>
<tr><td>模块名称</td><td colspan="2">CVIT 新闻发布系统新闻浏览</td><td colspan="2">编制人</td><td>马明珠</td></tr>
<tr><td>编制时间</td><td colspan="2">2011.03.17</td><td colspan="2">修改历史</td><td></td></tr>
<tr><td>测试目的</td><td colspan="5">测试菜单栏功能是否可用</td></tr>
<tr><td>测试方法</td><td colspan="5">错误推测法</td></tr>
<tr><td>操作描述</td><td colspan="5">1. 分别点击国际新闻、国内新闻、体育新闻、财经新闻、教育新闻
2. 将鼠标放到菜单栏部分
3. Tab 键切换到菜单栏
4. Tab 键切换到菜单栏后，点击回车键</td></tr>
<tr><td>期望结果</td><td colspan="5">1. 界面正常跳转
2. 标题栏变色
3. Tab 键可以切换到菜单栏
4. 界面正常跳转</td></tr>
<tr><td>实际结果</td><td colspan="5">1. 界面正常跳转
2. 菜单栏变色
3. Tab 键可以切换到菜单栏
4. 界面正常跳转</td></tr>
<tr><td>测试人员</td><td>王新宇</td><td>开发人员</td><td></td><td>测试日期</td><td></td></tr>
</table>

（2）新闻评论界面如图 3—10 所示，本模块的测试用例如下：

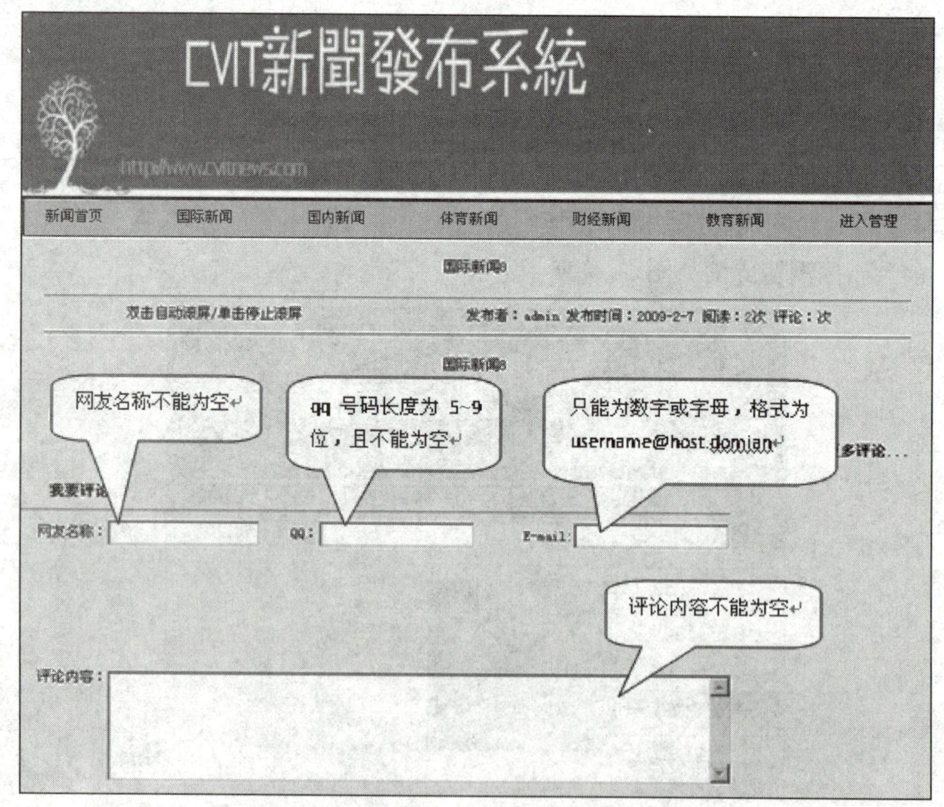

图 3—10　新闻评论界面

用例编号	TC012		用例名称	进入新闻后发表评论页面测试	
模块名称	CVIT 新闻发布系统新闻浏览		编制人	马明珠	
编制时间	2011.03.17		修改历史		
测试目的	测试进入新闻后是否能发表评论				
测试方法	错误推测法				
操作描述	1. 输入网友名称（哈哈）、QQ（1234567）、E-mail（wahaha@163.com）及评论内容（哇哈哈）后点击提交评论 2. 登录后将登录时的信息显示到网友名称、QQ、E-mail 中				
期望结果	1. 可以发表评论 2. 可以显示				
实际结果	1. 可以发表评论 2. 没有显示，需手动输入				
测试人员	丁云鹏	开发人员		测试日期	

用例编号	TC013	用例名称	测试评论模块
模块名称	CVIT 新闻发布系统新闻浏览	编制人	马明珠
编制时间	2011.03.17	修改历史	
测试目的	测试评论模块功能的正确性		
测试方法	错误推测法		
操作描述	1. 输入 QQ（1234678）、E-mail（12345@163.com）及评论内容（你好）后点击提交评论（不输入网友名称） 2. 输入网友名称（美丽）、E-mail（meili@139.com）及评论内容（美丽爱美丽）后点击提交评论（不输入 QQ） 3. 输入网友名称（笑哈哈）、QQ（4696462）及评论内容（笑哈哈爱笑）后点击提交评论（不输入 E-mail） 4. 输入网友名称（大傻瓜）、QQ（7945294）、E-mail（dashagua@163.com）后点击提交评论（不输入评论内容） 5. 输入网友名称（大傻瓜）、QQ（7945294）、E-mail（dashagua@163.com）后输入过多的评论内容 6. 输入网友名称（大傻瓜）、QQ（7945294）、E-mail（dashagua@163.com）后换行输入评论内容，点击提交评论 7. 输入一条长的评论内容（一直按回车键），查看滚动条是否可用 8. 输入 QQ 为字母，如 asdfdd（其他正常输入） 9. 输入 QQ 为特殊字符，如@@（其他正常输入） 10. 输入 QQ 为 4 位数字，如 1234（其他正常输入） 11. 输入 QQ 为 10 位数字，如 1234567890（其他正常输入） 12. 在 E-mail 中输入 4444（其他正常输入）		
期望结果	1. 提示网友名称不能为空 2. 提示 QQ 不能为空 3. 提示 E-mail 不能为空 4. 提示评论不能为空 5. 提示评论内容过多 6. 换行显示评论内容 7. 滚动条可用 8. 提示 QQ 只能为数字		

续前表

期望结果	9. 提示 QQ 只能为数字 10. 提示 QQ 为 5～9 位数字 11. 提示 QQ 为 5～9 位数字 12. 提示 E-mail 格式不正确，并且光标停留在 E-mail 的文本框内不得移动
实际结果	1. 提示网友名称不能为空 2. 提示联系 QQ 不能为空 3. 提示 E-mail 不能为空 4. 提示评论内容不能为空 5. 评论内容消失了 6. 只一行显示评论内容 7. 滚动条可用 8. 提示 QQ 只能为数字 9. 提示 QQ 只能为数字 10. 输入到 9 位不允许再输入 11. 无提示 12. 提示 E-mail 格式不正确

测试人员	王昕	开发人员		测试日期	

（3）新闻评论次数界面如图 3—11 所示，测试用例如下：

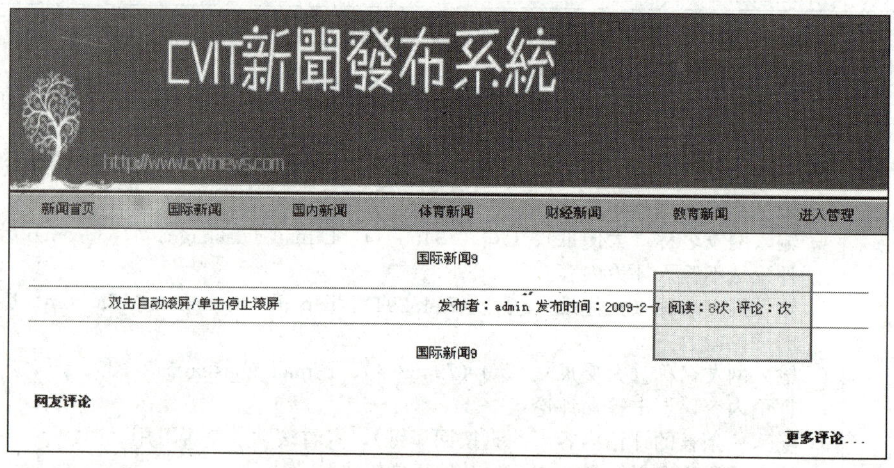

图 3—11　新闻评论次数界面

用例编号	TC014	用例名称	阅读及评论次数测试
模块名称	CVIT 新闻发布系统新闻浏览	编制人	马明珠
编制时间	2011.03.17	修改历史	
测试目的	测试点击新闻后阅读次数是否增加，测试评论后评论次数是否增加		
测试方法	错误推测法		
操作描述	1. 点击一条新闻，关闭新闻，刷新，查看阅读次数 2. 填写一条评论，查看评论次数是否改变		
期望结果	1. 阅读次数比上一次＋1 2. 评论次数比上一次＋1		
实际结果	1. 阅读次数增加 1（需要刷新） 2. 刷新后评论数无改变		

测试人员	白彦超	开发人员		测试日期	

<table>
<tr><td>用例编号</td><td colspan="2">TC015</td><td colspan="2">用例名称</td><td>测试双击滚屏，单机停止</td></tr>
<tr><td>模块名称</td><td colspan="2">CVIT 新闻发布系统新闻浏览</td><td colspan="2">编制人</td><td>马明珠</td></tr>
<tr><td>编制时间</td><td colspan="2">2011.03.17</td><td colspan="2">修改历史</td><td></td></tr>
<tr><td>测试目的</td><td colspan="5">测试双击滚屏，单机停止是否可用</td></tr>
<tr><td>测试方法</td><td colspan="5">错误推测法</td></tr>
<tr><td>操作描述</td><td colspan="5">1. 打开新闻，双击界面，再单机查看效果
2. 提交评论后，双击界面，再单击界面查看效果</td></tr>
<tr><td>期望结果</td><td colspan="5">1. 双击时界面自动滚动，单机时界面停止滚动
2. 双击时界面自动滚动，单机时界面停止滚动</td></tr>
<tr><td>实际结果</td><td colspan="5">1. 双击时界面自动滚动，单机时界面停止滚动
2. 无反应</td></tr>
<tr><td>测试人员</td><td>王新宇</td><td>开发人员</td><td></td><td>测试日期</td><td></td></tr>
</table>

（4）浏览新闻换页按钮界面如图 3—12 所示，测试用例如下：

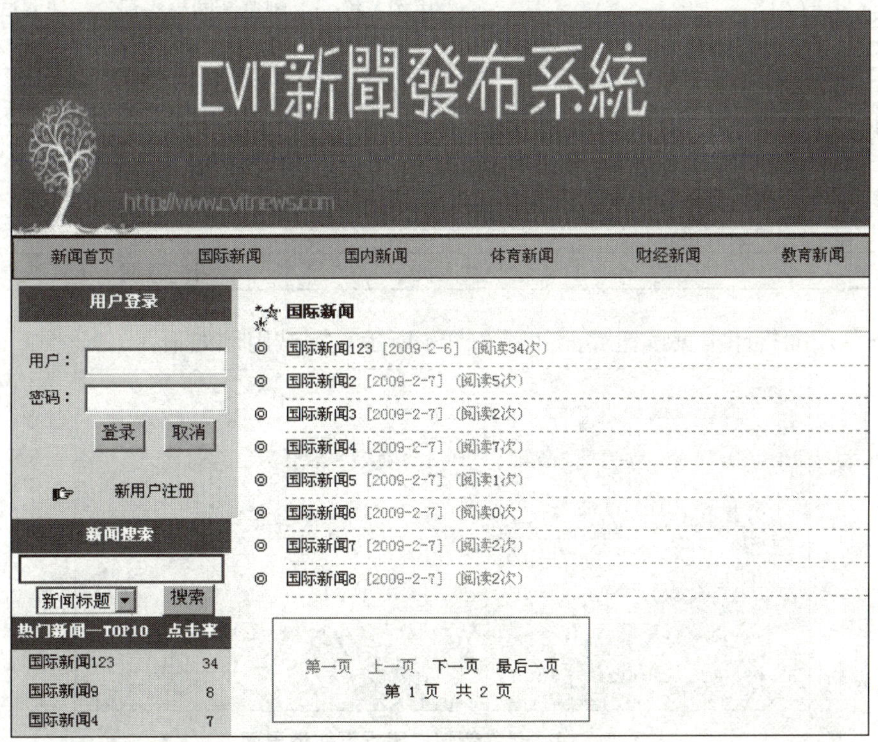

图 3—12　浏览新闻换页按钮界面

<table>
<tr><td>用例编号</td><td colspan="2">TC016</td><td colspan="2">用例名称</td><td>浏览新闻换页按钮测试</td></tr>
<tr><td>模块名称</td><td colspan="2">CVIT 新闻发布系统新闻浏览</td><td colspan="2">编制人</td><td>马明珠</td></tr>
<tr><td>编制时间</td><td colspan="2">2011.03.17</td><td colspan="2">修改历史</td><td></td></tr>
<tr><td>测试目的</td><td colspan="5">测试浏览新闻时换页按钮是否可用</td></tr>
<tr><td>操作描述</td><td colspan="5">分别点击下一页，最后一页</td></tr>
<tr><td>期望结果</td><td colspan="5">界面正常跳转</td></tr>
<tr><td>实际结果</td><td colspan="5">界面正常跳转</td></tr>
<tr><td>测试人员</td><td>丁云鹏</td><td>开发人员</td><td></td><td>测试日期</td><td></td></tr>
</table>

（5）浏览新闻更多评论按钮界面如图 3—13 所示，测试用例如下：

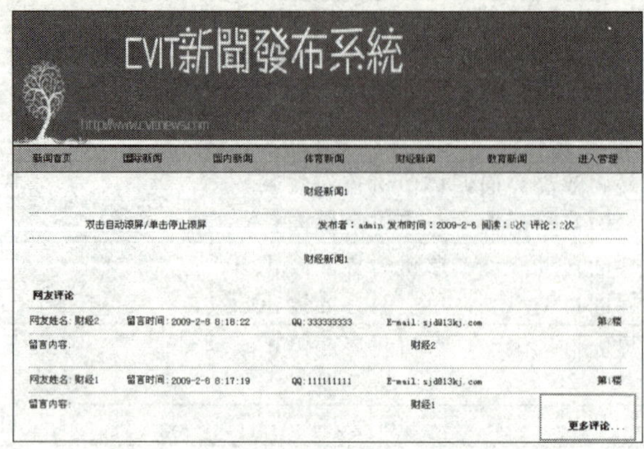

图 3—13 浏览新闻更多评论按钮界面

<table>
<tr><td>用例编号</td><td colspan="2">TC017</td><td colspan="2">用例名称</td><td>浏览新闻更多评论按钮测试</td></tr>
<tr><td>模块名称</td><td colspan="2">CVIT 新闻发布系统新闻浏览</td><td colspan="2">编制人</td><td>马明珠</td></tr>
<tr><td>编制时间</td><td colspan="2">2011.03.17</td><td colspan="2">修改历史</td><td></td></tr>
<tr><td>测试目的</td><td colspan="5">测试浏览新闻时更多评论按钮是否可用</td></tr>
<tr><td>操作描述</td><td colspan="5">点击新闻内容，进入评论界面，点击更多评论</td></tr>
<tr><td>期望结果</td><td colspan="5">界面跳转到留言板</td></tr>
<tr><td>实际结果</td><td colspan="5">界面跳转到留言板</td></tr>
<tr><td>测试人员</td><td>王昕</td><td>开发人员</td><td></td><td>测试日期</td><td></td></tr>
</table>

（6）浏览新闻打印本页按钮界面如图 3—14 所示，测试用例如下：

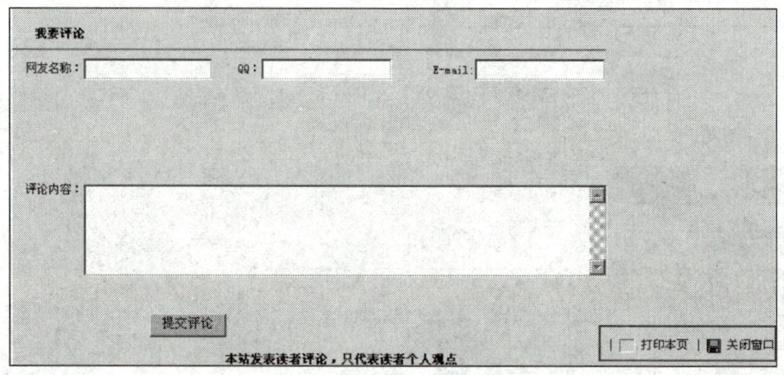

图 3—14 浏览新闻打印本页按钮界面

<table>
<tr><td>用例编号</td><td colspan="2">TC018</td><td colspan="2">用例名称</td><td>浏览新闻打印本页按钮测试</td></tr>
<tr><td>模块名称</td><td colspan="2">CVIT 新闻发布系统新闻浏览</td><td colspan="2">编制人</td><td>马明珠</td></tr>
<tr><td>编制时间</td><td colspan="2">2011.03.17</td><td colspan="2">修改历史</td><td></td></tr>
<tr><td>测试目的</td><td colspan="5">测试浏览新闻时打印本页按钮是否可用</td></tr>
<tr><td>操作描述</td><td colspan="5">点击打印本页</td></tr>
<tr><td>期望结果</td><td colspan="5">弹出打印对话框</td></tr>
<tr><td>实际结果</td><td colspan="5">弹出打印对话框</td></tr>
<tr><td>测试人员</td><td>白彦超</td><td>开发人员</td><td></td><td>测试日期</td><td></td></tr>
</table>

用例编号	TC019		用例名称	浏览新闻关闭窗口按钮测试	
模块名称	CVIT 新闻发布系统新闻浏览		编制人	马明珠	
编制时间	2011.03.17		修改历史		
测试目的	测试浏览新闻时关闭窗口按钮是否可用				
操作描述	点击关闭窗口按钮				
期望结果	关闭本页				
实际结果	关闭本页				
测试人员	王新宇	开发人员		测试日期	

3.2.4　后台登录模块的测试用例设计

后台登录模块如图 3—15 所示，测试用例如下：

图 3—15　后台登录模块

用例编号	TC020	用例名称	新闻后台管理用户登录模块
模块名称	CVIT 新闻发布系统新闻后台管理	编制人	马明珠
编制时间	2011.03.18	修改历史	
测试目的	测试新闻后台管理用户登录模块是否能正常登录		
测试方法	错误推测法		
操作描述	1. 输入正确的管理员用户，如 sjdsjd，输入正确的管理员密码，如 sjdsjd，点击登录 2. 输入错误的管理员用户，如 1234，输入错误的管理员密码，如 3212，点击登录 3. 输入正确的管理员用户，如 sjdsjd，输入错误的管理员密码，如 12346，点击登录 4. 在管理员用户中输入 123，在管理员密码中输入 123，点击重置 5. 重置按钮应该实现重置功能 6. 用 Tab 键切换，查看是否可用 7. 输入正确的管理员用户，如 sjdsjd；输入正确的管理员密码，如 sjdsjd，点击回车键，查看是否能正确登录		

续前表

期望结果	1. 登录成功 2. 提示用户名密码不正确，重新输入 3. 提示用户名密码不正确，重新输入 4. 管理员用户文本框为空，管理员密码文本框为空 5. 重置 6. Tab 键可用 7. 登录成功				
实际结果	1. 登录成功 2. 没有提示，各个文本框清空 3. 没有提示，各个文本框清空 4. 各个文本框清空 5. 重置 6. Tab 键可用 7. 登录成功				
测试人员	马明珠	开发人员		测试日期	

3.2.5 后台现有新闻管理模块的测试用例设计

后台现有新闻管理模块如图 3—16 所示，测试用例如下：

图 3—16 后台现有新闻管理模块

用例编号	TC021	用例名称	新闻后台管理搜索栏测试
模块名称	CVIT 新闻发布系统新闻后台管理	编制人	马明珠
编制时间	2011.03.18	修改历史	
测试目的	测试新闻后台管理搜索栏的各项功能是否正确运行		
测试方法	等价类、错误推测法		
操作描述	1. 在搜索栏中不输入数据（按标题搜索），点击搜索 2. 在搜索栏中输入空格（按标题搜索），点击搜索 3. 在搜索栏中输入数字（按标题搜索），如 2，点击搜索 4. 在搜索栏中输入字母（按标题搜索），如 guojixinwen，点击搜索 5. 在搜索栏中输入汉字（按标题搜索），如国际新闻，点击搜索 6. 在搜索栏中输入国际（按标题搜索），点击搜索（是否可以模糊查询） 7. 在搜索栏中输入特殊字符（按标题搜索），如@@@##，点击搜索		

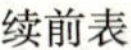
续前表

操作描述	8. 在搜索栏中不输入数据（按内容搜索），点击搜索 9. 在搜索栏中输入空格（按内容搜索），点击搜索 10. 在搜索栏中输入数字（按内容搜索），如 12，点击搜索 11. 在搜索栏中输入字母（按内容搜索），如 guojixinwen，点击搜索 12. 在搜索栏中输入汉字（按内容搜索），如国际新闻，点击搜索 13. 在搜索栏中输入“国际”（按内容搜索），点击搜索（是否可以模糊查询） 14. 在搜索栏中输入特殊字符（按内容搜索），如“@＃@＃”				
期望结果	1. 提示关键字不能为空 2. 提示关键字不能为空 3. 搜索到标题含有“2”的新闻 4. 搜索不到新闻 5. 可以搜索到标题含有“国际新闻”的新闻 6. 搜索到新闻标题包含“国际”的新闻 7. 搜索不到新闻 8. 提示关键字不能为空 9. 提示关键字不能为空 10. 搜索到内容含有“12”的新闻 11. 搜索不到新闻 12. 搜索到内容含有“国际新闻”的新闻 13. 搜索到内容含有“国际”的新闻 14. 搜索不到新闻				
实际结果	1. 无提示 2. 无提示 3. 搜索到标题含有“2”的新闻 4. 未搜索到新闻 5. 可以搜索到标题含有“国际新闻”的新闻 6. 搜索到新闻标题含有“国际”的新闻 7. 搜索不到新闻 8. 无提示 9. 无提示 10. 搜索到内容含有“12”的新闻 11. 未搜索到新闻 12. 搜索到内容含有“国际新闻”的新闻 13. 搜索到内容含有“国际”的新闻 14. 未搜索到新闻				
测试人员	马明珠	开发人员		测试日期	

用例编号	TC022	用例名称	新闻后台管理搜索栏下拉菜单测试
模块名称	CVIT 新闻发布系统新闻后台管理	编制人	马明珠
编制时间	2011.03.18	修改历史	
测试目的	测试新闻后台管理搜索栏中下拉菜单的功能是否正常运行		
测试方法	错误推测法		
操作描述	1. 点击下拉菜单，将鼠标上下移动，查看选中项颜色是否变深 2. 选中下拉菜单，点击方向键（上、下），查看菜单内容是否改变 3. 选中下拉菜单，滑动鼠标滚轮，查看下拉菜单内容是否改变		

续前表

期望结果	1. 颜色变深 2. 内容改变 3. 内容改变				
实际结果	1. 颜色变深 2. 内容改变 3. 内容改变				
测试人员	马明珠	开发人员		测试日期	

用例编号	TC023	用例名称	新闻后台管理菜单栏测试
模块名称	CVIT 新闻发布系统新闻后台管理	编制人	马明珠
编制时间	2011.03.18	修改历史	
测试目的	测试新闻后台管理菜单栏是否实现功能		
测试方法	错误推测法		
操作描述	1. 分别点击“国际新闻”、“国内新闻”、“体育新闻”、“财经新闻”、“教育新闻”和“从新排序” 2. 用鼠标在菜单栏中左右移动，查看鼠标所到位置是否有变化		
期望结果	1. 下面的新闻按照点击的内容自动筛选或排序 2. 鼠标所到位置颜色变浅		
实际结果	1. 下面的新闻按照点击的内容自动筛选或排序 2. 鼠标所到位置颜色变浅		
测试人员	马明珠	开发人员	测试日期

用例编号	TC024	用例名称	新闻后台管理表格中的超链接
模块名称	CVIT 新闻发布系统新闻后台管理	编制人	马明珠
编制时间	2011.03.18	修改历史	
测试目的	测试新闻后台管理新闻是否可选，各项功能能否实现，界面是否正常跳转		
测试方法	错误推测法		
操作描述	1. 用鼠标在新闻上下滑动，查看选中项颜色是否变深 2. 点击信息标题，如“国内新闻 2”，查看界面能否正常跳转 3. 点击下部页码，查看是否翻页 4. 点击所属分类下的内容，如“国内新闻” 5. 点击修改 6. 点击删除		
期望结果	1. 颜色变深 2. 界面正常跳转 3. 翻页 4. 界面跳转到国内新闻界面 5. 进入到修改界面 6. 提示是否删除此条新闻		
实际结果	1. 颜色变深 2. 界面正常跳转 3. 翻页 4. 界面跳转到国内新闻界面 5. 进入到修改界面 6. 删除此条新闻		
测试人员	马明珠	开发人员	测试日期

用例编号	TC025		用例名称	新闻后台管理 Tab 键切换	
模块名称	CVIT 新闻发布系统新闻后台管理		编制人	马明珠	
编制时间	2011. 03. 18		修改历史		
测试目的	测试新闻后台管理是否响应 Tab 键				
测试方法	错误推测法				
操作描述	用 Tab 键切换，查看各个文本框、超链接及按钮是否响应 Tab 键				
期望结果	响应 Tab 键				
实际结果	响应 Tab 键				
测试人员	马明珠	开发人员		测试日期	

用例编号	TC026		用例名称	新闻后台管理回车键功能测试	
模块名称	CVIT 新闻发布系统新闻后台管理		编制人	马明珠	
编制时间	2011. 03. 18		修改历史		
测试目的	测试新闻后台管理是否响应回车键				
测试方法	错误推测法				
操作描述	用 Tab 键切换到超链接“国际新闻”，单击回车键，查看界面是否跳转				
期望结果	界面跳转				
实际结果	界面跳转				
测试人员	马明珠	开发人员		测试日期	

后台现有新闻修改界面如图 3—17 所示，测试用例如下：

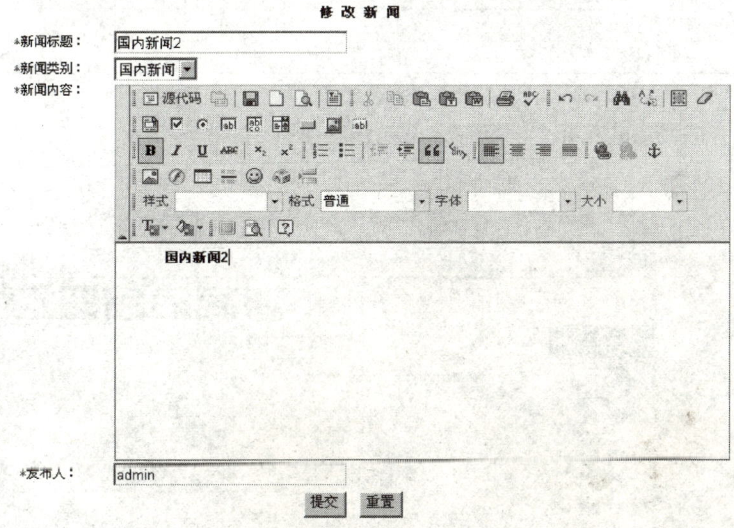

图 3—17　后台现有新闻修改界面

用例编号	TC027	用例名称	新闻后台管理修改新闻测试
模块名称	CVIT 新闻发布系统新闻后台管理	编制人	马明珠
编制时间	2011. 03. 18	修改历史	
测试目的	测试新闻后台管理修改新闻是否可用		
测试方法	错误推测法		

续前表

操作描述	1. 选中新闻内容，改变新闻字体、样式和大小，单击提交 2. 更改新闻内容，单击提交 3. 单击重置，查看是否将新闻内容重置 4. 不输入新闻标题，单击提交 5. 删除新闻内容，单击提交 6. 在新闻内容中输入多个回车，查看右侧滚动条是否可用				
期望结果	1. 提交后该新闻改变成设置后的样式 2. 提交后该新闻内容改变 3. 新闻内容重置 4. 提示请输入标题 5. 提示新闻内容不能为空 6. 滚动条可用				
实际结果	1. 内容没改变 2. 内容没改变 3. 文本框内容全部清空，下拉菜单变成国际新闻 4. 提示请输入标题 5. 无提示，可以提交 6. 滚动条可用				
测试人员	马明珠	开发人员		测试日期	

用例编号	TC028	用例名称	新闻修改 Tab 键功能测试		
模块名称	CVIT 新闻发布系统新闻后台管理	编制人	马明珠		
编制时间	2011.03.18	修改历史			
测试目的	测试新闻修改是否响应 Tab 键				
测试方法	错误推测法				
操作描述	用 Tab 键切换，查看各个文本框和按钮是否响应 Tab 键				
期望结果	响应 Tab 键				
实际结果	响应 Tab 键				
测试人员	马明珠	开发人员		测试日期	

3.2.6 后台新闻发布、审核模块测试用例设计

后台管理新闻发布标题界面如图 3—18 所示，测试用例如下：

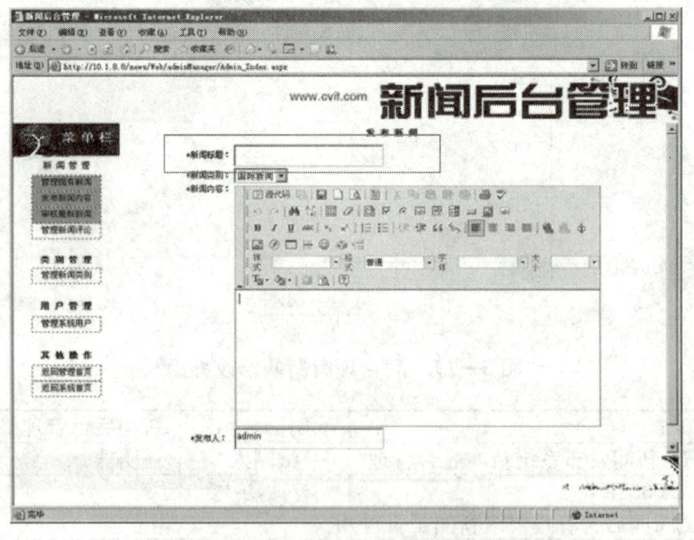

图 3—18 后台管理新闻发布标题界面

<table>
<tr><td>用例编号</td><td>TC029</td><td>用例名称</td><td colspan="3">后台管理新闻发布标题测试</td></tr>
<tr><td>模块名称</td><td>CVIT 新闻后台管理</td><td>编制人</td><td colspan="3">丁云鹏</td></tr>
<tr><td>编制时间</td><td>2011. 03. 19</td><td>修改历史</td><td colspan="3"></td></tr>
<tr><td>测试目的</td><td colspan="5">测试后台管理新闻发布标题</td></tr>
<tr><td>测试方法</td><td colspan="5">等价类、错误推测法</td></tr>
<tr><td>操作描述</td><td colspan="5">1. 输入内容为空，单击提交
2. 输入内容为空格，单击提交
3. 输入内容为非法字符，如输入@＃@%，单击提交
4. 输入内容为字母，如输入 WQER，单击提交
5. 输入内容为国际新闻，单击提交</td></tr>
<tr><td>期望结果</td><td colspan="5">1. 提示请输入标题
2. 提示请输入标题
3. 提示输入标题格式不正确
4. 提示输入标题格式不正确
5. 提交成功</td></tr>
<tr><td>实际结果</td><td colspan="5">1. 提示请输入标题
2. 提示请输入标题
3. 提交成功
4. 提交成功
5. 提交成功</td></tr>
<tr><td>测试人员</td><td>马明珠</td><td>开发人员</td><td></td><td>测试日期</td><td></td></tr>
</table>

后台管理新闻发布下拉菜单如图 3—19 所示，测试用例如下：

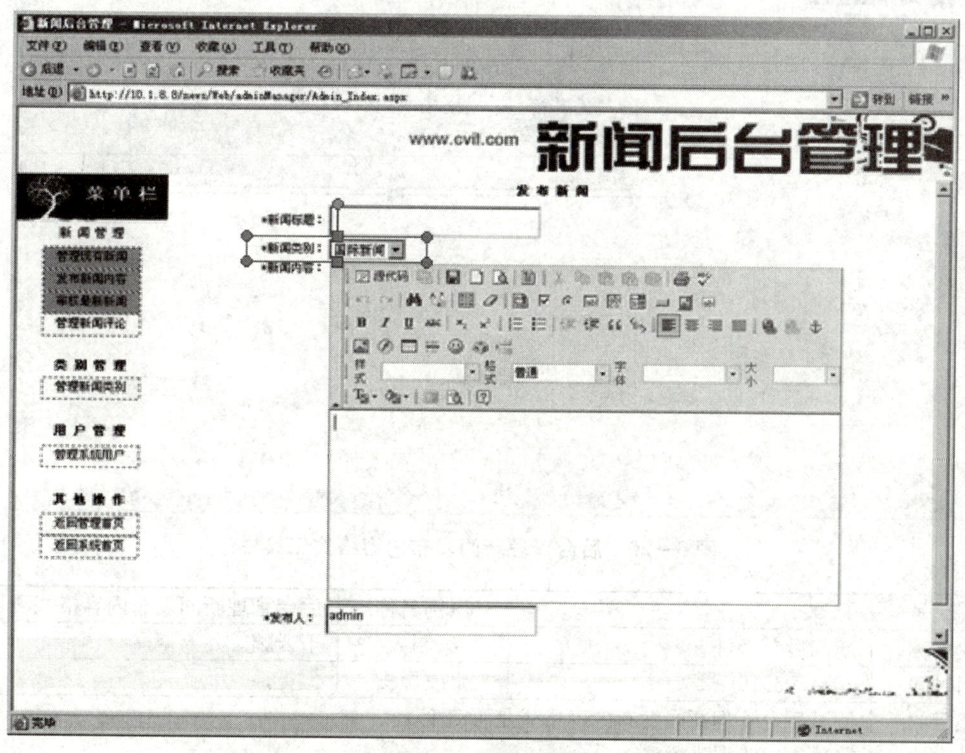

图 3—19　后台管理新闻发布下拉菜单

用例编号	TC030		用例名称	后台管理新闻发布下拉菜单测试
模块名称	新闻后台管理发布新闻内容		编制人	丁云鹏
编制时间	2011.03.19		修改历史	
测试目的	测试后台管理新闻发布下拉菜单功能是否实现			
测试方法	等价类、错误推测法			
操作描述	1. 用鼠标点击下拉菜单并上下移动，查看所选项颜色是否改变 2. 用鼠标点击下拉菜单，移动方向键（上、下），查看下拉菜单内容是否改变 3. 用鼠标点击下拉菜单，滚动鼠标滑轮，查看下拉菜单内容是否改变			
期望结果	1. 颜色变深 2. 菜单内容改变 3. 菜单内容改变			
实际结果	1. 颜色变深 2. 菜单内容改变 3. 菜单内容改变			
测试人员	马明珠	开发人员		测试日期

后台管理新闻发布内容格式工具栏如图 3—20 所示，测试用例如下：

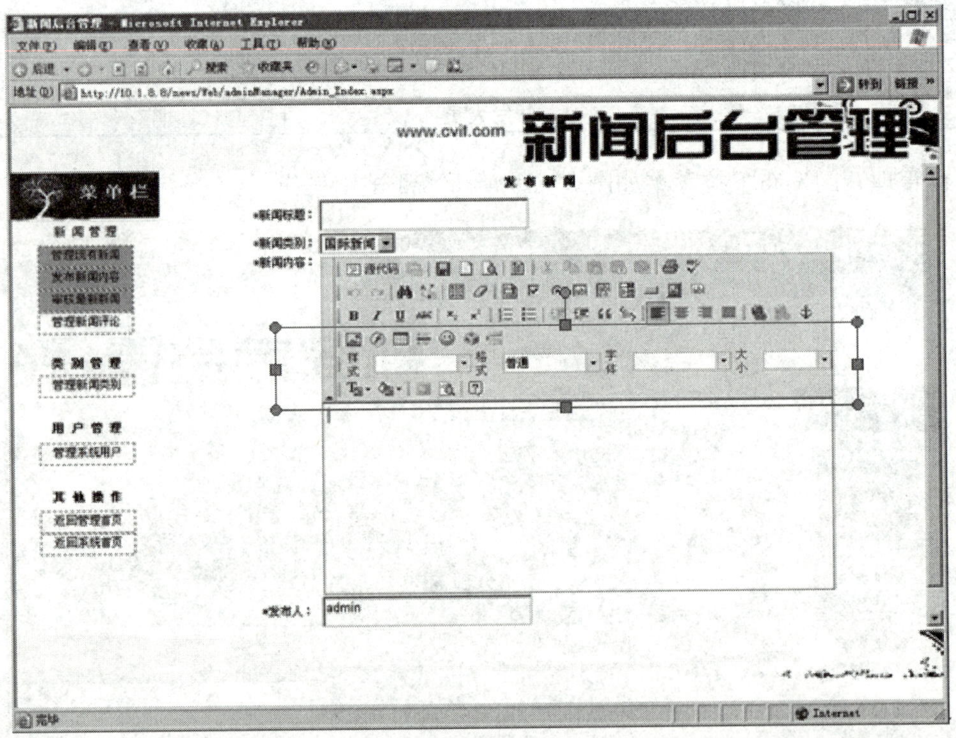

图 3—20　后台管理新闻发布内容格式工具栏

用例编号	TC031	用例名称	后台管理新闻发布内容格式测试
模块名称	新闻后台管理	编制人	丁云鹏
编制时间	2011.03.19	修改历史	
测试目的	测试后台管理新闻发布内容格式是否改变		
测试方法	等价类、错误推测法		

续前表

操作描述	1. 输入新闻内容，改变字体大小、颜色、样式，查看字体是否改变 2. 输入内容为空，点击提交				
期望结果	1. 字体改变 2. 提示新闻内容为空				
实际结果	1. 字体改变 2. 提交成功				
测试人员	王新宇	开发人员		测试日期	

后台管理新闻发布人文本框如图 3—21 所示，测试用例如下：

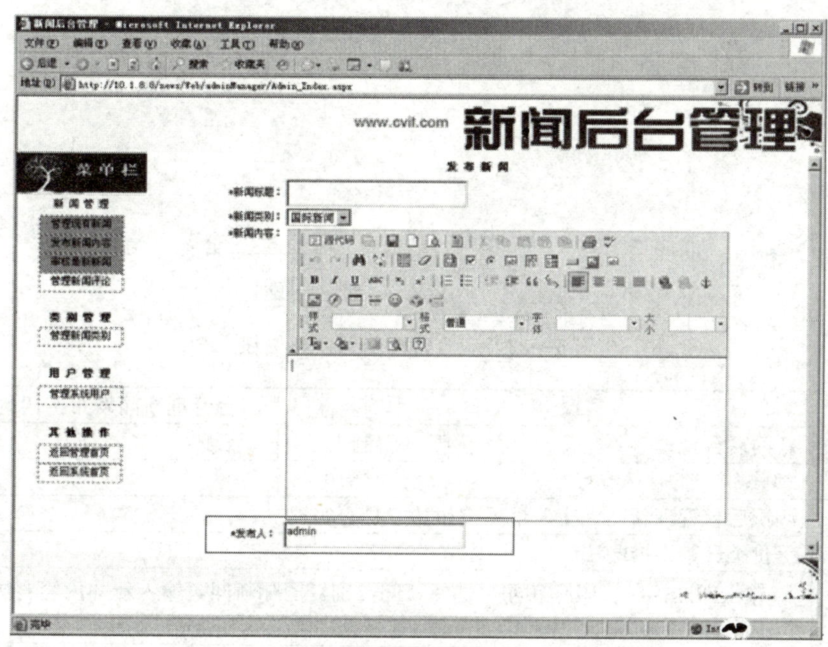

图 3—21　后台管理新闻发布人文本框

用例编号	TC032	用例名称	后台管理新闻发布人文本框测试		
模块名称	新闻后台管理	编制人	丁云鹏		
编制时间	2011.03.19	修改历史			
测试目的	测试后台管理新闻发布人文本框功能是否实现				
测试方法	等价类、错误推测法				
操作描述	1. 将系统默认发布人删除，或者输入空格，点击提交 2. 将系统默认发布人删除，输入工昕，点击提交 3. 将系统默认发布人删除，输入@＃@￥￥@，点击提交				
期望结果	1. 提示发布人不能为空 2. 提交成功 3. 提示发布人名格式不正确				
实际结果	1. 提示请输入发布人 2. 提交成功 3. 提交成功				
测试人员	白彦超	开发人员		测试日期	

后台管理新闻发布按钮如图 3—22 所示，测试用例如下：

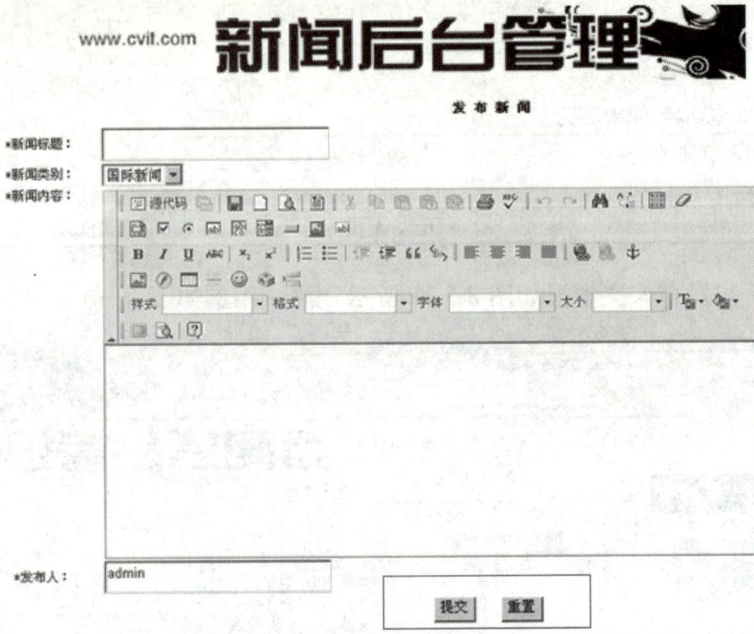

图 3—22　后台管理新闻发布按钮

用例编号	TC033		用例名称	后台管理新闻发布按钮测试	
模块名称	新闻后台管理		编制人	丁云鹏	
编制时间	2011.03.19		修改历史		
测试目的	测试后台管理新闻提交，重置按钮功能是否实现				
测试方法	等价类、错误推测法				
操作描述	1. 输入新闻标题：国际新闻，选择新闻类别：国际新闻，输入新闻内容：国际新闻，点击提交 2. 输入新闻标题：国际新闻，选择新闻类别：国际新闻，输入新闻内容：国际新闻，点击重置				
期望结果	1. 提交成功 2. 所有文本框清空				
实际结果	1. 提交成功 2. 所有文本框清空				
测试人员	白彦超	开发人员		测试日期	

用例编号	TC034		用例名称	后台管理新闻发布 Tab 键测试	
模块名称	新闻后台管理		编制人	丁云鹏	
编制时间	2011.03.19		修改历史		
测试目的	测试后台管理新闻发布是否响应 Tab 键				
测试方法	等价类、错误推测法				
操作描述	用 Tab 键切换，查看是否响应 Tab 键				
期望结果	响应 Tab 键				
实际结果	响应 Tab 键				
测试人员	王昕	开发人员		测试日期	

用例编号	TC035	用例名称	后台管理新闻发布回车键测试		
模块名称	新闻后台管理	编制人	丁云鹏		
编制时间	2011.03.19	修改历史			
测试目的	测试后台管理新闻发布是否响应回车键				
测试方法	等价类、错误推测法				
操作描述	输入新闻标题：国际新闻，选择新闻类别：国际新闻，输入新闻内容：国际新闻，用 Tab 键切换至提交按钮，单击回车键，查看是否响应回车键				
期望结果	响应回车键				
实际结果	响应回车键				
测试人员	白彦超	开发人员		测试日期	

后台管理审核新闻界面 1 如图 3—23 所示，测试用例如下：

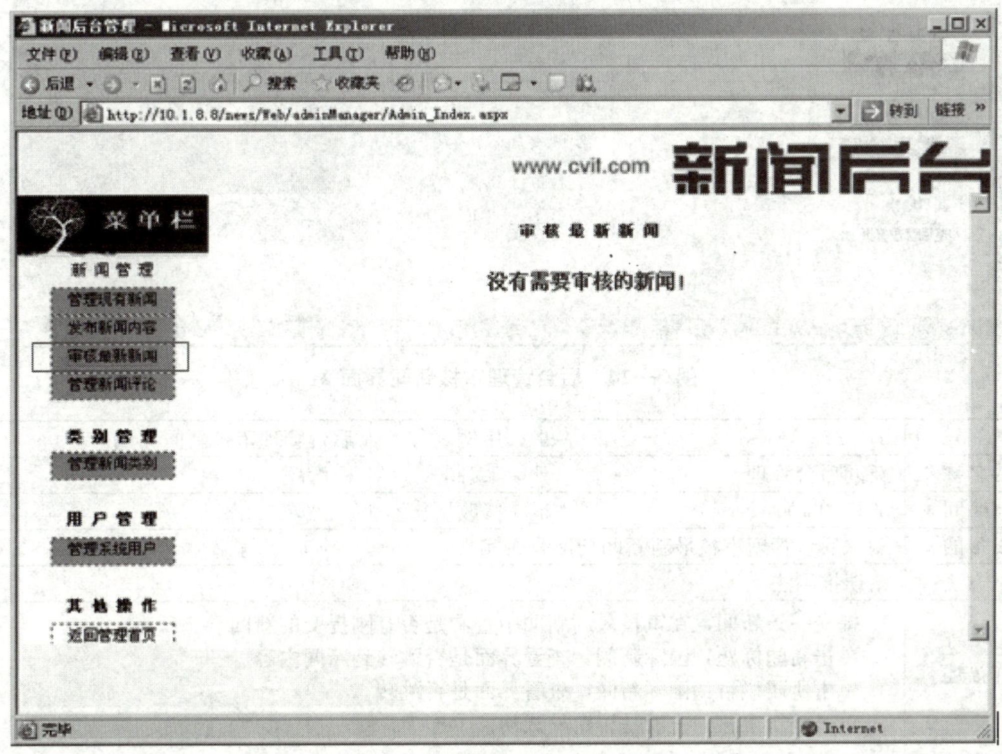

图 3—23　后台管理审核新闻界面 1

用例编号	TC036	用例名称	后台管理审核新闻测试		
模块名称	新闻后台管理审核最新新闻	编制人	王新宇		
编制时间	2011.03.19	修改历史			
测试目的	测试后台管理审核最新新闻功能是否实现				
测试方法	错误推测法				
操作描述	在没有需要审核的新闻时，查看审核最新新闻里是否有需要审核的新闻				
期望结果	无				
实际结果	无				
测试人员	丁云鹏	开发人员		测试日期	

后台管理审核新闻界面 2 如图 3—24 所示，测试用例如下：

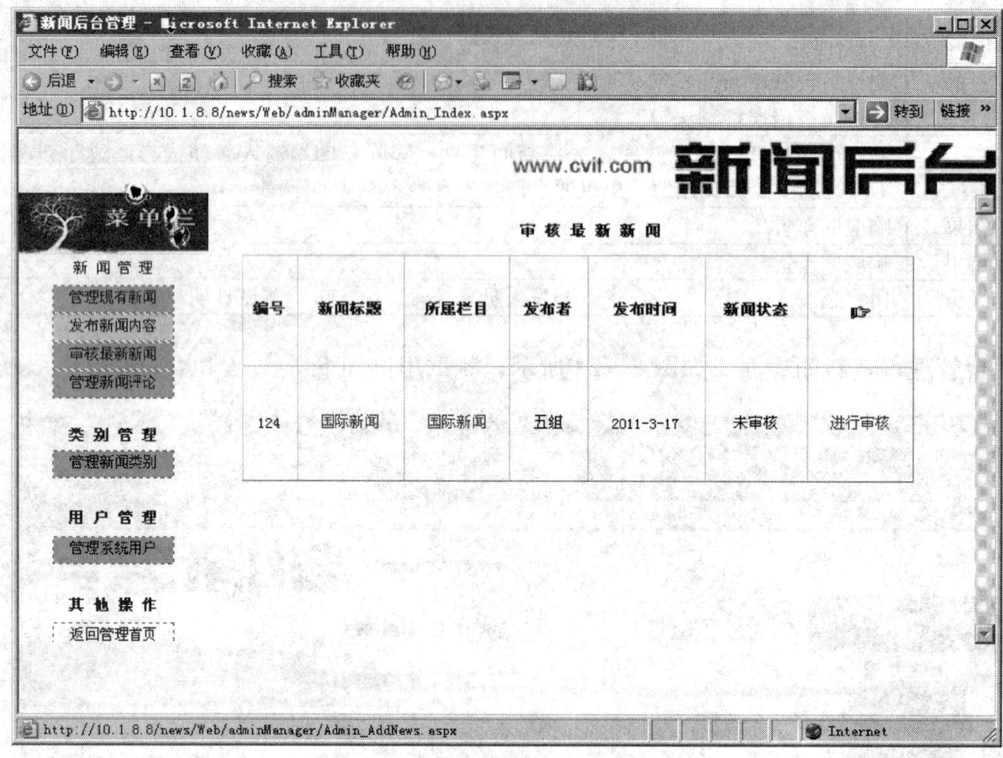

图 3—24　后台管理审核新闻界面 2

<table>
<tr><td>用例编号</td><td colspan="2">TC037</td><td colspan="2">用例名称</td><td>后台管理审核新闻测试</td></tr>
<tr><td>模块名称</td><td colspan="2">新闻后台管理</td><td colspan="2">编制人</td><td>白彦超</td></tr>
<tr><td>编制时间</td><td colspan="2">2011.03.19</td><td colspan="2">修改历史</td><td></td></tr>
<tr><td>测试目的</td><td colspan="5">测试后台管理审核最新新闻功能是否实现</td></tr>
<tr><td>测试方法</td><td colspan="5">错误推测法</td></tr>
<tr><td>操作描述</td><td colspan="5">1. 提交一条新闻，在审核最新新闻中查看是否有刚提交的新闻
2. 单击新闻标题：国际新闻，查看界面是否跳转到新闻内容
3. 单击所属栏目：国际新闻，查看界面是否跳转
4. 单击进行审核，查看是否审核成功</td></tr>
<tr><td>期望结果</td><td colspan="5">1. 查看到刚提交的新闻
2. 跳转到新闻内容
3. 界面跳转
4. 审核成功</td></tr>
<tr><td>实际结果</td><td colspan="5">1. 查看到了刚提交的新闻
2. 跳转到了新闻内容
3. 界面跳转
4. 审核成功</td></tr>
<tr><td>测试人员</td><td>马明珠</td><td>开发人员</td><td></td><td>测试日期</td><td></td></tr>
</table>

3.2.7　后台新闻评论模块测试用例设计

新闻评论管理界面如图 3—25 所示，测试用例如下：

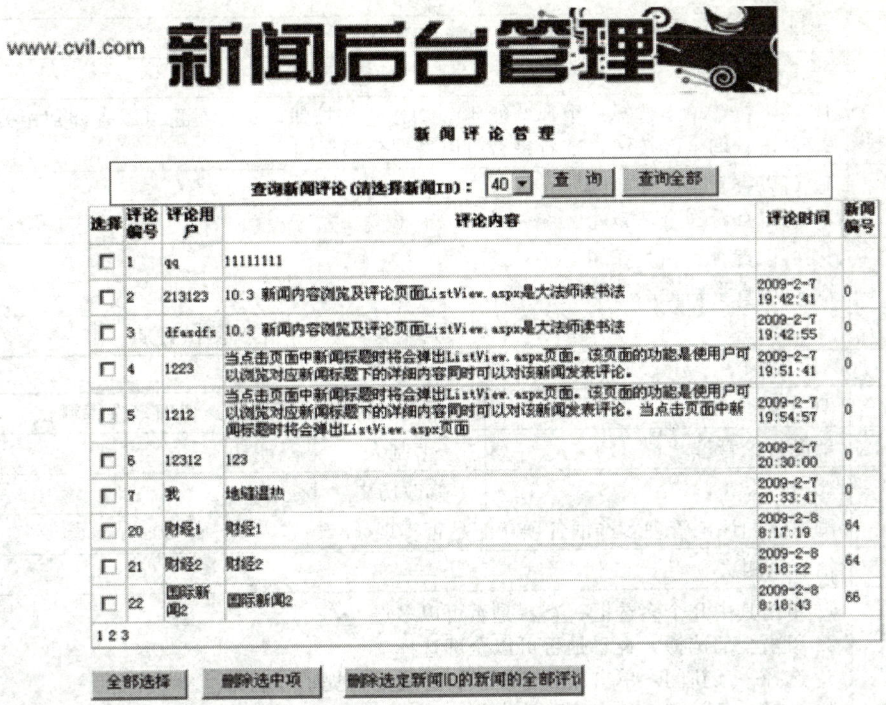

www.cvit.com　新闻后台管理

新闻评论管理

查询新闻评论(请选择新闻ID)：40　查 询　查询全部

选择	评论编号	评论用户	评论内容	评论时间	新闻编号
□	1	qq	11111111		
□	2	213123	10.3 新闻内容浏览及评论页面ListView.aspx是大法师读书法	2009-2-7 19:42:41	0
□	3	dfasdfs	10.3 新闻内容浏览及评论页面ListView.aspx是大法师读书法	2009-2-7 19:42:55	0
□	4	1223	当点击页面中新闻标题时将会弹出ListView.aspx页面。该页面的功能是使用户可以浏览对应新闻标题下的详细内容同时可以对该新闻发表评论。	2009-2-7 19:51:41	0
□	5	1212	当点击页面中新闻标题时将会弹出ListView.aspx页面。该页面的功能是使用户可以浏览对应新闻标题下的详细内容同时可以对该新闻发表评论。当点击页面中新闻标题时将会弹出ListView.aspx页面	2009-2-7 19:54:57	0
□	6	12312	123	2009-2-7 20:30:00	0
□	7	我	地铺温热	2009-2-7 20:33:41	0
□	20	财经1	财经1	2009-2-8 8:17:19	64
□	21	财经2	财经2	2009-2-8 8:18:22	64
□	22	国际新闻2	国际新闻2	2009-2-8 8:18:43	66

1 2 3

全部选择　删除选中项　删除选定新闻ID的新闻的全部评

图 3—25　新闻评论管理界面

用例编号	TC038		用例名称	新闻评论管理下拉菜单测试	
模块名称	新闻评论管理		编制人	马明珠	
编制时间	2011.03.20		修改历史		
测试目的	测试新闻评论管理下拉菜单各项功能是否实现				
测试方法	错误推测法				
操作描述	1. 点击下拉菜单，鼠标上下移动，查看被选项颜色是否变深 2. 点击下拉菜单，点击方向键（上、下），查看被选项是否改变 3. 点击下拉菜单，滚动鼠标滑轮，查看被选项是否改变 4. 查看下拉菜单能否手动输入信息				
期望结果	1. 颜色变深 2. 被选项改变 3. 被选项改变 4. 不能手动输入信息				
实际结果	1. 颜色变深 2. 被选项改变 3. 被选项改变 4. 不能手动输入信息				
测试人员	马明珠	开发人员		测试日期	

用例编号	TC039		用例名称	新闻评论管理查询按钮测试	
模块名称	新闻评论管理		编制人	马明珠	
编制时间	2011.03.20		修改历史		
测试目的	测试新闻评论管理查询按钮各项功能是否实现				
测试方法	错误推测法				
操作描述	1. 在下拉菜单中选择一个数，如 40，单击查询按钮，查看是否可以查询到相关新闻 2. 单击查询全部按钮，查看是否可以看到全部新闻				
期望结果	1. 可以查看到相关新闻 2. 可以查看到全部新闻				
实际结果	1. 可以查看到相关新闻 2. 可以查看到全部新闻				
测试人员	马明珠	开发人员		测试日期	

用例编号	TC040		用例名称	新闻评论管理多选框测试	
模块名称	新闻评论管理		编制人	马明珠	
编制时间	2011.03.20		修改历史		
测试目的	测试新闻评论管理多选框各项功能是否实现				
测试方法	错误推测法				
操作描述	1. 单击其中几个多选框，查看是否可以多选 2. 单击全部选择，查看是否可以全部选择 3. 选择一条新闻，单击删除选中项，查看是否提示并删除 4. 选择一条新闻，单击删除选定新闻 ID 的新闻的全部评论，查看是否提示并删除				
期望结果	1. 可以多选 2. 可以全部选择 3. 提示并删除 4. 提示并删除				
实际结果	1. 可以多选 2. 可以全部选择 3. 无提示，直接删除 4. 无提示，直接删除				
测试人员	马明珠	开发人员		测试日期	

用例编号	TC041		用例名称	新闻评论管理 Tab 键测试	
模块名称	新闻评论管理		编制人	马明珠	
编制时间	2011.03.20		修改历史		
测试目的	测试新闻评论管理 Tab 键是否响应				
测试方法	错误推测法				
操作描述	使用 Tab 键切换，查看是否响应 Tab 键				
期望结果	响应 Tab 键				
实际结果	响应 Tab 键				
测试人员	马明珠	开发人员		测试日期	

用例编号	TC042		用例名称	新闻评论管理回车键测试
模块名称	新闻评论管理		编制人	马明珠
编制时间	2011.03.20		修改历史	
测试目的	测试新闻评论管理回车键是否响应			
测试方法	错误推测法			
操作描述	使用 Tab 键切换至全部选择按钮，点击回车键，查看是否响应回车键			
期望结果	响应回车键			
实际结果	响应回车键			
测试人员	马明珠	开发人员		测试日期	

3.2.8　后台管理系统用户

系统用户管理界面如图 3—26 所示，测试用例如下：

图 3—26　系统用户管理界面

用例编号	TC043	用例名称	管理系统用户功能
模块名称	管理系统用户	编制人	王新宇
编制时间	2011.03.21	修改历史	
测试目的	测试管理系统用户功能是否正常		
测试方法	等价类、边界值、场景法		
操作描述	1. 点击添加新用户信息 2. 点击修改 3. 点击删除		
期望结果	1. 显示添加新用户信息界面 2. 显示修改界面 3. 成功删除		
实际结果	1. 显示添加新用户信息界面 2. 显示修改界面 3. 成功删除		

添加新用户界面如图 3—27 所示，测试用例如下：

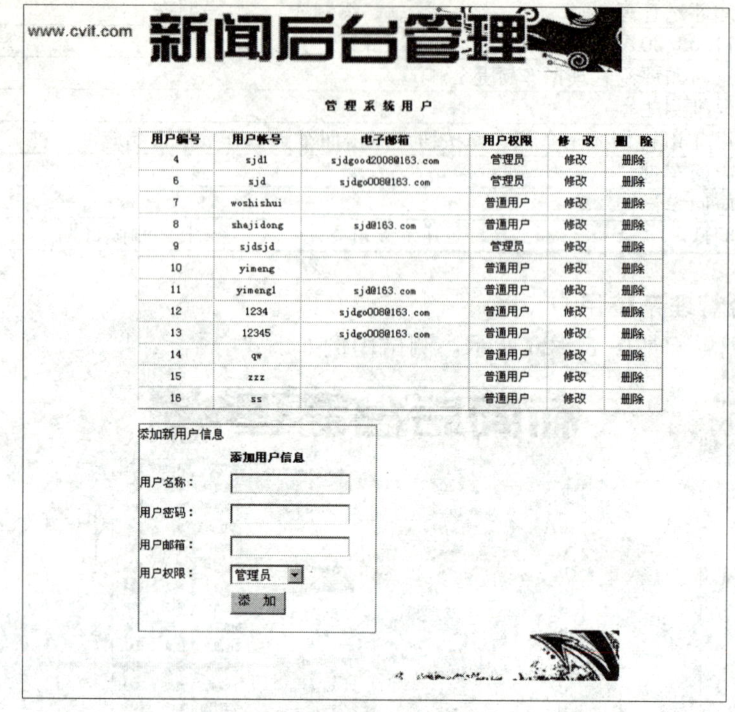

图 3—27 添加新用户界面

用例编号	TC044	用例名称	添加新用户测试
模块名称	CVIT 新闻发布系统新用户注册	编制人	王新宇
编制时间	2011. 03. 21	修改历史	
测试目的	测试用户名称文本框是否可用以及文本框内容的限定		
测试方法	边界值、等价类、场景法、错误推测法		
操作描述	1. 点击添加 2. 输入 用户名空格，密码空格，邮箱空格，点击添加 3. 输入用户名，1 密码，1 邮箱 XXX@QQ. com，点击添加 4. 输入用户名 aa，密码 gg，邮箱 XXX@QQ. com，点击添加 5. 输入用户名 %……，密码（＊，邮箱 XX@163. COM，点击添加 6. 输入用户名 —Qss—55—＊＊—，密码 ＋—55＊＊Qw—，邮箱 XX@163. COM，点击添加 7. 输入用户名 1234654654987979464654612131313134564654654 6＋——%￥FGG，密码 555555588788＊＊＊，邮箱 XX@163. COM，点击添加 8. 输入用户名 2C，密码 5G，邮箱 3@11. COM，点击添加 9. 输入用户名 2C，密码 5G，邮箱 3@. COM，点击添加 10. 输入用户名 2C，密码 5G，邮箱 3@11. COM，点击下拉菜单 选择普通用户，点击添加			
期望结果	1. 提示错误信息 2. 提示错误信息 3. 添加成功 4. 添加成功 5. 添加成功			

续前表

期望结果	6. 添加成功 7. 添加成功 8. 添加成功 9. 提示错误信息 10. 添加成功				
实际结果	1. 提示错误信息 2. 提示错误信息 3. 添加成功 4. 添加成功 5. 添加成功 6. 添加成功 7. 添加成功 8. 添加成功 9. 提示错误信息 10. 添加成功				
测试人员	王新宇	开发人员		测试日期	

新用户注册界面如图 3—28 所示，测试用例如下：

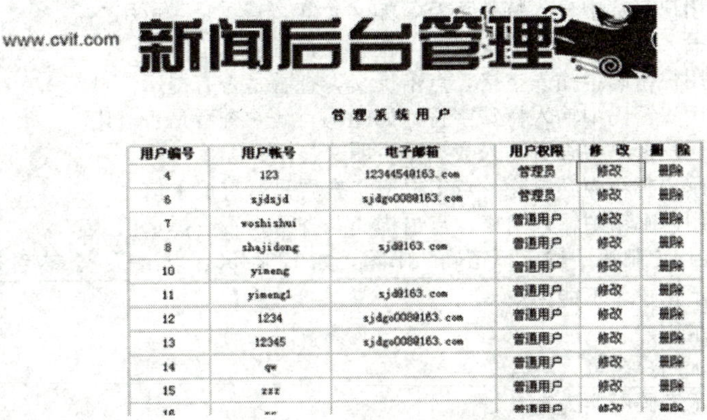

图 3—28　新用户注册界面

用例编号	TC045	用例名称	新用户注册模块响应 Tab 键、回车键测试
模块名称	CVIT 新闻发布系统新用户注册	编制人	王新宇
编制时间	2011. 03. 21	修改历史	
测试目的	测试新用户注册模块的各项功能是否响应 Tab 键以及回车键		
测试方法	等价类、场景法、错误推测法		
操作描述	1. 用 Tab 键切换，查看各个文本框是否响应 Tab 键 2. 输入用户名，密码及邮箱，如：123s，3333，88@qq. com，用 Tab 键切换到添加新用户界面，点击回车键		
期望结果	1. 响应 Tab 键 2. 点击回车键后添加新用户		
实际结果	1. 响应 Tab 键 2. 点击回车键后添加新用户		
测试人员	马明珠	开发人员		测试日期	

修改用户信息文本框界面如图 3—29 所示，测试用例如下：

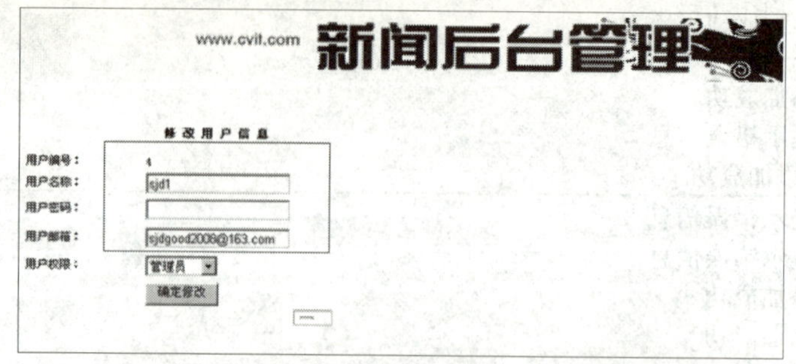

图 3—29　新闻后台管理修改用户信息文本框界面

用例编号	TC046	用例名称	新闻后台管理修改用户信息文本框测试		
模块名称	新闻后台管理	编制人	马明珠		
编制时间	2011.03.22	修改历史			
测试目的	测试新闻后台管理修改用户信息文本框功能是否正常				
测试方法	错误推测法				
操作描述	1. 将用户名称内容删除，点击提交，查看是否有提示信息 2. 在用户名称中输入空格，点击提交，查看是否有提示信息 3. 在用户名称中输入特殊字符，如@♯@，查看是否可用 4. 不输入密码，点击确定修改，查看是否有提示信息 5. 在用户密码中输入空格，点击提交，查看是否有提示信息 6. 在用户密码中输入特殊字符，如@@♯♯，查看是否可用 7. 在用户密码中查看输入数据是否明文显示 8. 将用户邮箱内容删除，点击提交，查看是否有提示信息 9. 在用户邮箱中输入空格，点击提交，查看是否有提示信息 10. 在用户邮箱中输入不正确的邮箱，如 1234456，点击提交，查看是否有提示信息				
期望结果	1. 提示用户名不能为空 2. 提示用户名不能为空 3. 提示用户名输入不合法 4. 提示密码不能为空 5. 提示密码不能为空 6. 提示密码输入不合法 7. 不是明文显示 8. 提示邮箱不能为空 9. 提示邮箱不能为空 10. 提示邮箱格式不正确				
实际结果	1. 提示用户名不能为空 2. 提示用户名不能为空 3. 可以使用 4. 提示密码不能为空 5. 提示密码不能为空 6. 可以使用 7. 不是明文显示 8. 提示邮箱不能为空 9. 提示邮箱不能为空 10. 提示邮箱输入格式不正确				
测试人员	马明珠	开发人员		测试日期	

修改用户信息下拉菜单如图 3—30 所示，测试用例如下：

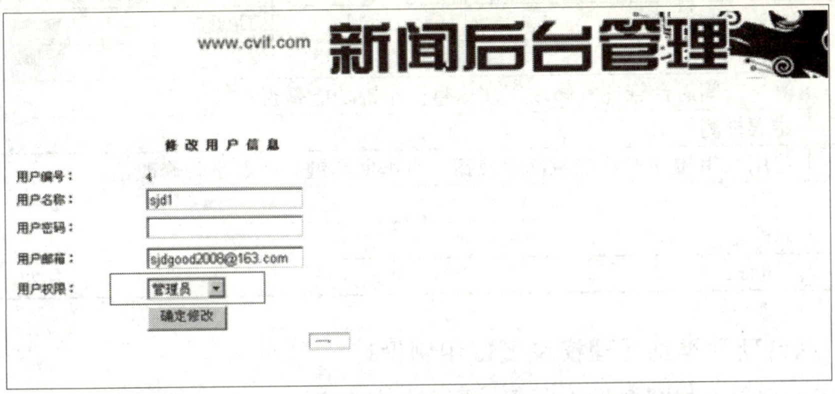

图 3—30 新闻后台管理修改用户信息下拉菜单

用例编号	TC047	用例名称	新闻后台管理修改用户信息下拉菜单测试		
模块名称	新闻后台管理	编制人	马明珠		
编制时间	2011.03.22	修改历史			
测试目的	测试新闻后台管理修改用户信息下拉菜单功能是否正常				
测试方法	错误推测法				
操作描述	1. 将用户权限设置为管理员，点击确定修改，查看管理系统用户中，用户权限是否被修改 2. 点击下拉菜单，鼠标上下移动，查看被选项颜色是否变深 3. 点击下拉菜单，点击方向键（上、下），查看被选项是否改变 4. 点击下拉菜单，滚动鼠标滑轮，查看被选项是否改变 5. 查看下拉菜单能否手动输入信息				
期望结果	1. 用户权限被修改 2. 颜色变深 3. 被选项改变 4. 被选项改变 5. 不能手动输入信息				
实际结果	1. 用户权限被修改 2. 颜色变深 3. 被选项改变 4. 被选项改变 5. 不能手动输入信息				
测试人员	马明珠	开发人员		测试日期	

用例编号	TC048	用例名称	新闻后台管理修改用户信息 Tab 键测试		
模块名称	新闻后台管理	编制人	马明珠		
编制时间	2011.03.22	修改历史			
测试目的	测试新闻后台管理修改用户信息 Tab 键功能是否正常				
测试方法	错误推测法				
操作描述	使用 Tab 键切换，查看是否可用				
期望结果	Tab 键可用				
实际结果	Tab 键可用				
测试人员	马明珠	开发人员		测试日期	

用例编号	TC049	用例名称	新闻后台管理修改用户信息回车键测试
模块名称	新闻后台管理	编制人	马明珠
编制时间	2011.03.22	修改历史	
测试目的	测试新闻后台管理，修改用户信息回车键功能是否正常		
测试方法	错误推测法		
操作描述	使用 Tab 键切换至确定修改按钮，点击回车键，查看是否修改信息		
期望结果	修改信息		
实际结果	修改信息		
测试人员	马明珠	开发人员		测试日期	

3.2.9 后台新闻类别管理模块测试用例设计

管理新闻类别界面如图 3—31 所示，测试用例如下：

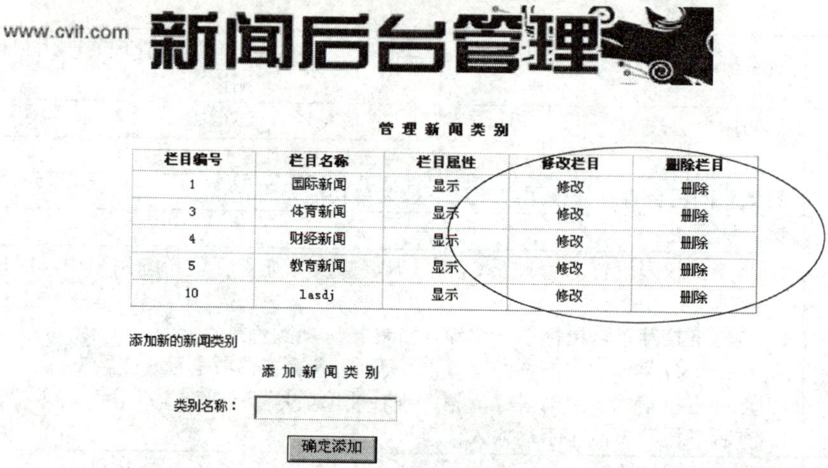

www.cvit.com 新闻后台管理

管理新闻类别

栏目编号	栏目名称	栏目属性	修改栏目	删除栏目
1	国际新闻	显示	修改	删除
3	体育新闻	显示	修改	删除
4	财经新闻	显示	修改	删除
5	教育新闻	显示	修改	删除
10	lasdj	显示	修改	删除

添加新的新闻类别

添加新闻类别

类别名称：

确定添加

图 3—31 管理新闻类别界面

用例编号	TC050	用例名称	测试管理新闻类别模块功能
模块名称	管理新闻类别	编制人	白彦超
编制时间	2011.03.23	修改历史	
测试目地	测试管理新闻类别模块各项功能的可用性		
测试方法	错误推断法		
操作描述	1. 单击删除栏目中的删除按钮 2. 单击添加新的新闻类别按钮 3. 单击修改按钮		
期望结果	1. 栏目被删除 2. 弹出添加框 3. 跳到修改后台		
实际结果	1. 栏目被删除 2. 弹出添加框 3. 跳到修改后台		
测试人员	白彦超	开发人员	

添加新闻类别界面如图 3—32 所示，测试用例如下：

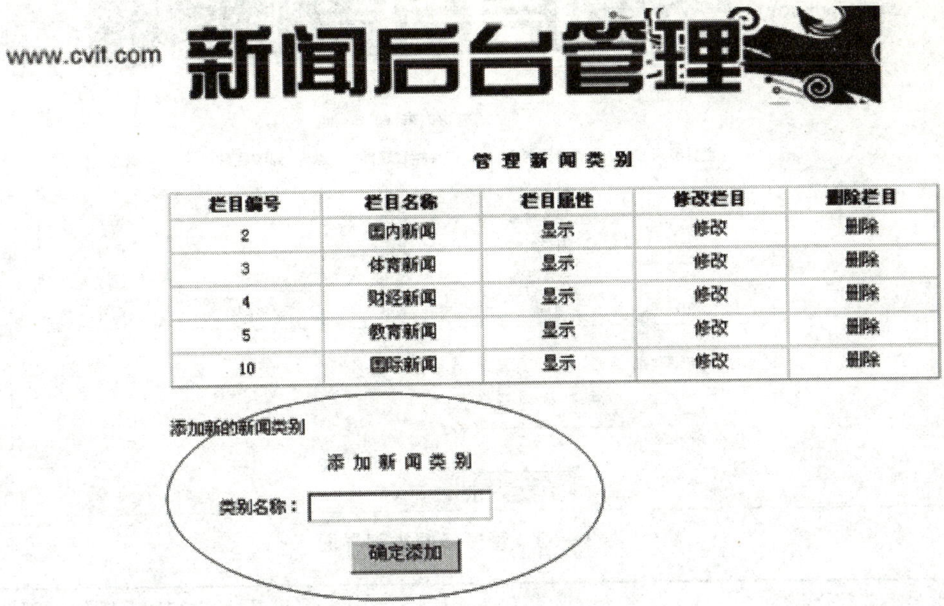

www.cvit.com 新闻后台管理

管理新闻类别

栏目编号	栏目名称	栏目属性	修改栏目	删除栏目
2	国内新闻	显示	修改	删除
3	体育新闻	显示	修改	删除
4	财经新闻	显示	修改	删除
5	教育新闻	显示	修改	删除
10	国际新闻	显示	修改	删除

添加新的新闻类别

添加新闻类别

类别名称：

确定添加

图 3—32　添加新闻类别界面

用例编号	TC051	用例名称	添加新闻类别功能文本框测试
模块名称	管理新闻类别	编制人	白彦超
编制时间	2011.03.23	修改历史	
测试目地	测试添加功能能否正常实现		
测试方法	错误推断法		
操作描述	1. 什么都不输入点击确定 2. 输入数字点击确定，如 131 3. 输入字母点击确定，如 laj 4. 输入特殊字符点击确定，如＃＠！ 5. 输入空格点击确定		
期望结果	1. 提示错误信息 2. 添加成功 3. 添加成功 4. 添加成功 5. 提示错误信息		
实际结果	1. 提示错误信息 2. 添加成功 3. 添加成功 4. 添加成功 5. 提示错误信息		
测试人员	白彦超	开发人员	

管理新闻类别界面如图 3—33 所示，测试用例如下：

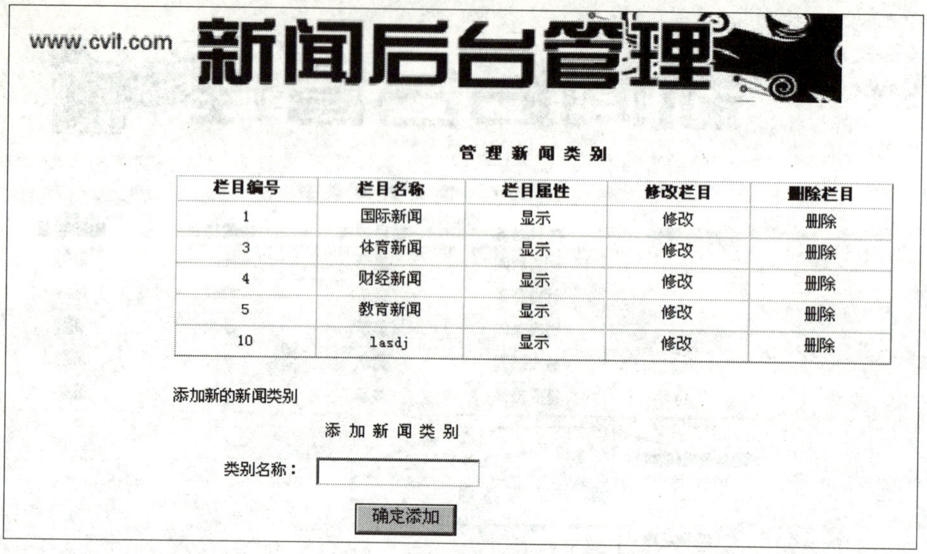

图 3—33　管理新闻类别界面

用例编号	TC052	用例名称	测试 Tab 键和回车键的可用性
模块名称	管理新闻类别	编制人	白彦超
编制时间	2011. 03. 23	修改历史	
测试目地	测试 Tab 键和回车键是否可用		
测试方法	错误推断法		
操作描述	1. 按 Tab 键看其是否跳动 2. 按 Tab 键跳到修改按钮再按回车键 3. 按 Tab 键跳到删除按钮再按回车键 4. 按 Tab 键跳到添加新的新闻类别按钮再按回车键 5. 按 Tab 键跳到类别名称中输入条目 6. 按 Tab 键跳到确定添加再按钮下按回车键		
期望结果	1. Tab 键可用 2. 弹出修改界面 3. 栏目被删除 4. 跳出添加界面 5. 可以输入 6. 添加成功		
实际结果	1. Tab 键可用 2. 弹出修改界面 3. 栏目被删除 4. 跳出添加界面 5. 可用输入 6. 添加成功		
测试人员	白彦超	开发人员	测试日期

<table>
<tr><td>用例编号</td><td colspan="2">TC053</td><td colspan="2">用例名称</td><td>测试管理新闻类别模块的功能</td></tr>
<tr><td>模块名称</td><td colspan="2">管理新闻类别</td><td colspan="2">编制人</td><td>王昕</td></tr>
<tr><td>编制时间</td><td colspan="2">2011.03.24</td><td colspan="2">修改历史</td><td></td></tr>
<tr><td>测试目的</td><td colspan="5">测试管理新闻类别模块的功能是否都可用</td></tr>
<tr><td>测试方法</td><td colspan="5">场景法、错误推测法</td></tr>
<tr><td>操作描述</td><td colspan="5">1. 点击管理新闻类别
2. 点击修改按钮，验证可用性</td></tr>
<tr><td>期望结果</td><td colspan="5">1. 弹出管理新闻类别模块
2. 弹出修改界面</td></tr>
<tr><td>实际结果</td><td colspan="5">1. 弹出管理新闻类别模块
2. 弹出修改界面</td></tr>
<tr><td>测试人员</td><td>马明珠</td><td>开发人员</td><td></td><td>测试日期</td><td></td></tr>
</table>

<table>
<tr><td>用例编号</td><td>TC054</td><td>用例名称</td><td>测试修改新闻类别模块的功能</td></tr>
<tr><td>模块名称</td><td>管理新闻类别</td><td>编制人</td><td>王昕</td></tr>
<tr><td>编制时间</td><td>2011.03.24</td><td>修改历史</td><td></td></tr>
<tr><td>测试目的</td><td colspan="3">测试修改新闻类别模块的功能是否都可用</td></tr>
<tr><td>测试方法</td><td colspan="3">场景法、错误推测法</td></tr>
<tr><td>操作描述</td><td colspan="3">1. 类别名称文本框是否可用
2. 类别名称是否能为空
3. 类别是否可以为空格
4. 类别名称是否可以是符号，如!、@、#、¥、%、&、*、(、)、——
5. 文本框内方向键是否可用
6. 页面中的下拉菜单是否可用
7. 选中后是否可以用上下键选择
8. 选择后背景是否加深
9. 确定修改按钮是否可用
10. 按钮是否连接到跳转页面
11. 返回是否可用
12. 返回按钮是否能回到原来界面</td></tr>
<tr><td>期望结果</td><td colspan="3">1. 文本框可用
2. 提示名称不能为空
3. 提示 0 类别不能为空
4. 提示类别名无效
5. 方向键可用
6. 下拉菜单可用
7. 可以使用上下键选择
8. 背景加深
9. 按钮可用
10. 可以连接到跳转界面
11. 按钮可用
12. 可以返回到原来界面</td></tr>
<tr><td>实际结果</td><td colspan="3">1. 文本框可用
2. 类别名称可以为空
3. 类别名可以为空格
4. 类别名可以为全符号</td></tr>
</table>

续前表

实际结果	5. 方向键可用 6. 下拉菜单可用 7. 可以使用上下键选择 8. 背景加深变蓝 9. 按钮可用 10. 可以连接到跳转页面 11. 按钮可用 12. 可以返回到原界面				
测试人员	马明珠	开发人员		测试日期	

用例编号	TC055	用例名称	对 Tab 键和回车键的响应
模块名称	管理新闻类别	编制人	王昕
编制时间	2011.03.24	修改历史	
测试目的	测试界面是否响应 Tab 键及回车键		
测试方法	场景法、错误推测法		
操作描述	1. 是否响应 Tab 键 2. 是否响应回车键		
期望结果	1. 响应 Tab 键 2. 响应回车键		
实际结果	1. 响应 Tab 键 2. 响应回车键，但页面只刷新不跳转		
测试人员	马明珠	开发人员		测试日期	

3.3 CVIT 新闻发布系统的性能测试

3.3.1 性能测试概述

1. 性能测试术语

性能测试一般分为：一般性测试、稳定性测试、负载测试、压力测试。

（1）一般性测试：是指让被测系统在正常运行的软、硬件条件下，不向其施加任何压力的性能测试。例如，163 邮箱的登录模块，只让 1 个用户多次登录，记录服务器端系统资源的消耗情况（如 CPU、内存），并记录单个用户的登录时间。

（2）稳定性测试：也称可靠性测试，是指连续运行被测系统，检查系统运行时的稳定程序。通常用 MTBF（Mean Time Between Failure，错误发生的平均时间间隔）来衡量系统的稳定性，MTBF 越大，系统的稳定性越强。稳定性的测试方法也很简单，即采用 24×7 的方式让系统不间断运行，至于具体运行多少天，是一周还是一个月，则视项目的实际情况而定。

（3）负载测试：是指通过逐步增加系统负载，测试系统性能的变化，并最终确定在满足性能指标的情况下，系统所能承受的最大负载量的测试。

例如，访问一个页面的响应时间规定为不超过 1 秒，负载测试就是测试在响应时间为 1 秒时，系统所能承受的最大并发访问用户的数量，而压力测试就是测试系统在一定的并发访问用户数量下，响应时间不能接受，如超过 1 分钟定义为失效状态。

(4) 压力测试：是通过逐步增加系统负载，测试系统性能的变化，并最终确定在什么负载条件下系统性能处于失效状态，并以此来获得系统能提供的最大服务级别的测试。通俗地讲，压力测试是为了发现在什么条件下系统的性能会变得不能接受。

可见，压力测试是一种特定类型的负载测试。

2. 响应时间

响应时间（Response Time）是指系统对用户操作的反馈时间。例如，登录163邮箱这一事务的响应时间。

3. 并发

并发（Concurrency）是指多个同时发生的操作。例如，10个用户同时单击“登录”按钮，登录某邮箱，我们就说此次登录该邮箱的并发数为10。并发和并行不是同一个概念，并发是同时发生，并行是同步运行。10个用户并发登录该邮箱，只是在单击登录按钮那一瞬间是并行的，而登录后各个用户的操作则不是同步的。

4. 并发与并行的区别

并发和并行的区别就是一个处理器同时处理多个任务和多个处理器（或多核处理器）同时处理多个不同的任务。前者是逻辑上的同时发生(Simultaneous)，而后者是物理上的同时发生。

并发性（Concurrency），又称共行性，是指能处理多个同时活动的能力，并发事件之间不一定要同一时刻发生；并行（Parallelism）是指同时发生的两个并发事件，具有并发的含义，而并发则不一定并行。并发和并行的区别就是一个人同时吃三个馒头和三个人同时吃三个馒头。

举例说明：

假设有一个OA系统，该系统有2000个用户使用，有个在线统计功能，高峰时有500人在线，500人中，有40%在浏览，有20%在发呆，有20%在填数据，20%在不停地点击。

系统用户数：2000

同时在线数：500

并发用户数：500

服务器承受的并发数：500×20%=100人

5. 吞吐量

吞吐量（Throughput）是指单位时间内流经被测系统的数据流量，一般单位为B/s，即每秒钟流经的字节数。

吞吐量的大小主要由防火墙内网卡和程序算法的效率决定，尤其是程序算法，会使防火墙系统进行大量运算，通信量大打折扣。因此，大多数防火墙虽号称100M防火墙，由于其算法依靠软件实现，通信量远远没有达到100M，实际只有10～20M。纯硬件防火墙，由于采用硬件进行运算，因此吞吐量可以达到线性90～95M，是真正的100M防火墙。对于中小型企业来讲，选择吞吐量为百兆级的防火墙即可满足需要，而对于电信、金融、保险等大公司大企业部门就需要采用吞吐量千兆级的防火墙。

6. 软件的性能

性能是一种指标，表明软件系统或构件对于其及时性要求的符合程度。性能是软件产品的一种特性，它包括很多方面，主要有时间性能和空间性能两种。

(1) 时间性能，主要指软件的一个具体事务的响应时间。响应时间长短没有绝对统一的标准，只是与用户的主观感受有关系。对于一个电子商务的网站来说，一个普遍接受的响应时间标准为 2/5/10，即在 2 秒内给用户以响应是非常有吸引力的，在 5 秒以内被认为是比较不错的，而 10 秒则是用户忍受的上限。

(2) 空间性能，主要指软件运行时所消耗的系统资源，比如安装软件之前，我们经常看到如表 3—10 所示的某软件安装要求。又如某软件在推荐配置下运行时，CPU 的利用率为 10%，内存占有率为 20%，则这两个指标可看做该软件的空间性能，我们在任务管理器中可以查看，如图 3—34 所示。

表 3—10

	最低配置	推荐配置
CPU	400M	1.2G
内存	128M	512M
硬盘	200M	800M

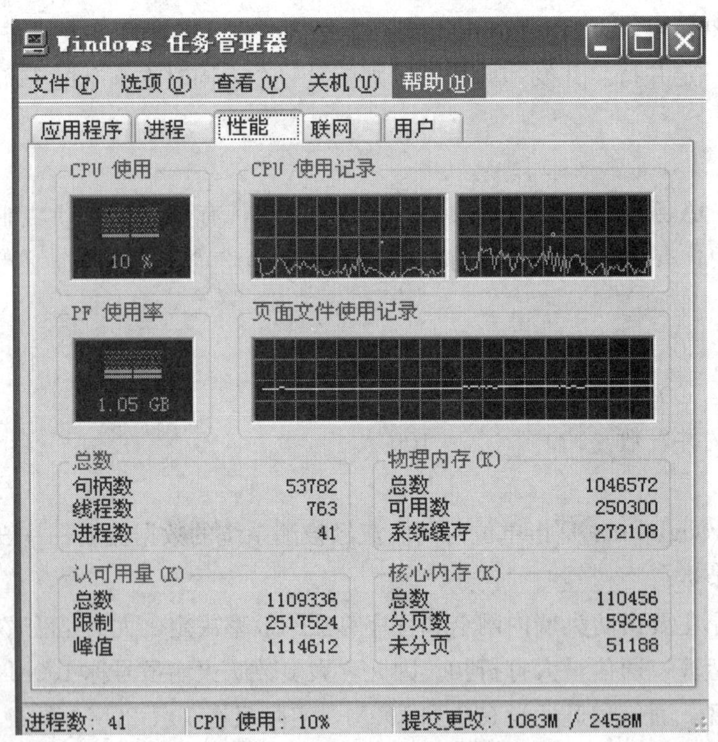

图 3—34 Windows 任务管理器

① CPU 使用：表示当前使用到 CPU 资源的百分之几。如果 CPU 使用率长期太高，则

表明：

◆ 计算机中毒了；

◆ 某个软件出错了；

◆ 该升级计算机了。

② CPU 使用记录：显示 CPU 的使用率随时间的变化情况的图表，默认刷新率为每两秒一次，可通过查看菜单调节刷新率。如果 CPU 是双核的，或者是超线程的，这里将同时显示两个 CPU 的使用率及使用记录。

③ PF 使用率：PageFile（虚拟内存），物理内存已经不够用的时候，将那些暂时不用的数据放到硬盘的虚拟内存文件中，等使用时再调出来。要降低 PF 使用率最好的办法是增加内存。

若 PF 使用率太高，则表明：

◆ 物理内存太小了。

◆ 启动的程序太大（如 Photoshop）、太多了。

◆ 虚拟内存设置得不合理，常常弹出虚拟内存不足。可以通过“我的电脑→属性→高级→性能→设置→高级→虚拟内存”来设置、更改虚拟内存放置的分区（建议放在系统盘外的分区）。

④页面文件使用记录：显示虚拟内存使用情况随时间的变化的图表，可通过查看菜单调节刷新率。

⑤ 总数。

◆ 句柄数：用于唯一标识资源（如文件和注册表项）的值，以便程序可以访问，它是一种指针的指针。

◆ 线程数：在运行程序指令进程中的对象，线程允许在进程中进行并发操作，并使一个进程能在不同处理器上同时运行其程序的不同部分。

◆ 进程数：一个可执行程序或一种服务。

⑥ 物理内存：计算机的物理内存使用情况。

◆ 总数：总的物理内存量。

◆ 可用数：当前物理内存剩余的可用量，指使用虚拟内存前所剩余的物理内存。

◆ 系统缓存：被分配用于系统缓存的物理内存量。主要用来存放一些关键程序和数据等。一旦系统或者程序需要，部分内存会被释放出来。

⑦ 认可用量：物理内存和虚拟内存总和的相关信息。

◆ 总数：当前所用物理内存和虚拟内存的总和。

◆ 限制：系统可以提供的最高物理内存和虚拟内存的总和。

◆ 峰值：从开机到当前已使用内存的最高纪录。

⑧ 核心内存：操作系统和必要的驱动程序所占用的内存。

◆ 总数：操作系统和必要的驱动程序所占用的物理内存总数。

◆ 分页数：可以复制到页面文件中的内存，如果系统需要这部分物理内存，则会被“映射”到硬盘，由此释放部分物理内存。

6. 不同人员所关注的软件性能

(1) 管理员视角的软件性能，见表 3—11。

表 3—11

管理员关心的问题	软件性能描述
服务器的资源使用状况是否合理	资源利用率
应用服务器和数据库的资源使用状况是否合理	资源利用率
系统是否能够实现扩展	系统可扩展性
系统最多能支持多少用户的访问？系统最大的业务处理量是多少？	系统容量
系统性能可能的瓶颈在哪里	系统可扩展性
更换哪些设备能够提高系统性能	系统可扩展性
系统能否支持 7×24 小时的业务访问	系统稳定性

（2）开发人员视角的软件性能，见表 3—12。

表 3—12

开发人员关心的问题	问题所属的层次
架构设计是否合理	系统架构
数据库设计是否合理	数据库设计
代码是否存在性能方面的问题	代码
系统中是否有不合理的内存使用方式	代码
系统中是否有不合理的线程同步方式	设计与代码
系统中是否存在不合理的资源竞争	设计与代码

3.3.2 性能测试用例设计

用例编号	TC056		用例名称	大数据量测试	
模块名称	前台注册模块		编制人	王昕	
编制时间	2011.03.24		修改历史		
测试目的	是否具备 100 个用户同时注册，考查业务是否能正常运行				
测试方法	场景法、错误推测法				
操作描述	1. 性能测试时有 100 个虚拟用户同时注册设计场景 2. 运行两分钟				
期望结果	正常运行				
实际结果	成功				
测试人员	马明珠	开发人员		测试日期	

用例编号	TC057	用例名称	负载测试
模块名称	前台注册模块	编制人	王昕
编制时间	2011.03.24	修改历史	
测试目的	考查在用户响应时间<5 秒的情况下，系统支持的最大并发用户数		
测试方法	场景法、错误推测法		
操作描述	注册、登录、新闻浏览、新闻类别修改、新闻统计、现在新闻管理、用户管理；业务按照 3：6：20：4：1：2：4 的比例进行混合加压		
期望结果	正常运行		

续前表

实际结果	成功				
测试人员	马明珠	开发人员		测试日期	

用例编号	TC058	用例名称	疲劳强度测试		
模块名称	前台注册模块	编制人	王昕		
编制时间	2011.03.24	修改历史			
测试目的	考查系统可以无故障运行多长时间				
测试方法	场景法、错误推测法				
操作描述	注册、登录、新闻浏览、新闻类别修改、新闻统计、现在新闻管理、用户管理； 业务按照 3：6：20：4：1：2：4 的比例进行混合加压				
期望结果	正常运行				
实际结果	成功				
测试人员	马明珠	开发人员		测试日期	

用例编号	TC059	用例名称	疲劳强度测试		
模块名称	前台注册模块	编制人	王昕		
编制时间	2011.03.24	修改历史			
测试目的	考查在服务器 CPU 使用率达到 85%，内存使用率达到 90%时，系统可以支持的最大并发用户数				
测试方法	场景法、错误推测法				
操作描述	注册、登录、新闻浏览、新闻类别修改、新闻统计、现新闻管理、用户管理； 业务按照 3：6：20：4：1：2：4 的比例进行混合加压； 每分钟增加 50 个并发用户				
期望结果	正常运行				
实际结果	成功				
测试人员	马明珠	开发人员		测试日期	

3.3.3　LoadRunner 8.0 对用户登录模块进行脚本录制与调试

录制脚本步骤如下：

（1）打开 LoadRunner 8.0，如图 3—35 所示。

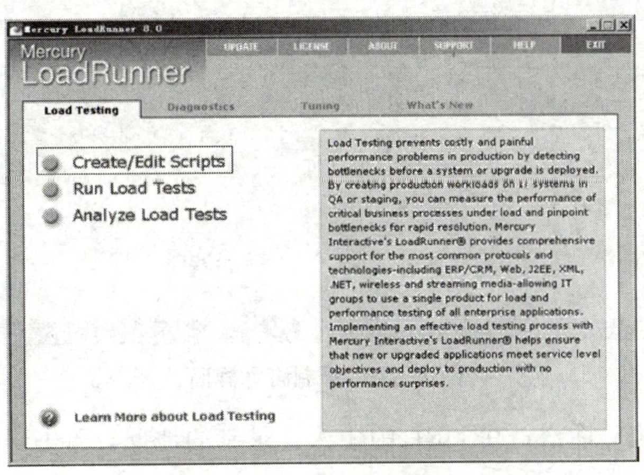

图 3—35　创建编辑脚本

（2）选择“Create/Edit Scripts”，进入新建界面，在左侧栏的“New Single Protocol Script”中选择“Web（HTTP/HTML）”，如图 3—36 所示。

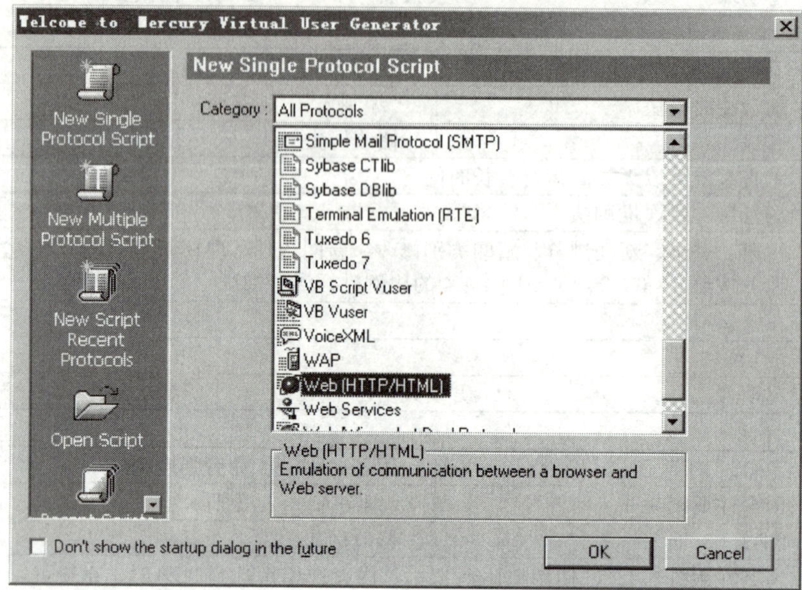

图 3—36　协议选择窗口

（3）进入录制界面，单击“Start Record”，如图 3—37 所示。

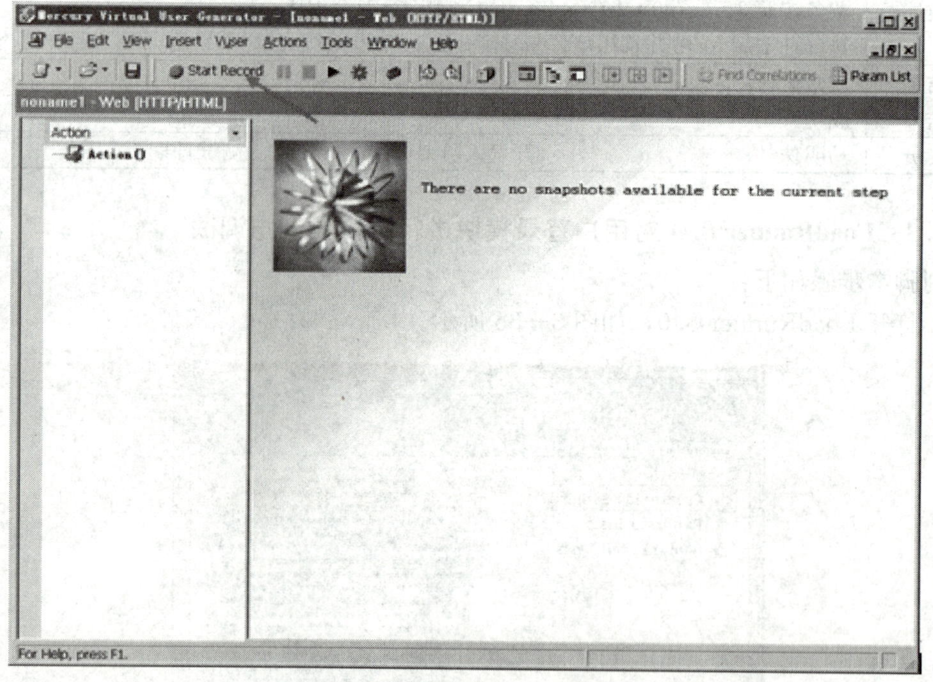

图 3—37　录制脚本界面

（4）弹出开始录制对话框，在 URL 中输入要录制的地址，单击“OK”按钮开始录制，如图 3—38 所示。

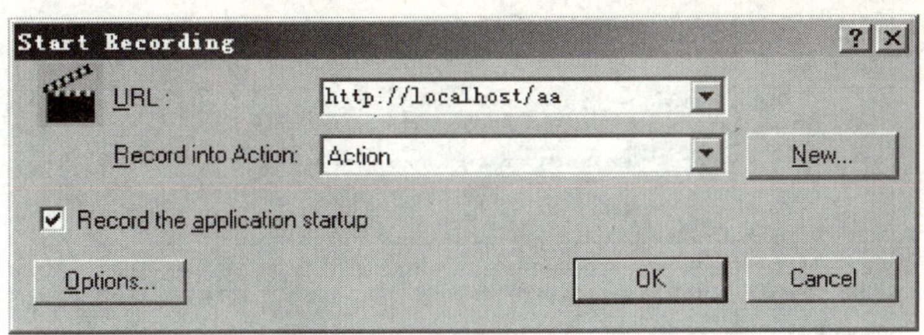

图 3—38　开始录制对话框

（5）在录制时正常进行登录操作，在开始输入登录名之前，插入事务的开始，登录成功后，插入事务的结束，单击“停止”按钮，录制成功，如图 3—39 所示。

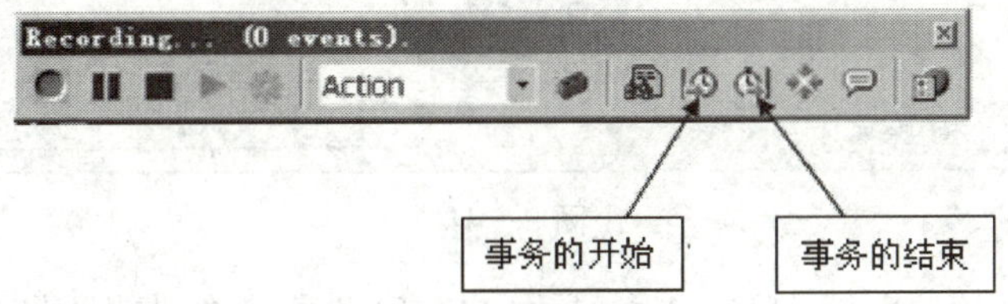

图 3—39　录制脚本工具栏

（6）录制成功后，单击“file→save”，选择路径保存。

3.3.4　LoadRunner 8.0 对用户登录模块进行场景设计

场景设置的步骤如下：

（1）打开 LoadRunner 8.0，如图 3—40 所示，选择“Run Load Test”。

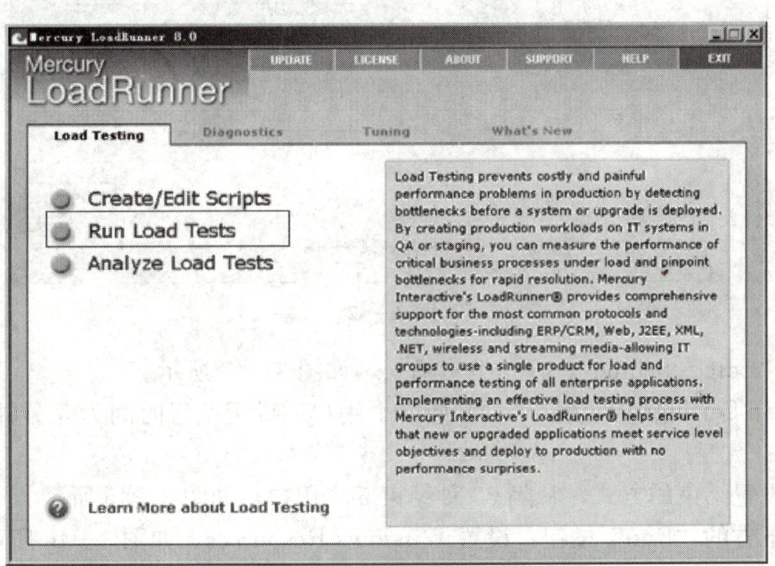

图 3—40

（2）如图 3—41 所示，单击“Browser”按钮，找到录制的脚本，单击“OK”按钮。

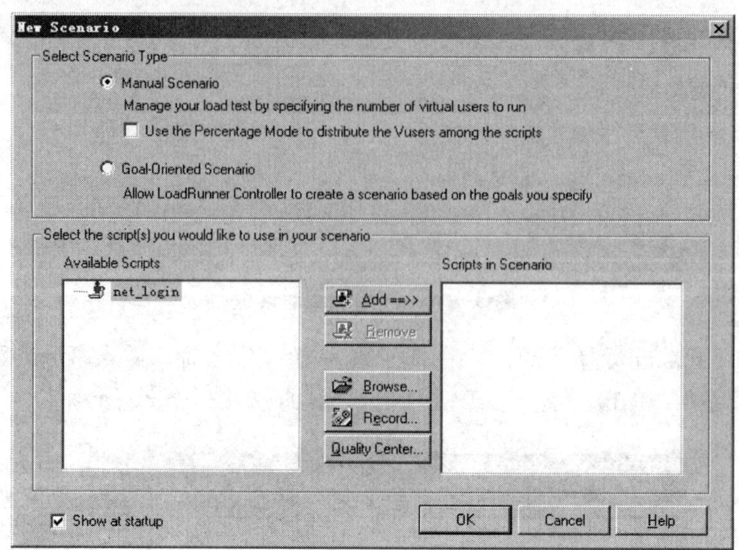

图 3—41

（3）进入到场景设计界面，Quantity 下面的数字为需要的虚拟用户数，这里虚拟用户数为 10，如图 3—42 所示。

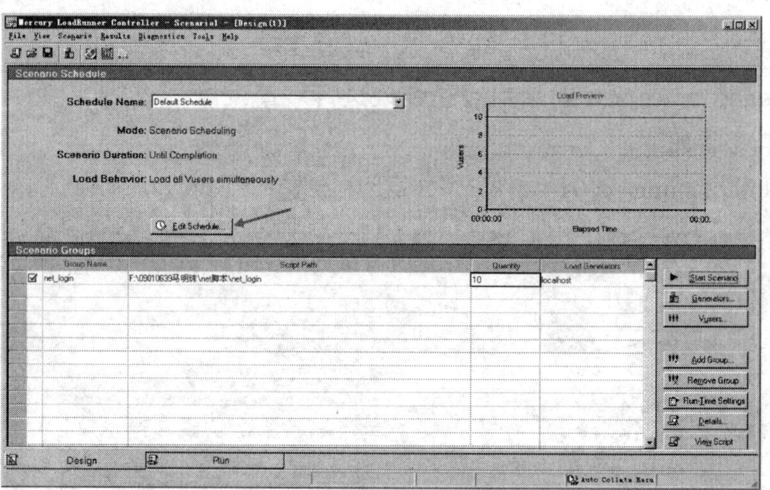

图 3—42

（4）单击“Edit Schedule”，开始编辑场景，如图 3—43 所示。

（5）在 Load Settings 中，每 30 秒开始 5 个用户。设置运行时间为 5 分钟，如图 3—44 所示。

（6）选择设置结束的方式，每隔 30 秒结束 5 个用户，如图 3—45 所示。

（7）单击下方的“Run”按钮，设置 Windows Resources，如图 3—46 所示。

（8）如图 3—47 所示，在左侧窗口“Available Graphs”中展开“System Resource Graphs”，双击“Windows Resources”，在中间显示窗口中就增加了相应的项，如图 3—48 所示。单击鼠标右键，选择“Add Measurements”选项，出现如图 3—49 所示的窗口。

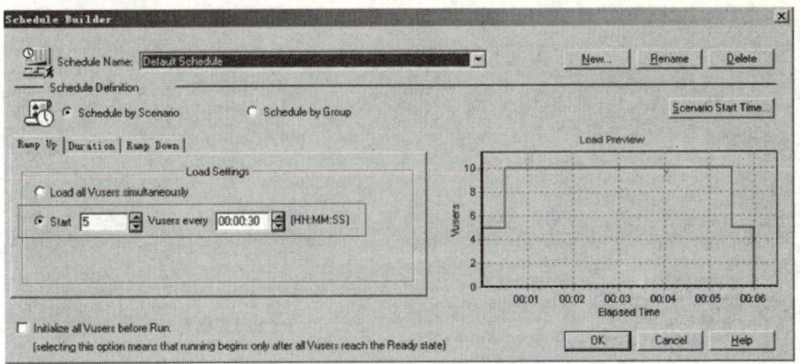

图 3—43

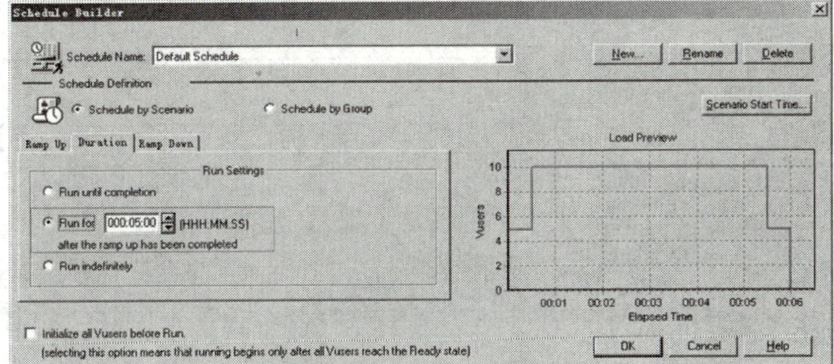

图 3—44

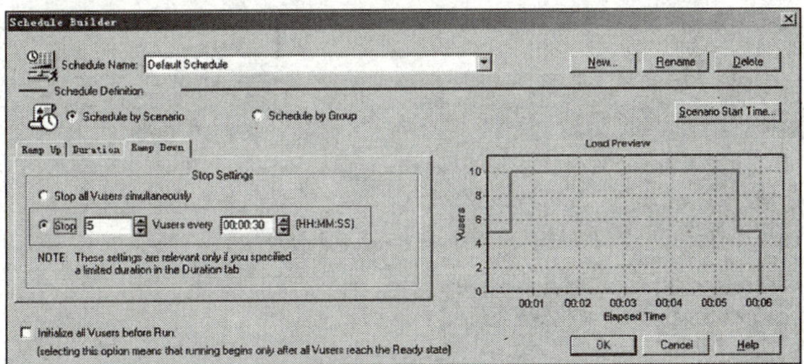

图 3—45

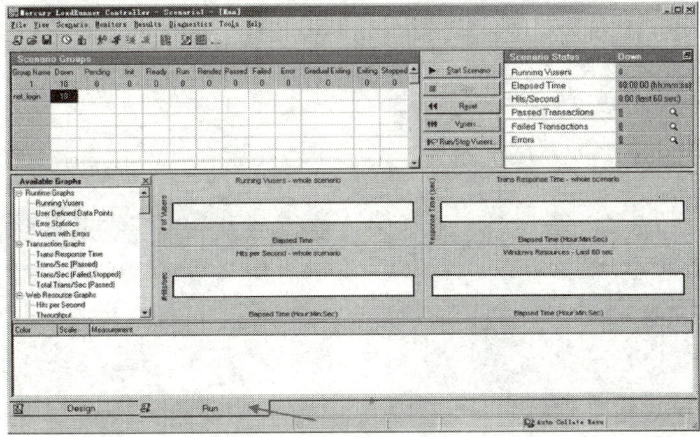

图 3—46

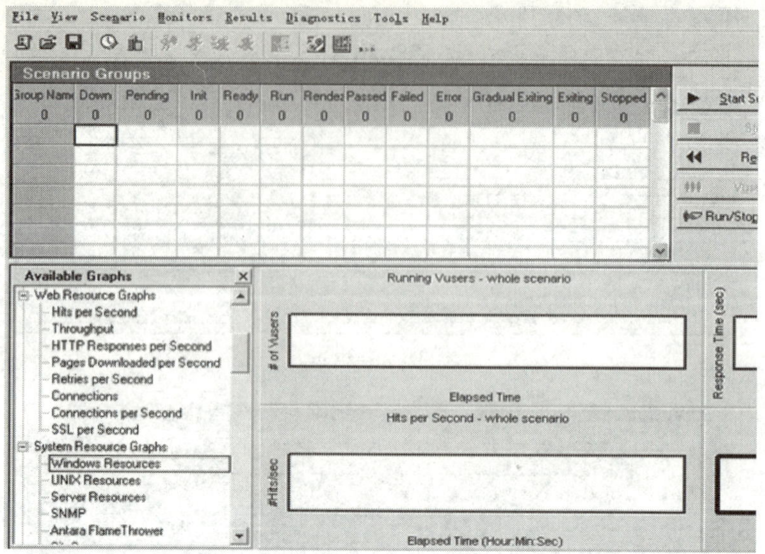

图 3—47

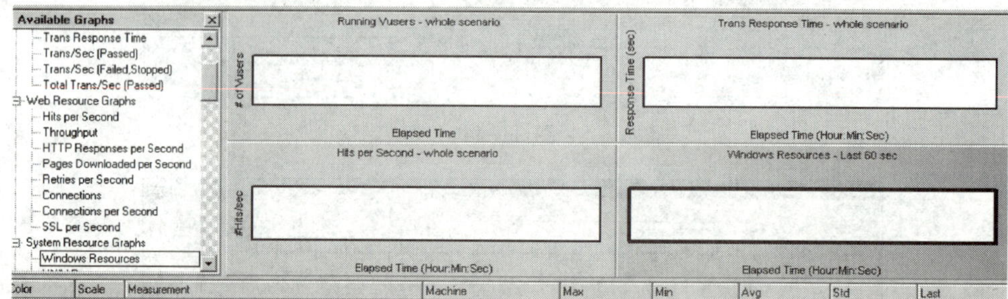

图 3—48

（9）单击“Add”按钮，弹出如图 3—50 所示的窗口。

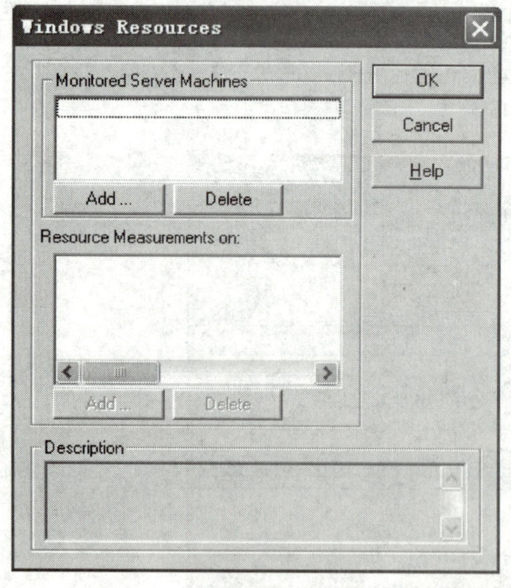

图 3—49

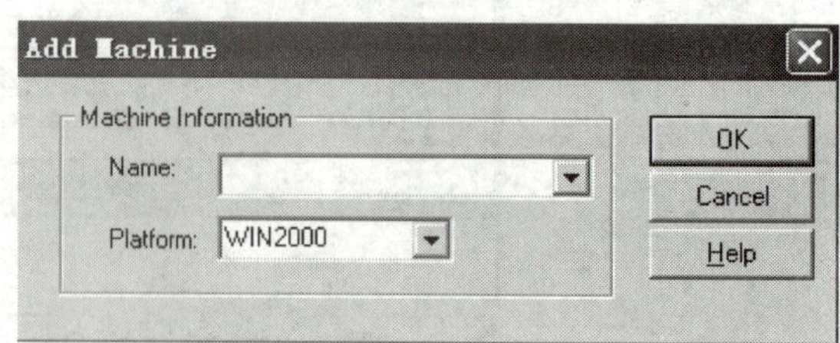

图 3—50

（10）在 Name 右侧框中输入本机 IP“localhost”，在 Platform 中选择系统类型，单击“OK”按钮，弹出如图 3—51 所示的窗口。

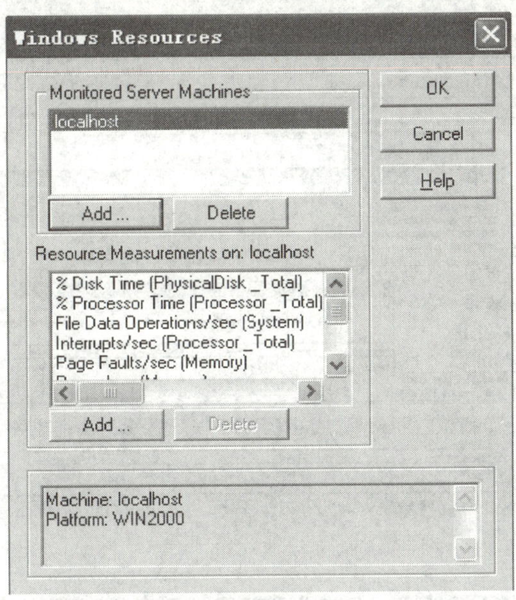

图 3—51

（11）在图 3—51 中，第一个是添加测试机，第二个是添加测试的系统资源。根据测试要求，可以依次添加，双击对应项就可以。设置成功后，单击“Start Scenario”，开始场景测试，如图 3—52 所示。

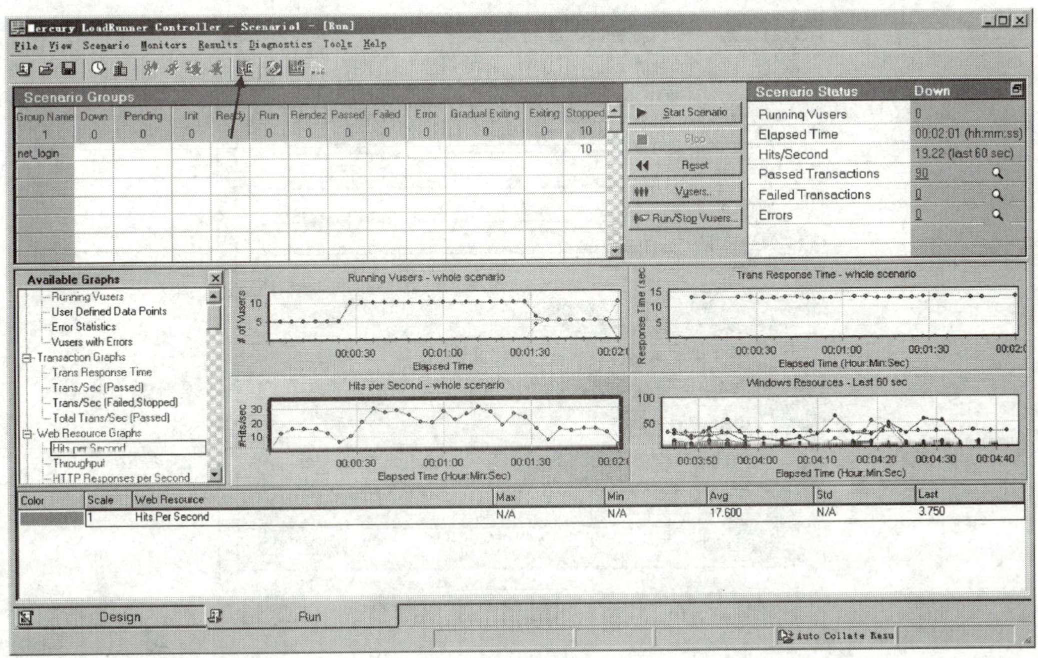

图 3—52

（12）单击“Results/Analyze Results”，进入结果分析界面，如图 3.53 所示。

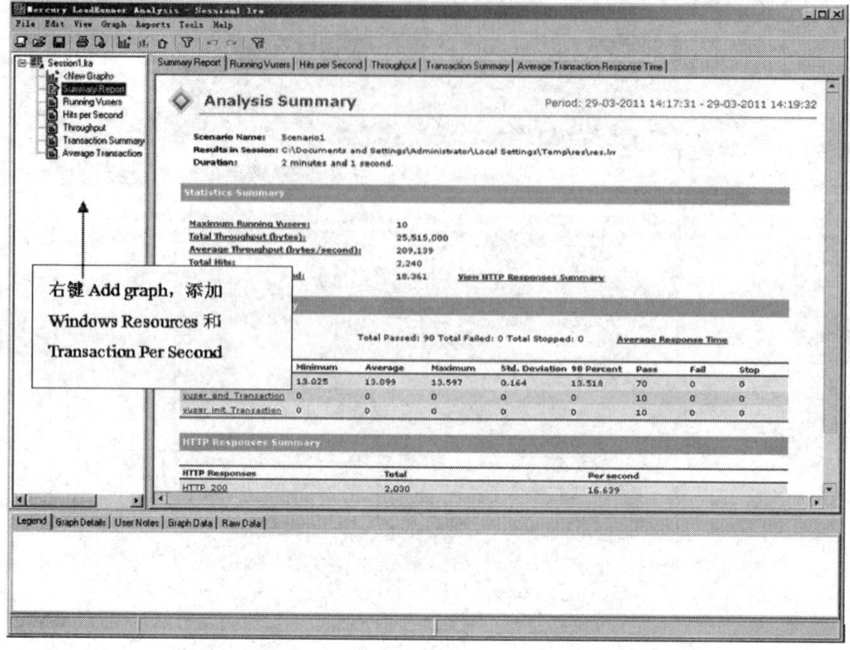

图 3—53

（13）单击 Reports 菜单下的“Microsoft Word Report”。单击“Browse”按钮选择生成的 Word 文档的保存路径，然后进行结果分析，如图 3—54 所示。

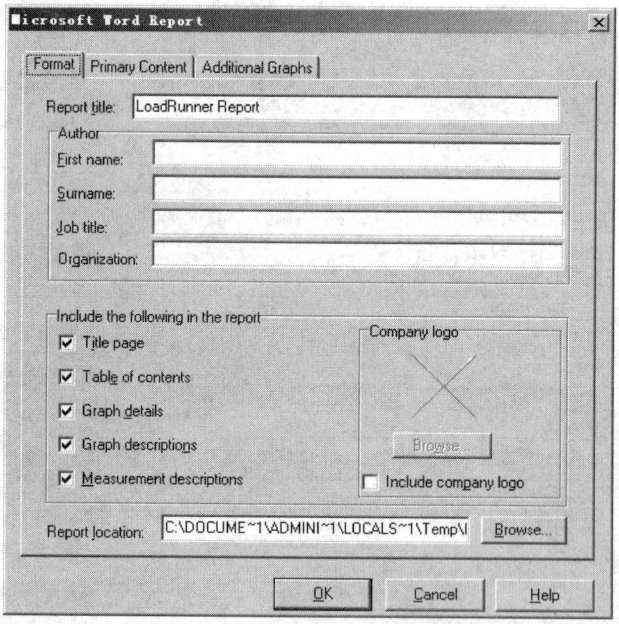

Microsoft Word Report

Format | Primary Content | Additional Graphs

Report title: LoadRunner Report

Author

First name:

Surname:

Job title:

Organization:

Include the following in the report

- ☑ Title page
- ☑ Table of contents
- ☑ Graph details
- ☑ Graph descriptions
- ☑ Measurement descriptions

Company logo

Browse...

☐ Include company logo

Report location: C:\DOCUME~1\ADMINI~1\LOCALS~1\Temp\ Browse...

OK Cancel Help

图 3—54

3.3.5 LoadRunner 8.0 对用户登录模块进行结果分析

新闻发布系统登录模块性能测试报告

［脚本］

```
Action1()
{
    web_submit_data("check_outchain.php",
        "Action = http://qurl.f.360.cn/check_outchain.php",
        "Method = POST",
        "EncType = multipart/form - data",
        "RecContentType = text/xml",
        "Referer = ",
        "Snapshot = t6.inf",
        "Mode = HTML",
        ITEMDATA,
        "Name = urls",
        "Value = 41001fc99d22a2983d375d876ae9553e|faeffa2d968fdc999819028760c2a052|cd3bcfabad
76ac8cb01691425c3ab5f2|faeffa2d968fdc999819028760c2a052|d12d772fd55d19aafef369fa5b005352\tnUE0p
QbiY29uYzA2nKDhL29gYzAhY1uHY0SwL291oaEmY2kiM2yhYzSmpUt/HzI0qKWhIKWfCF9RMJMuqJk0YzSmpUt = \n"
        "", ENDITEM,
        "Name = src", "Value = addrbar", ENDITEM,
        "Name = product", "Value = wd", ENDITEM,
        "Name = combo", "Value = urlproc", ENDITEM,
        "Name = v", "Value = 1", ENDITEM,
        "Name = vk", "Value = 144ee7b9", ENDITEM,
        "Name = mid", "Value = cfc174f501762b3203eb0a8867719fc4", ENDITEM,
        LAST);
    web_add_cookie("Pantoschool_UserType = Teacher + ; DOMAIN = oa.cvit.com.cn");
    web_add_cookie("Pantoschool_UserID = yuyanhua + ; DOMAIN = oa.cvit.com.cn");
    web_add_cookie("adid = 923134546; DOMAIN = scdown.qq.com");
    web_add_cookie("adSP = dl0HzXz/8j5KGelHTN3kcI1zMPtUgfYeXyLsSCAkl6Y = _38497_326830_
1300624490_; DOMAIN = scdown.qq.com");
    web_add_cookie("adVer = 3187; DOMAIN = scdown.qq.com");
    web_add_cookie("ac = 1,007,008; DOMAIN = scdown.qq.com");
    web_add_cookie("pt2gguin = o0942034006; DOMAIN = scdown.qq.com");
    web_add_cookie("pvid = 136959092; DOMAIN = scdown.qq.com");
    web_add_cookie("o_cookie = 923134546; DOMAIN = scdown.qq.com");
    web_add_cookie("pgv_pvid = 3608249870; DOMAIN = scdown.qq.com");
    web_add_cookie("pgv_flv = 10.0; DOMAIN = scdown.qq.com");
    web_add_cookie("pgv_r_cookie = 113146257479; DOMAIN = scdown.qq.com");
    web_add_cookie("ptisp = ctc; DOMAIN = scdown.qq.com");
    web_add_cookie("uin_cookie = 923134546; DOMAIN = scdown.qq.com");
    web_add_cookie("euin_cookie = 4C8147E799D4BEFBFDE30880A2027F149A13FF5BD4472668; DOMAIN =
```

```
scdown. qq. com");
        web_url("login. aspx",
        "URL = http://oa. cvit. com. cn/XT/Accounts/login. aspx?ReturnUrl = %2fDefault. aspx","Resource = 0",
              "RecContentType = text/html",
              "Referer = ",
              "Snapshot = t7. inf",
              "Mode = HTML",
              EXTRARES,
              "Url = /SC/images/entry_r4_c10. jpg", "Referer = http://oa. cvit. com. cn/XT/Accounts/log-
in. aspx?ReturnUrl = %2fDefault. aspx", ENDITEM,
               "Url = /SC/images/entry_r5_c6. jpg", "Referer = http://oa. cvit. com. cn/XT/Accounts/
login. aspx?ReturnUrl = %2fDefault. aspx", ENDITEM,
               "Url = /SC/images/entry_r7_c6. jpg", "Referer = http://oa. cvit. com. cn/XT/Accounts/
login. aspx?ReturnUrl = %2fDefault. aspx", ENDITEM,
              "Url = http://scdown. qq. com/toolbar/st/st_ver. txt", "Referer = ", ENDITEM,
              LAST);
        lr_think_time( 4 );
        lr_start_transaction("login");
        web_submit_data("check_outchain. php_2",
            "Action = http://qurl. f. 360. cn/check_outchain. php",
            "Method = POST",
            "EncType = multipart/form - data",
            "RecContentType = text/xml",
            "Referer = ",
            "Snapshot = t8. inf",
            "Mode = HTML",
            ITEMDATA,
             "Name = urls", "Value = 41001fc99d22a2983d375d876ae9553e | faeffa2d968fdc999819028760c2a052 |
cd3bcfabad76ac8cb01691425c3ab5f2 | faeffa2d968fdc999819028760c2a052 | d12d772fd55d19aafef369fa5b005352 \
tnUE0pQbiY29uYzA2nKDhL29gYzAhY1uHY0SwL291oaEmY2kiM2yhYzSmpUt/HzI0qKWhIKWfCF9RMJMuqJk0YzSmpUt = \n"
            "", ENDITEM,
            "Name = src", "Value = addrbar", ENDITEM,
            "Name = product", "Value = wd", ENDITEM,
            "Name = combo", "Value = urlproc", ENDITEM,
            "Name = v", "Value = 1", ENDITEM,
            "Name = vk", "Value = 144ee7b9", ENDITEM,
            "Name = mid", "Value = cfc174f501762b3203eb0a8867719fc4", ENDITEM,
            LAST);
        lr_think_time( 40 );
        web_submit_data("login. aspx_2",
        "Action = http://oa. cvit. com. cn/XT/Accounts/login. aspx?ReturnUrl = %2fDefault. aspx",
            "Method = POST",
            "RecContentType = text/html",
        "Referer = http://oa. cvit. com. cn/XT/Accounts/login. aspx?ReturnUrl = %2fDefault. aspx",
            "Snapshot = t9. inf",
```

```
            "Mode=HTML",
            ITEMDATA,
            "Name=__VIEWSTATE", "Value=/wEPDwUKMTY3MDU3ODQ3Ng9kFgJmD2QWBAIBDw8WAh4EVGV4dAUL6auYI
OaVmSDniYhkZAIHDxAPZBYCHghvbmNoYW5nZQUNQ2hhbmdlTmFtZSgpO2RkZBgBBR5fX0NvbnRyb2xzUmVxdWlyZVBvc3RCYWN
rS2V5X18WAQUMSW1hZ2VidXR0b24xxtElZRdTnGZNo1Hp+2UqCZ+HdEU=", ENDITEM,
            "Name=__EVENTVALIDATION", "Value=/wEWBgKIs/qrBwLr/4HfAgKyxeCRDwKS16GiCwLO9biUBgLSwpm
OCMW2ULuKTbZTDBRXoC5E824PkjSE", ENDITEM,
            "Name=UserID", "Value=yuyanhua", ENDITEM,
            "Name=PassWord", "Value=122345", ENDITEM,
            "Name=DDLUserType", "Value=Teacher", ENDITEM,
            "Name=Imagebutton1.x", "Value=53", ENDITEM,
            "Name=Imagebutton1.y", "Value=21", ENDITEM,
            LAST);
        web_url("open.htm",
            "URL=http://oa.cvit.com.cn/XT/Accounts/open.htm",
            "Resource=0",
            "RecContentType=text/html",
            "Referer=",
            "Snapshot=t10.inf",
            "Mode=HTML",
            EXTRARES,
            "Url=/SC/images/entry_r4_c10.jpg", "Referer=http://oa.cvit.com.cn/XT/Accounts/
login.aspx?ReturnUrl=%2fDefault.aspx", ENDITEM,
            "Url=/SC/images/entry_r5_c6.jpg", "Referer=http://oa.cvit.com.cn/XT/Accounts/
login.aspx?ReturnUrl=%2fDefault.aspx", ENDITEM,
    "Url=/SC/images/entry_r7_c6.jpg", "Referer=http://oa.cvit.com.cn/XT/Accounts/login.aspx?Re-
turnUrl=%2fDefault.aspx", ENDITEM,
            LAST);
        lr_end_transaction("login", LR_AUTO);
        web_submit_data("check_outchain.php",
            "Action=http://qurl.f.360.cn/check_outchain.php",
            "Method=POST",
            "EncType=multipart/form-data",
            "RecContentType=text/xml",
            "Referer=",
            "Snapshot=t11.inf",
            "Mode=HTML",
            ITEMDATA,
            "Name=urls", "Value=41001fc99d22a2983d375d876ae9553e|faeffa2d968fdc999819028760c2a
052|cd3bcfabad76ac8cb01691425c3ab5f2|faeffa2d968fdc999819028760c2a052|d12d772fd55d19aafef369fa5
b005352\tnUE0pQbiY29uYzA2nKDhL29gYzAhY1uHY0SwL291oaEmY2kiM2yhYzSmpUt/HzI0qKWhIKWfCF9RMJMuqJk0YzSm
pUt=\n"
            "", ENDITEM,
            "Name=src", "Value=addrbar", ENDITEM,
```

```
        "Name = product", "Value = wd", ENDITEM,
        "Name = combo", "Value = urlproc", ENDITEM,
        "Name = v", "Value = 1", ENDITEM,
        "Name = vk", "Value = 144ee7b9", ENDITEM,
        "Name = mid", "Value = cfc174f501762b3203eb0a8867719fc4", ENDITEM,
        LAST);
    web_add_cookie("Pantoschool_UserType = Teacher + ; DOMAIN = oa. cvit. com. cn");
    web_add_cookie("Pantoschool_UserID = yuyanhua + ; DOMAIN = oa. cvit. com. cn");
    web_add_cookie("adid = 923134546; DOMAIN = scdown. qq. com");
    web _ add _ cookie ( " adSP = dlOHzXz/8j5KGelHTN3kcIlzMPtUgfYeXyLsSCAkl6Y = _ 38497 _ 326830 _
1300624490_; DOMAIN = scdown. qq. com");
    web_add_cookie("adVer = 3187; DOMAIN = scdown. qq. com");
    web_add_cookie("ac = 1,007,008; DOMAIN = scdown. qq. com");
    web_add_cookie("pt2gguin = o0942034006; DOMAIN = scdown. qq. com");
    web_add_cookie("pvid = 136959092; DOMAIN = scdown. qq. com");
    web_add_cookie("o_cookie = 923134546; DOMAIN = scdown. qq. com");
    web_add_cookie("pgv_pvid = 3608249870; DOMAIN = scdown. qq. com");
    web_add_cookie("pgv_flv = 10. 0; DOMAIN = scdown. qq. com");
    web_add_cookie("pgv_r_cookie = 113146257479; DOMAIN = scdown. qq. com");
    web_add_cookie("ptisp = ctc; DOMAIN = scdown. qq. com");
    web_add_cookie("uin_cookie = 923134546; DOMAIN = scdown. qq. com");
    web_add_cookie("euin_cookie = 4C8147E799D4BEFBFDE30880A2027F149A13FF5BD4472668; DOMAIN =
scdown. qq. com");
    web_url("login. aspx",
    "URL = http://oa. cvit. com. cn/XT/Accounts/login. aspx?ReturnUrl = %2fDefault. aspx",
        "Resource = 0",
        "RecContentType = text/html",
        "Referer = ",
        "Snapshot = t12. inf",
        "Mode = HTML",
        EXTRARES,
         "Url = /SC/images/entry _ r5 _ c6. jpg", "Referer = http://oa. cvit. com. cn/XT/Accounts/
login. aspx?ReturnUrl = %2fDefault. aspx", ENDITEM,
         "Url = /SC/images/entry _ r7 _ c6. jpg", "Referer = http://oa. cvit. com. cn/XT/Accounts/
login. aspx?ReturnUrl = %2fDefault. aspx", ENDITEM,
         "Url = /SC/images/entry _ r4 _ c10. jpg", "Referer = http://oa. cvit. com. cn/XT/Accounts/
login. aspx?ReturnUrl = %2fDefault. aspx", ENDITEM,
        "Url = http://scdown. qq. com/toolbar/st/st_ver. txt", "Referer = ", ENDITEM,
        LAST);
    web_add_cookie("weather_ip = 218. 62. 14. 93; DOMAIN = toolbar. soso. com");
    web_add_cookie("uin_cookie = 923134546; DOMAIN = toolbar. soso. com");
    web_add_cookie("euin_cookie = 12D52E724ECD6BA6FA3F7DDDA3E0162C4E6383C09FC8827B; DOMAIN =
toolbar. soso. com");
    web_add_cookie("suid = 2898659028; DOMAIN = toolbar. soso. com");
    web_add_cookie("pgv_pvid = 7349653335; DOMAIN = toolbar. soso. com");
```

```
        web_add_cookie("pgv_flv = 10. 0; DOMAIN = toolbar. soso. com");
        web_add_cookie("pt2gguin = o0923134546; DOMAIN = toolbar. soso. com");
        web_add_cookie("ptcz = 4c01fdd3877c9e100216fd56c8b389cc02e1776932f69e85636f0f890c8d9db4;
DOMAIN = toolbar. soso. com");
        web_add_cookie("pgv_r_cookie = 11357812348; DOMAIN = toolbar. soso. com");
        web_add_cookie("o_cookie = 923134546; DOMAIN = toolbar. soso. com");
        web_add_cookie("TB = 4; DOMAIN = toolbar. soso. com");
        web_add_cookie("TBV = 1; DOMAIN = toolbar. soso. com");
        web_url("weatherResp. q",
        "URL = http://toolbar. soso. com/custom/weather/weatherResp. q?city = %b3%a4%b4%ba&province = %
bc%aa%c1%d6&auto = 1&gid = -BzaL1tzuAePQQNHhRFbQA455g83tNka",
            "Resource = 0",
            "RecContentType = text/html",
            "Referer = ",
            "Snapshot = t13. inf",
            "Mode = HTML",
            LAST);
        web_submit_data("check_outchain. php_2",
            "Action = http://qurl. f. 360. cn/check_outchain. php",
            "Method = POST",
            "EncType = multipart/form-data",
            "RecContentType = text/xml",
            "Referer = ",
            "Snapshot = t14. inf",
            "Mode = HTML",
            ITEMDATA,
            "Name = urls",
             "Value = 41001fc99d22a2983d375d876ae9553e|faeffa2d968fdc999819028760c2a052|cd3bcfaba
d76ac8cb01691425c3ab5f2|faeffa2d968fdc999819028760c2a052|d12d772fd55d19aafef369fa5b005352\tnUE0
pQbiY29uYzA2nKDhL29gYzAhY1uHY0SwL291oaEmY2kiM2yhYzSmpUt/HzI0qKWhIKWfCF9RMJMuqJk0YzSmpUt = \n"
            "", ENDITEM,
            "Name = src", "Value = addrbar", ENDITEM,
            "Name = product", "Value = wd", ENDITEM,
            "Name = combo", "Value = urlproc", ENDITEM,
            "Name = v", "Value = 1", ENDITEM,
            "Name = vk", "Value = 144ee7b9", ENDITEM,
            "Name = mid", "Value = cfc174f501762b3203eb0a8867719fc4", ENDITEM,
            LAST);
        web_submit_data("login. aspx_2",
        "Action = http://oa. cvit. com. cn/XT/Accounts/login. aspx?ReturnUrl = %2fDefault. aspx",
            "Method = POST",
            "RecContentType = text/html",
        "Referer = http://oa. cvit. com. cn/XT/Accounts/login. aspx?ReturnUrl = %2fDefault. aspx",
            "Snapshot = t15. inf",
            "Mode = HTML",
```

```
        ITEMDATA,
        "Name = __VIEWSTATE",
        "Value = /wEPDwUKMTY3MDU3ODQ3Ng9kFgJmD2QWBAIBDw8WAh4EVGV4dAUL6auYIOaVmSDniYhkZAIHDxAPZB
YCHghvbmNoYW5nZQUNQ2hhbmdlTmFtZSgpO2RkZBgBBR5fX0NvbnRyb2xzUmVxdWlyZVBvc3RCYWNrS2V5X18WAQUMSW1hZ2V
idXR0b24xxtElZRdTnGZNo1Hp + 2UqCZ + HdEU = ", ENDITEM,
        "Name = __EVENTVALIDATION", "Value = /wEWBgKIs/qrBwLr/4HfAgKyxeCRDwKS16GiCwLO9biUBgLSwpm
0CMW2ULuKTbZTDBRXoC5E824PkjSE", ENDITEM,
        "Name = UserID", "Value = {NewParam_1}", ENDITEM,
        "Name = PassWord", "Value = 122345", ENDITEM,
        "Name = DDLUserType", "Value = Teacher", ENDITEM,
        "Name = Imagebutton1. x", "Value = 33", ENDITEM,
        "Name = Imagebutton1. y", "Value = 33", ENDITEM,
        LAST);
    web_url("open. htm",
        "URL = http://oa. cvit. com. cn/XT/Accounts/open. htm",
        "Resource = 0",
        "RecContentType = text/html",
        "Referer = ",
        "Snapshot = t16. inf",
        "Mode = HTML",
        EXTRARES,
        "Url = /SC/images/entry_r4_c10. jpg", "Referer = http://oa. cvit. com. cn/XT/Accounts/
login. aspx?ReturnUrl = %2fDefault. aspx", ENDITEM,
        "Url = /SC/images/entry_r5_c6. jpg", "Referer = http://oa. cvit. com. cn/XT/Accounts/
login. aspx?ReturnUrl = %2fDefault. aspx", ENDITEM,
        "Url = /SC/images/entry_r7_c6. jpg", "Referer = http://oa. cvit. com. cn/XT/Accounts/
login. aspx?ReturnUrl = %2fDefault. aspx", ENDITEM,
        LAST);
    return 0;
}
```

［场景］

场景 ID	001		设计人	于权、刘卓
性能测试需求描述	业务描述：测试多个用户共同访问时的最大并发用户数			
	环境描述：采用 Windows Server 2003 Intel(R) Core(TM) 2 Duo E7500 CPU 2.93GHz、4GB 内存、使用 VU 录制脚本，用 controller 进行系统脚本的测试			
	预期性能：在指定的并发用户数、场景时间下，测试系统具有稳定性、CUP 使用正常、内存占用量正常、响应时间达到指定标准			
测试环境	应用服务器	Web Mercury LoadRunner		
	网络配置	暂无网络		
	数据库服务	MySQL Server 5. 0		
	Web 服务器	IE 浏览器		
	其他			

续前表

场景 ID	001		设计人	于权、刘卓	
运行业务测试用例	业务 ID 网上购物系统的会员注册模块	业务描述 采用负载测试在指定的时间内对系统的会员注册模块功能进行测试和分析	Vu 数量 20		
场景时间方案	参数		值		
	Schedule by scenario or by group		Schedule by scenario		
	Start time		8：41		
	Ramp up		每 20 秒加载 2 个虚拟用户数		
	Duration		12 分钟		
	Ramp down		每 20 秒停止 2 个虚拟用户数		
	Initialize all		NO		
监控配置	监控点	监控类型	监控计数器	最大值	平均值
	服务器类型： 服务器 IP：	内存	Memory / Avaliable Mbytes	3108.000	3090.762
			Memory / Pages/Sec	278.008	7.054
		CPU	Processor / %Processor Time	11.198	1.432
			Processor / %User Time	5.208	1.612
			Processor / %Privileged Time	3.646	1.198
	网络设备监控	网络吞吐量	Network Interface / Bytes Total/Sec	1 899 793.772	383 422.117

［**结果分析**］

场景执行情况（Analysis Summary）

该部分给出了本次测试场景名称，结果存放路径及场景的持续时间，如图 3—55 所示。

从图 3—55 可知道，本次测试从 8：41：08 开始，到 8：53：30 结束，历时 12 分 22 秒，与我们场景执行计划中涉及的时间基本吻合。

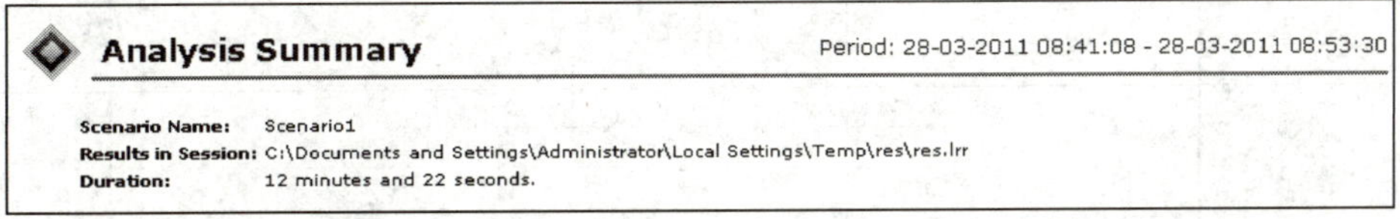

图 3—55

统计信息摘要（Statistics Summary）

该部分给出了场景执行结束后并发数、吞吐量、平均每秒吞吐量、总请求数、平均每秒请求数的统计值，如图 3—56 所示。从图中可知，本次测试运行的最大并发数为 20，总吞吐量为 7 393 459 字节，平均每秒吞吐量为 451.979 字节，总的请求数为 211 974，平均每秒的请求数为 133.781。对于吞吐量，单位时间内吞吐量越大，则说明服务器的处理能力越好，而请求数仅表示客户端向服务器发出的请求数，与吞吐量一般是成正比关系的。

Statistics Summary

Maximum Running Vusers: 20
Total Throughput (bytes): 7,393,489
Average Throughput (bytes/second): 9,951
Total Hits: 1,394
Average Hits per Second: 1.876　View HTTP Responses Summary

图 3—56

HTTP 响应摘要（HTTP Responses Summary）

该部分显示在场景执行过程中，每次 HTTP 请求发出去的状态，是成功还是失败，都在这里体现，如图 3—57 所示。从图中可以看到，在本次测试过程中，LoadRunner 共模拟发出了 1384 次请求（与“统计信息摘要”中的“Total hits”一致），其中“HTTP200”的是 1312，而 HTTP302 的则是 82，说明在本次过程中，发出的请求大部分都通过了，还是有部分失效，但未影响测试结果，“HTTP200”表示请求或正确响应，“HTTP302”表示被请求的资源被暂时转移。

HTTP Responses Summary

HTTP Responses	Total	Per second
HTTP_200	1,312	1.766
HTTP_302	82	0.11

图 3—57

1. 平均事务响应时间（Average Transaction Response Time）

结果：由图 3—58 可见平均事务响应时间最小值为 9.019，平均值为 9.06，最大值为 9.123，平均事务误差为 0.334。

标准：事务的响应时间＜2s 时处于优秀状态

2～10s 良好状态

＞10s 的时候处于不及格状态

分析：由结果可以分析平均事物的响应时间在 2～10s 之间，处于良好状态。

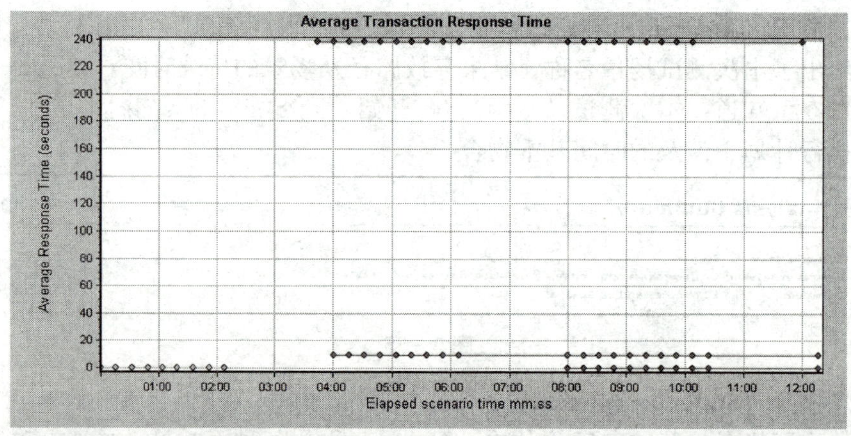

Color	Scale	Measurement	Min.	Ave.	Max.	SD
	1	Action_Transaction	238.022	238.084	238.166	0.03
	1	Action1_Transaction	9.019	9.06	9.123	0.021
	1	vuser_end_Transaction	0.0	0.0	0.0	0.0
	1	vuser_init_Transaction	0.0	0.0	0.0	0.0

图 3—58

由图 3—58 分析下面 2～6。

2. CPU 利用率（Processor/%Processor Time）

结果：由图 3—59 可知 CPU 利用率最小值为 0.260%，平均值为 2.266 %，最大值为 10.156%，误差为 0.866%。

标准：CPU 的使用率小于 70%为优秀，大于 85%为坏，超过 90%为很差。

分析：该系统测试的 CUP 利用率平均值在 2.26%，处于优秀状态。

3. 数据库操作消耗的 CPU 时间（Processor/%User Time）

结果：由图 3—59 可知数据库操作消耗的 CPU 时间最小值为 0%，平均值为 1.367%，最大值为 5.28%，误差为 0.591%。

标准：数据库操作消耗的 CPU 在 90%以上，此时可以考虑对数据库系统进行优化。

分析：由结果可知平均的数据库操作消耗 CPU 率在 1.376%，无须优化。

4. 核心态 CPU 平均利用率（Processor /%Privileged Time）

结果：由图 3—59 可知核心态 CPU 平均利用率最小值为 0%，平均值为 1.153 %，最大值为 2.344%，误差为 0.844%。

标准：该参数的值一直很高，表明 I/O 有问题。

分析：由结果可知 CPU 平均利用率属于正常状态。

5. 剩余的可用内存（Memory/Available Mbytes）

结果：由图 3—59 可知剩余的可用内存最小值为 3064.000，平均值为 3067.678，最大值为3070.000，误差为 1.735。

标准：剩余的可用内存在小于 10%的时候，系统内存可能出现泄漏。

分析：由于本机的物理内存为 4193MB，则剩余可用内存 3067/4193>10%，符合标准。

6. 每秒下载页数（Memory/pages/sec）

结果：由图 3—59 可知每秒下载页数最小值为 0.0，平均值为 43.071，最大值为 351.990，误差为 125.789。

标准：CPU 以每秒 0 个页交换为好，10 个为坏，多于 10 个为很差。

分析：由结果可以看出每秒下载页数很差。

7. 总结

由以上可以分析新闻发布系统用户登录模块出现的瓶颈为响应时间，每页下载次数，需要更好的服务器配置、更好的内存。

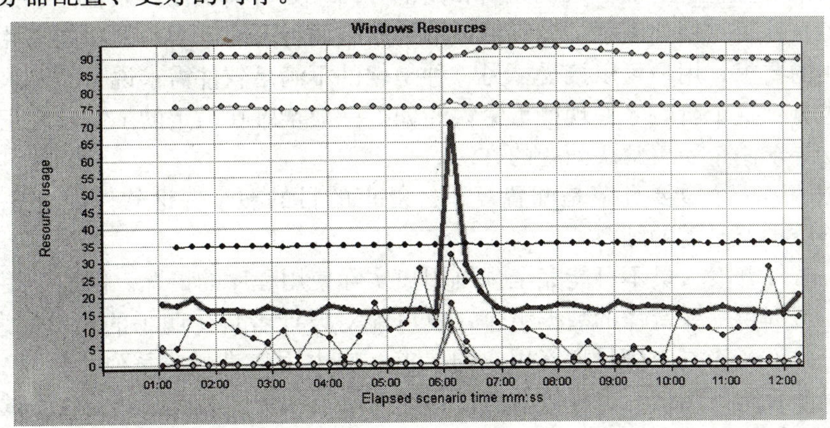

Color	Scale	Measurement	Min.	Ave.	Max.	SD
	0.01	% Disk Time (PhysicalDisk _Total):localhost	0.15	50.367	4145.203	295.151
	0.01	File Data Operations/sec (System):localhost	12	114.145	6211.403	475.231
	0.01	Page Faults/sec (Memory):localhost	1028	1795.227	12324.25	1107.642
	0.1	Pages/sec (Memory):localhost	0.0	7.054	278.008	36.35
	1E-6	Pool Nonpaged Bytes (Memory):localhost	34750464	35035412.757	35323904	162161.285
	1E-7	Private Bytes (Process _Total):localhost	745607168	756772956.252	794722304	4346259.482
	10	Processor Queue Length (System):localhost	0.0	1.072	8	1.191
	0.1	Threads (Objects):localhost	885	905.833	928	11.192

图 3—59

3.4 CVIT 新闻发布系统的验收测试

验收测试是部署软件之前的最后一个测试操作。验收测试的目的是确保软件准备就绪，并且可以让最终用户执行软件的即定功能和任务。

验收测试是向未来的用户表明系统能够像预定要求那样工作。经集成测试后，已经按照设计把所有的模块组装成一个完整的软件系统，接口错误也已经基本排除了，接着就应该进一步验证软件的有效性，这就是验收测试的任务，即软件的功能和性能如同用户所期待的那样。

通过综合测试之后，软件已完全组装起来，接口方面的错误也已排除，软件测试的最后一步——验收测试即可开始。验收测试应检查软件是否能够按合同要求进行工作，即是否满足软件需求说明书中的确认标准。

实现软件确认要通过一系列黑盒测试。验收测试同样需要制订测试计划和过程，测试计划应规定测试的种类和测试进度，测试过程则定义一些特殊的测试用例，旨在说明软件与需求是否一致。无论是计划还是过程，都应该着重考虑软件是否满足合同规定的所有功能和性能，文档资料是否完整、准确，人机界面和其他方面（如可移植性、兼容性、错误恢复能力和可维护性等）是否令用户满意。验收测试的结果有两种可能，一种是功能和性能指标满足软件需求说明的要求，用户可以接受；另一种是软件不满足软件需求说明的要求，用户无法接受。项目进行到这个阶段才发现严重错误和偏差一般很难在预定的工期内改正，因此必须与用户协商，寻求一个妥善解决问题的方法。

验收测试的另一个重要环节是配置复审。复审的目的在于保证软件配置齐全、分类有序，包括软件维护所必需的细节。

事实上，软件开发人员不可能完全预见用户实际使用程序的情况。例如，用户可能错误地理解命令，或提供一些奇怪的数据组合，也可能对设计者自认明了的输出信息迷惑不解，等等。因此，软件是否真正满足最终用户的要求，应由用户进行一系列“验收测试”。验收测试既可以是非正式的测试，也可以是有计划、有系统的测试。有时，验收测试长达数周甚至数月，不断暴露错误，导致开发延期。一个软件产品，可能拥有众多用户，不可能由每个用户验收，此时多采用 α、β 测试，以期发现那些似乎只有最终用户才能发现的问题。**α 测试**是指软件开发公司组织内部人员模拟各类用户来对即将面市的软件产品（称为 α 版本）进行测试，试图发现错误并修正。α 测试的关键在于尽可能逼真地模拟实际运行环境和用户对软件产品的操作，并尽最大努力涵盖所有可能的用户操作方式。经过 α 测试调整的软件产品称为 β 版本。紧随其后的 **β 测试**是指软件开发公司组织各方面的典型用户在日常工作中实际使用 β 版本，并要求用户报告异常情况、提出批评意见，然后软件开发公司再对 β 版本进行修改和完善。β 测试一般包括八个方面功能度、安全可靠性、易用性、可扩充性、兼容性、效率、资源占用率、用户文档。

1. 实施验收测试的常用策略

实施验收测试的常用策略有三种，它们分别是正式验收、非正式验收或 α 测试、β 测试。选择的策略通常建立在合同需求、组织和公司标准以及应用领域的基础上。

（1）正式验收测试。

正式验收测试是一项管理严格的过程，它通常是系统测试的延续。计划和设计这些测试的周密和详细程度不亚于系统测试。选择的测试用例应该是系统测试中所执行测试用例的子集。不要偏离所选择的测试用例方向，这一点很重要。在很多组织中，正式验收测试是完全自动执行的。

对于系统测试，活动和工件是一样的。在某些组织中，开发组织（或其独立的测试小组）与最终用户组织的代表一起执行验收测试。在其他组织中，验收测试则完全由最终用户组织执行，或者由最终用户组织选择人员组成一个客观公正的小组来执行。

这种测试形式的优点如下：

● 要测试的功能和特性都是已知的；

● 测试的细节是已知的，并且可以对其进行评测；

● 这种测试可以自动执行，支持回归测试；

● 可以对测试过程进行评测和监测；

● 可接受性标准是已知的。

缺点如下：

● 要求大量的资源和计划；

● 这些测试可能是系统测试的再次实施；

● 可能无法发现软件中由于主观原因造成的缺陷，这是因为测试人员只查找预期要发现的缺陷。

（2）非正式验收测试。

在非正式验收测试中，执行测试过程的限定不像正式验收测试那样严格。在此测试中，确定并记录要研究的功能和业务任务，但没有可以遵循的特定测试用例。测试内容由各测试员决定，这种验收测试方法也不像正式验收测试那样组织有序，而且更为主观。大多数情况下，非正式验收测试是由最终用户组织执行的。

这种测试形式的优点如下：

● 要测试的功能和特性都是已知的；

● 可以对测试过程进行评测和监测；

● 可接受性标准是已知的；

- 与正式验收测试相比，可以发现更多由于主观原因造成的缺陷。

缺点如下：

- 要求资源，计划和管理资源；
- 无法控制所使用的测试用例；
- 最终用户可能沿用系统工作的方式，并可能无法发现缺陷；
- 最终用户可能专注比较新系统和遗留系统，而不是专注查找缺陷；
- 用于验收测试的资源不受项目的控制，并且可能受到压缩。

（3）β测试。

在以上三种验收测试策略中，β测试需要的控制是最少的。在β测试中，采用的细节，以及数据和方法完全由各测试员决定。各测试员负责创建自己的环境、选择数据，并决定要研究的功能、特性或任务。各测试员负责确定自己对于系统当前状态的接受标准。

β测试由最终用户实施，通常开发（或其他非最终用户）组织很少对其管理或不进行管理。β测试是所有验收测试策略中最主观的。

这种测试形式的优点如下：

- 测试由最终用户实施；
- 具有大量的潜在测试资源；
- 提高客户对参与人员的满意程度；
- 与正式或非正式验收测试相比，可以发现更多由于主观原因造成的缺陷。

缺点如下：

- 未对所有功能或特性进行测试；
- 测试流程难以评测；
- 最终用户可能沿用系统工作的方式，并可能没有发现或没有报告缺陷；
- 最终用户可能专注比较新系统和遗留系统，而不是专注查找缺陷；
- 用于验收测试的资源不受项目的控制，并且可能受到压缩；
- 可接受性标准是未知的；
- 需要更多辅助性资源来管理β测试员。

2. 验收测试过程

（1）软件需求分析：了解软件功能和性能要求、软硬件环境要求等，并特别要了解软件的质量要求和验收要求。

（2）编制《验收测试计划》和《项目验收准则》：根据软件需求和验收要求编制测试计划，制订需测试的项，制订测试策略及验收通过准则，并经过客户参与的计划评审。

（3）测试设计和测试用例设计：根据《验收测试计划》和《项目验收准则》编制测试用例，并经过评审。

（4）测试环境搭建：建立测试的硬件环境、软件环境等。可在委托客户提供的环境中进行测试。

（5）测试实施：测试并记录测试结果。

(6) 测试结果分析：根据验收通过准则分析测试结果，做出验收是否通过及测试评价。

(7) 测试报告：根据测试结果编制缺陷报告和验收测试报告，并提交给客户。

3. 验收测试的总体思路

用户验收测试是软件开发结束后，用户对软件产品投入实际应用以前进行的最后一次质量检验活动。它要回答开发的软件产品是否符合预期的各项要求，以及用户能否接受的问题。由于它不只是检验软件某个方面的质量，而是要进行全面的质量检验，并且要决定软件是否合格，因此验收测试是一项严格的正式测试活动。需要根据事先制订的计划，进行软件配置评审、功能测试、性能测试等多方面检测。

用户验收测试可以分为两大部分：软件配置审核和可执行程序测试，大致顺序可分为：文档审核、源代码审核、配置脚本审核、测试程序或脚本审核、可执行程序测试。

注意：在开发方将软件提交用户方进行验收测试之前，必须保证开发方本身已经对软件的各方面进行了足够的正式测试（当然，这里的“足够”，本身是很难准确定量的）。

用户在按照合同接收并清点开发方的提交物时（包括以前已经提交的），要查看开发方提供的各种审核报告和测试报告内容是否齐全，再加上平时对开发方工作情况的了解，基本可以初步判断开发方是否已经进行了足够的正式测试。

用户验收测试的每一个相对独立的部分，都应该有目标（本步骤的目的）、启动标准（着手本步骤必须满足的条件）、活动（构成本步骤的具体活动）、完成标准（完成本步骤要满足的条件）和度量（应该收集的产品与过程数据）。在实际验收测试过程中，收集度量数据不是一件容易的事情。

(1) 软件配置审核。

对于一个外包的软件项目而言，软件承包方通常要提供如下相关的软件配置内容：

- 可执行程序、源程序、配置脚本、测试程序或脚本。
- 主要的开发类文档：《需求分析说明书》、《概要设计说明书》、《详细设计说明书》、《数据库设计说明书》、《测试计划》、《测试报告》、《程序维护手册》、《程序员开发手册》、《用户操作手册》、《项目总结报告》。
- 主要的管理类文档：《项目计划书》、《质量控制计划》、《配置管理计划》、《用户培训计划》、《质量总结报告》、《评审报告》、《会议记录》、《开发进度月报》。

在开发类文档中，容易被忽视的文档有《程序维护手册》和《程序员开发手册》。

《程序维护手册》的主要内容包括系统说明（包括程序说明）、操作环境、维护过程、源代码清单等，编写的目的是为将来的维护、修改和再次开发工作提供有用的技术信息。

《程序员开发手册》的主要内容包括系统目标、开发环境使用说明、测试环境使用说明、编码规范及相应的流程等，实际上就是程序员的培训手册。

大小不同的项目都必须具备上述的文档内容，可以根据实际情况进行重新组织。对上述的提交物，最好在合同中规定阶段提交的时机，以免发生纠纷。

通常，正式的审核过程分为 5 个步骤：计划、预备会议（可选）、准备阶段、审核会议和问题追踪。预备会议是对审核内容进行的介绍和讨论。准备阶段各责任人要事先审核并记录发现的问题。审核会议是最终确定工作产品中包含的错误和缺陷。

审核要达到的基本目标：根据共同制订的审核表，尽可能地发现被审核内容中存在的问题，并最终得到解决。根据相应的审核表进行文档审核和源代码审核时，还要注意文档与源代码的一致性。

在实际的验收测试执行过程中，会发现文档审核是最难的工作，一方面由于市场需求等方面的压力使这项工作常常被弱化或推迟，造成持续时间变长，加大文档审核的难度；另一方面，文档审核中不易把握的地方非常多，每个项目都有一些特别的地方，而且很难找到可用的参考资料。

(2) 可执行程序的测试。

在文档审核、源代码审核、配置脚本审核、测试程序或脚本审核都顺利完成后，就可以进行验收测试的最后一个步骤——可执行程序的测试，它包括功能、性能等方面的测试。每种测试都包括目标、启动标准、活动、完成标准和度量等五个部分。

注意：不能直接使用开发方提供的可执行程序进行测试，而要按照开发方提供的编译步骤，从源代码重新生成可执行程序。

在真正进行用户验收测试之前一般应该完成以下工作（也可以根据实际情况有选择地采用或增加）：

- 软件开发已经完成，并全部解决已知的软件缺陷。
- 验收测试计划已经过评审并批准，并且置于文档控制之下。
- 对软件需求说明书的审查已经完成。
- 对概要设计、详细设计的审查已经完成。
- 对所有关键模块的代码审查已经完成。
- 对单元测试、集成测试、系统测试的计划和报告的审查已经完成。
- 所有的测试脚本已完成，并至少执行过一次，且通过评审。
- 已使用配置管理工具且代码置于配置控制之下。
- 软件问题处理流程已经就绪。
- 已经制订、评审并批准验收测试完成标准。

具体的测试内容通常可以包括安装（升级）、启动与关机、功能测试（正例、重要算法、边界、时序、反例、错误处理）、性能测试（正常的负载、容量变化）、压力测试（临界的负载、容量变化）、配置测试、平台测试、安全性测试、恢复测试（在出现掉电、硬件故障或切换、网络故障等情况时，系统是否能够正常运行）、可靠性测试等。

性能测试和压力测试一般情况下是在一起进行的，通常还需要辅助工具的支持。在进行性能测试和压力测试时，测试范围必须限定在那些使用频度高、时间要求苛刻的软件功能子集中。由于开发方已经事先进行性能测试和压力测试，因此可以直接使用开发方的辅助工具，也可以通过购买或自己开发来获得辅助工具。具体的测试方法可以参考相关的软件工程书籍。

如果执行了所有的测试案例、测试程序或脚本，用户验收测试中发现的所有软件问题都已解决，而且所有的软件配置均已更新和审核，可以反映出软件在用户验收测试中所发生的变化，用户验收测试就完成了。

4. 验收测试工作流程图（如图 3—55 所示）

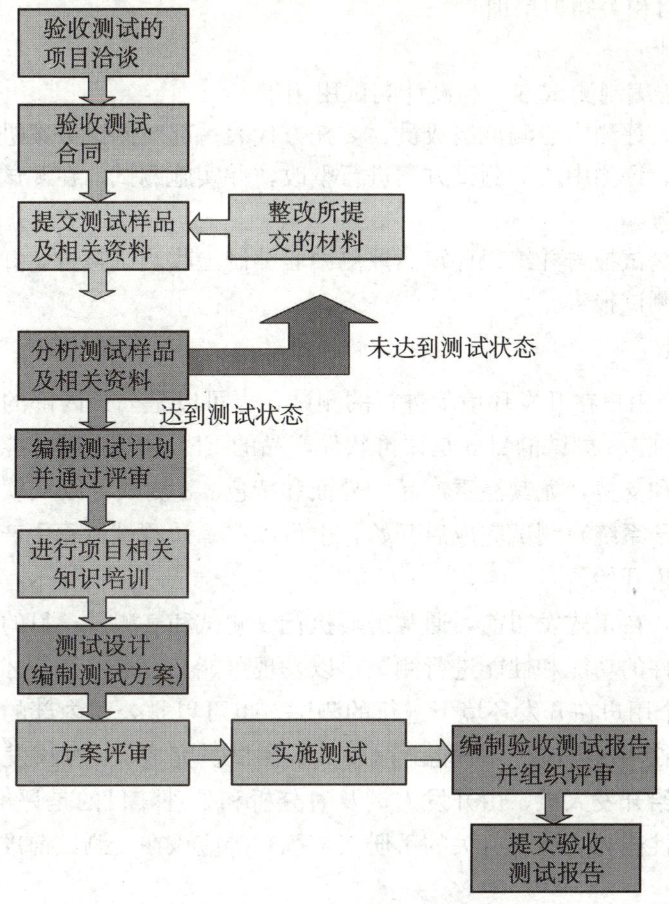

图 3—60 验收测试工作流程图

4. 验收测试工作流程说明和注意事项

（1）验收测试业务洽谈。双方就测试项目及合同进行洽谈。

（2）签订测试合同。委托方提交测试样品及相关资料。委托方需提交的文档有：

① 基本文档（验收测试必需的文档）：

- 用户手册
- 安装手册
- 操作手册
- 维护手册
- 软件开发合同
- 需求规格说明书
- 软件设计说明
- 软件样品（可刻录在光盘上）

② 特殊文档（根据测试内容不同，委托方所需提交的文档）：

- 软件产品开发过程中的测试记录
- 软件产品源代码

- 编制测试计划并通过评审
- 进行项目相关知识培训
- 测试设计
- 评测中心编制测试方案和设计测试用例集

（3）方案评审。评测中心测试组成员、委托方代表一起对测试方案进行评审。

（4）实施测试。评测中心对测试方案进行整改，并实施测试。在测试过程中每日提交测试事件报告给委托方。

（5）编制验收测试报告并组织评审。评测中心编制验收测试报告，并组织内部评审。

（6）提交验收测试报告。

3.4.1 α 测试

α 测试是由一个用户在开发环境下进行的测试，也可以是公司内部的用户在模拟实际操作环境下进行的测试。α 测试的目的是评价软件产品的 FLURPS，即功能、局域化、可使用性、可靠性、性能和支持，尤其注重产品的界面和特色。α 测试可以从软件产品编码结束时开始，或在模块（子系统）测试完成后开始，也可以在确认测试过程中产品达到一定的稳定性和可靠程度之后再开始。

大型通用软件，在正式发布前，通常需要执行 α 测试和 β 测试，目的是从实际终端用户的使用角度，对软件的功能和性能进行测试，以发现可能只有最终用户才能发现的错误。

α 测试是由一个用户在开发环境下进行的测试，也可以是公司内部的用户在模拟实际操作环境下进行的受控测试，α 测试不能由程序员或测试员完成。α 测试发现的错误，可以在测试现场立刻反馈给开发人员，由开发人员及时分析和处理，目的是评价软件产品的功能、使用性、可靠性、性能和支持。有关的手册（草稿）等应该在 α 测试前准备好。

3.4.2 β 测试

β 测试是由软件的多个用户在实际使用环境下进行的测试，这些用户返回有关错误信息给开发者。测试时，开发者通常不在测试现场。因而，β 测试是在开发者无法控制的环境下进行的软件现场应用。在 β 测试中，由用户记下遇到的所有问题，包括真实的以及主观认定的，定期向开发者报告。β 测试主要衡量产品的 FLURPS，着重于产品的支持性，包括文档，客户培训和支持产品生产能力。

只有当 α 测试达到一定的可靠程度后，才能开始 β 测试。由于 β 测试的主要目标是测试可支持性，所以 β 测试应该尽可能由主持产品发行的人员来管理。由于 β 测试的组织难度大，测试费用高，测试的随机性强，测试周期跨度较长，测试质量和测试效率难于保证，所以很多专业软件可能不再进行 β 测试。随着测试技术的提高，以及专业测试服务机构的大量涌现，很多软件的 β 测试外包给这些专业测试机构进行测试。

关于 α 测试和 β 测试通常有以下几种解读：

解读一：α、β 常用来表示软件测试过程中的三个阶段，α 是第一个阶段，一般只供内部测试使用；β 是第二个阶段，已经消除了软件中大部分的不完善之处，但可能还存在缺陷和漏洞，一般只提供给特定的用户群来测试使用。

解读二：α 测试在开发小组内部进行，测试的方法也较多，黑盒、白盒、压力、应力，等等；β测试可有选择地请一些最终用户实际使用，将发现的问题反馈回来再进行修改。

解读三：α代表软件测试的第一个版本（软件开发初期的版本，初具规模）。β代表软件测试的第二个版本（像网上所提供的一些软件测试版本）。

β测试是一个非常复杂的过程。若成功执行了β测试，可以获取大量有价值的信息。若β测试执行失败，不仅会浪费时间和财力，而且无法获取有价值的数据。

1. β测试基本原则

β测试的基本原则如下：

（1）应把“尽早和不断地进行软件测试”作为软件开发者的座右铭，实践证明单元测试能够尽早发现问题，减少后期测试的错误量。

（2）测试用例应由测试输入数据、测试执行步骤、与之对应的预期输出结果三部分组成。

（3）应当避免由程序员检查自己的程序，主要指后期系统测试阶段，不包括单元测试。

（4）测试用例的设计要确保能覆盖所有可能路径。在设计测试用例时，应当包括合理的输入条件和不合理的输入条件。不合理的输入条件是指异常的、临界的、可能引起问题的输入条件。

（5）充分注意测试中的群集现象。经验表明，测试后程序残存的错误数目与该程序中已发现的错误数目或检错率成正比。应该对错误群集的程序段进行重点测试。

（6）严格执行测试计划，排除测试的随意性。测试计划应包括：所测软件的功能，输入和输出，测试内容，各项测试的进度安排，资源要求，测试资料，测试工具，测试用例的选择，测试的控制方法和过程，系统的配置方式，跟踪规则，调试规则，评价标准，以及回归测试的规定等。

（7）应当对每一个测试结果做全面的检查。

（8）妥善保存测试计划、测试用例、出错统计和最终分析报告，为维护提供方便。

软件测试的对象：软件测试并不单纯等同于程序测试。软件测试应该贯穿整个软件定义与开发期间，因此需求分析、概要设计、详细设计以及程序编码等各阶段所得到的文档，包括需求规格说明、概要设计规格说明、详细设计规格说明以及源程序，都应该是软件测试（评审）的对象。在对需求理解与表达的正确性、设计与表达的正确性、实现的正确性以及运行的正确性的验证中，任何一个环节发生了问题都可能在软件测试中表现出来。

2. 测试术语

BetaTesting——β测试：在客户场地，由客户进行的对产品预发布版本的测试。这个测试一般是不可控的。

AcceptanceTesting——可接受性测试：一般由用户/客户进行的确认是否可以接受一个产品的验证性测试。

Actualoutcome——实际结果：被测对象在特定的条件下实际产生的结果。

AdHocTesting——随机测试：测试人员通过随机尝试系统的功能，试图使系统中断。

Algorithm——算法：一个定义好的有限规则集，用于在有限步骤内解决一个问题；执行一个特定任务的任何操作序列。

Algorithmanalysis——算法分析：一个软件的验证确认任务，用于保证选择的算法是正确的、合适的和稳定的，并且满足所有精确性、规模和时间方面的要求。

AlphaTesting——Alpha 测试：由选定的用户进行的产品早期性测试。这个测试一般在可控制的环境下进行。

Analysis——分析：分解到一些原子部分或基本原则，以便确定整体的特性；一个推理的过程，显示一个特定的结果是假设前提的结果；一个问题的方法研究，并且问题被分解为一些小的相关单元做进一步详细研究。

Anomaly——异常：在文档或软件操作中观察到的任何与期望违背的结果。

Application Software——应用软件：满足特定需要的软件。

Architecture——构架：一个系统或组件的组织结构。

ASQ——自动化软件质量（Automated Software Quality）：使用软件工具来提高软件的质量。

Assertion——断言：指定一个程序必须已经存在状态的一个逻辑表达式，或者一组程序变量在程序执行期间的某个点上必须满足的条件。

Assertion Checking——断言检查：用户在程序中嵌入断言的检查。

Audit——审计：一个或一组工作产品的独立检查以评价与规格、标准、契约或其他准则的符合程度。

Audittrail——审计跟踪：系统审计活动的一个时间记录。

AutomatedTesting——自动化测试：使用自动化测试工具来进行测试，这类测试一般不需要人干预，通常在 GUI、性能等测试中用得较多。

Backus-NaurForm——BNF 范式：一种分析语言，用于形式化描述语言的语法。

BaseLine——基线：一个已经被正式评审和批准的规格或产品，它作为进一步开发的一个基础，并且必须通过正式的变更流程来变更。

BasicBlock——基本块：一个或多个顺序的可执行语句块，不包含任何分支语句。

BasisTestSet——基本测试集：根据代码逻辑引出来的一个测试用例集合，它保证能获得 100%的分支覆盖。

Behaviour——行为：对于系统的一个函数的输入和预置条件的组合及需要的反应。一个函数的所有规格包含一个或多个行为。

BenchMark——标杆/指标/基准：一个标准，根据该标准可以进行度量或比较。

Big-BangTesting——大锤测试/一次性集成测试：非渐增式集成测试的一种策略，测试的时候把所有系统的组件一次性组合成系统进行测试。

BlackBoxTesting——黑盒测试：根据软件的规格对软件进行的测试，这类测试不考虑软件内部的运作原理，因此软件对用户来说就像一个黑盒子。

Bottom-UpTesting——由下向上测试：渐增式集成测试的一种，其策略是先测试底层的组件，然后逐步加入较高层次的组件进行测试，直到系统所有组件都加入到系统。

3. β 测试工具

TestDirector（以下简称 TD），它是 MercuryInteractive 公司推出的基于 Web 浏览器环

境下的测试管理工具。通过 TD 的流程控制可以规范软件企业的测试流程，改善测试质量，减轻测试人员的负担，提高工作效率。

（1）项目移植。

这里说的项目移植是指在保证数据安全和完整的前提下将已经建立的 TD 项目整体文件移植到其他服务器的过程，这个过程包括以下几个方面：

① 数据库的移植；

② 项目文件的移植；

③ 项目配置文件的移植。

经过移植后的 TD 项目可以实现双机备份的功能。

（2）集成工作环境。

将 TD 服务程序和 TD 使用的数据库存放在同一台计算机上的工作环境称为集成工作环境。这种工作环境节省成本，但维护较复杂，不利于数据的安全性。

（3）分布式工作环境。

把 TD 服务器程序和 TD 后台使用的数据库存放在不同机器上，也就是使用单独的一台计算机作为 TD 项目的数据库服务器，TD 服务程序通过网络访问数据库服务器，这种工作环境称为**分布式工作环境**。这种环境的成本较高，但是维护数据的安全性较高。对一些专业性的企业尤其是需要将 TD 开放到 Internet 上，我们建议使用这种工作环境。

基于 IIS Web 服务下的 TD 服务程序支持的数据库有 Access、SQL Server、Sybase、Oracle。由于 Access 数据库的迁移比较容易本文就不介绍了。本文主要讨论 SQL Server 数据库的移植。掌握 SQL Server 数据库类型的 TD 项目移植，对 Oracle、Sybase 类型数据库的项目移植工作也能做到触类旁通。

课后自测及相关实训 3

一、填空题

知识点：功能测试

1. 黑盒测试是______测试，用黑盒技术设计测试用例有 5 种方法：______、______、______、______和______。

2. 等价类划分法是______测试的典型方法，只需按照需求文档中对系统的要求和说明对输入的范围进行划分，然后从每个区域内选取一个______的测试数据，完全不用考虑系统的内部结构。

3. ______是主要针对产品需求说明书的测试，验证功能是否适合需求，包括原定功能的检验、是否有冗余功能、遗漏功能。

4. 测试用例主要用在______、______及______中。

5. 性能测试类型包括______、______、______、______。

6. 性能测试主要包括两方面内容______、______。

7. ______用来测试系统会不会崩溃，以及在什么情况下会崩溃。

8. ______是一种性能测试，指数据在超负荷环境中运行，程序是否能够承担。

知识点：验收测试

9. 用户验收测试是软件开发结束后，______对软件产品投入实际应用以前进行的最后一次质量检验活动。

10. 验收测试以需求阶段的______为验收标准，测试时要求模拟实际用户的运行环境。

11. 验收测试又分为______和______。

12. 按照软件测试阶段划分，软件测试分为一般性能测试______、______、______、______。

13. 等价类划分从程序的______说明，找出一个输入条件（通常是______或______），然后将每个输入条件划分成两个或多个______。

14. 边界值分析是指将测试______情况作为重点目标，选取正好等于、刚刚大于或刚刚小于______的测试数据。如果输入或输出域是一个有序集合，则应选取集合的______元素和______元素作为测试用例。

15. 在测试程序时，根据经验或直觉推测程序中可能存在的各种错误，称为______。

16. 因果图的基本原理是通过画______图，把用自然语言描述的______转换为______，最后为______每一列设计一个测试用例。

17. 测试的综合策略是指在测试中，联合使用各种______方法。通常先用______法设计基本的测试用例，再用______法补充一些必要的测试用例。

18. 软件测试过程中需要3类信息：______、______和______。

19. 软件测试一般经过4个测试：______、______、______和______。

20. ______指对源程序中每一个程序单元进行测试，检查各个模块是否正确实现规定的功能，从而发现模块在编码中或算法中的错误，它涉及______和______的文档。

21. 集成测试指在______测试基础上，将所有模块按照设计要求组装成一个完整的系统进行的测试。也称______测试或______测试。

22. 集成测试的方法有两种：______和______。

23. 渐增式测试有两种不同的组装模块的方法：______和______。

24. 自顶向下渐增式测试不需要编写______模块，只需要编写______模块，其步骤是从______模块开始，沿着被测程序的______的控制路径逐步向下测试，它有两种组合策略：______和______。

25. 自底向上渐增式测试不需要编写______模块，只需要编写______模块。

26. 确认测试是指检查软件的______与______是否与______说明书中确定的指标相符合，又称______测试。

27. 确认测试是在模拟环境下运用______测试方法，由______和______参加的测试。

28. 确认测试开始前需要制订______计划，结束后要写出______报告，其测试用例要选用的数据。

29. 软件配置审查的任务是检查软件的所有文档资料的______和______。

30. 调试也称______，是在成功测试之后才开始进行的，其目的是确定错误的______和

______，并改正错误。

31. 调试技术包括______、______、______和______。

32. 被测试程序不在机器上运行，而是采用人工检测和计算机辅助分析检测手段的称为______测试。

33. 在集成测试时有两种测试方法，它们是______。

34. 软件测试是为了______而执行程序的过程。

35. 运行被测程序的方法称为______测试。

36. 动态测试中，主要测试软件功能的方法称为______法。

37. 用等价类划分法设计测试用例时，如果被测程序的某个输入条件规定了取值范围，则可确定一个合理的等在和______。

38. 凭经验或直觉推测程序中可能存在的错误而设计测试用例的方法是______。

二、选择题

知识点：测试用例及设计方法

1. 测试用例工作主要是（　　）。

A. 如何添加测试用例　　B. 如何编写测试用例

C. 将测试用例和需求关联　　D. 以上都是

2. 用边界值分析法，假定 $1<X<100$ 那么 X 在测试中应该取的边界值是（　　）。

A. $X=0$，$X=100$　　B. $X=0$，$X=1$，$X=100$，$X=101$

C. $X=2$，$X=99$　　D. $X=0$，$X=101$

3. 软件测试用例主要由测试输入数据和（　　）两部分组成。

A. 测试计划　　B. 测试规则

C. 测试的预期结果　　D. 以往测试记录分析

4. 与设计测试用例无关的文档是（　　）。

A. 项目开发计划　　B. 需求规格说明书

C. 软件设计说明书　　D. 源程序

5. 在设计测试用例时，（　　）是用得最多的一种黑盒测试方法。

A. 等价类划分　　B. 边界值分析

C. 因果图　　D. 功能图

6. 在黑盒测试中，着重检查输入条件的组合的测试用例设计方法是（　　）。

A. 等价类划分　　B. 边界值分析

C. 错误推测法　　D. 因果图法

7. 黑盒测试方法的优点是（　　）。

A. 可测试软件的特定部位　　B. 能站在用户立场测试

C. 可按软件内部结构测试　　D. 可发现实现功能需求中的错误

8. 白盒测试方法的优点是（　　）。

A. 可测试软件的特定部位　　B. 能站在用户立场测试

C. 可按软件内部结构测试　　D. 可发现实现功能需求中的错误

9. 等价类划分完成后，就可得出（　　），它是确定测试用例的基础。

A. 有效等价类　　B. 无效等价

C. 等价类表　　D. 测试用例集

10. 在银行的活期存折账户管理软件中，要求可以输入一个账户的每笔交易的金额。如果规定存入的金额的有效取值范围是1.00～99 9999 999.99元，且考虑使用边界值分析方法来设计关于这个金额的测试用例，请问下面哪一项中是它的次边界值（　　）。

A. 2、9 999 999　　B. 1.00、99 999 999.99

C. 0、1、2　　D. 0.99、100 000 000.00

11. 一个用户的应用系统通常有用户管理功能，允许增加新的用户。用户信息一般包括用户名。假设规定用户名必须由以字母开头的、不超过几个字符的字母数字串组成，那么，下面哪一组值均属于用户名的无效等价类（　　）。

A. li111111，Glenford Myers，123B123

B. llin-yie，lin-feng，空值，linyifen

C. li-yifen，空值，MYERS G.，glenford

D. 123bin，lin-fen a11111，glenford1

12. 完全不考虑程序的内部结构和内部特征，而只是根据程序功能导出测试用例的测试方法是（　　）。

A. 黑盒测试法　　B. 白盒测试法

C. 错误推测法　　D. 安装测试法

13. 软件测试按照开发阶段划分为（　　）。

A. 单元测试　　B. 集成测试，系统测试

C. 确认测试，验收测试　　D. 以上都是

14. 单元测试将根据在（　　）阶段中产生的规格说明进行。

A. 可行性研究与计划　　B. 需求分析

C. 概要设计　　D. 详细设计

15. 由因果图转换出来的（　　）是确定测试用例的基础。

A. 判定表　　B. 约束条件表

C. 输入状态表　　D. 输出状态表

16. 在用逻辑覆盖法设计测试用例时，有语句覆盖、分支覆盖、条件覆盖、判定-条件覆盖、条件组合覆盖和路径覆盖等。其中（　　）是最强的覆盖准则。

A. 语句覆盖　　B. 条件覆盖

C. 判定-条件覆盖　　D. 路径覆盖

知识点：功能测试

17. 什么时候可以开始执行功能测试？（　　）

A. 在软件产品相对比较完整，验收测试完成后

B. 在软件开发阶段，边做代码边进行

C. 在软件产品开发完成，代码部分全部做完后

D. 在产品交付使用时

18. 功能测试又称（　　）。

A. 性能测试　　B. 单元测试

C. 白盒测试　　D. 黑盒测试

19. 功能测试的测试用例设计方法，不包括哪个选项？（　　）

A. 等价类划分法　　B. 因果图法

C. 模拟用户法　　D. 边界值法

20. 功能测试就是（　　）。

A. 对软件产品的各个功能进行检测　　B. 对软件产品的代码结构进行检测

C. 对软件产品的性能进行检测　　D. 对软件产品的使用情况进行检测

知识点：性能测试、测试概念

21. 性能测试不包括（　　）。

A. 压力测试　　B. 可靠性测试

C. 负载测试　　D. 恢复性测试

22. 统计资料表明，软件测试的工作量占整个软件开发工作量的（　　）。

A. 30%　　B. 70%

C. 40%～50%　　D. 95%

23. 软件性能测试工具有（　　）。

A. LoadRunner　　B. Rational Visual Quantify

C. PureLoad　　D. 以上都是

24. 下面哪个不属于自动测试的特点？（　　）

A. 速度快、可重复、覆盖率　　B. 可靠、可以再度使用重复测试

C. 节省时间　　D. 不一致性、仅对于一次性的测试有益

25. 软件测试按照测试技术划分为（　　）。

A. 性能测试、负载测试、压力测试　　B. 恢复测试、安全测试、兼容测试

C. A 与 B 都是　　D. 单元测试、集成测试、验收测试

26. 软件测试项目周期是指（　　）。

A. 需求阶段、测试计划　　B. 阶段测试、设计阶段测试、执行阶段

C. 以上都不是　　D. 以上都是

27. 软件测试过程模型有（　　）。

A. V 模型、H 模型　　B. W 模型

C. X 模型　　D. 以上都有

28. 软件测试的角色是（　　）。

A. 以下都是　　B. 分析人员、设计人员

C. 开发人员　　D. 执行人员

知识点：压力测试

29. 实施压力测试的人员有（　　）。

A. 项目经理　　B. 业务专家、Database 性能专家

C. LoadRunner、Web Server 性能专家　　D. 以上都是

30. 执行 LoadRunner 项目的阶段有（　　）。

A. 制订压力测试方案、创建 Web Virtual Users

B. 创建 Web Virtual Users、设计创建 Web Virtual Users 测试场景

C. 执行场景、分析测试结果

D. 以上都有

31. 测试人员的基本素质为（　　）。

A. 计算机专业技能　　B. 测试专业技能

C. 行业知识　　D. 以上都是

32. 软件危机体现在（　　）。

A. 开发成本和进度估计不准确　　B. 用户对完成的软件不满意

C. 软件常常不可维护　　D. 以上都是

知识点：负载测试

33. 负载测试属于（　　）。

A. 压力测试　　B. 性能测试

C. 并发测试　　D. 可靠测试

34. 关于负载测试，下列说法错误的是（　　）。

A. 负载测试是确定在各种工作负载下系统性能的

B. 负载测试的目标是测试负载逐渐增加时，系统的性能如何

C. 负载测试和压力测试是完全相同的概念

D. 负载测试时通常模拟实际业务中的用户数进行测试

35. 可以进行负载测试的工具是（　　）

A. LoadRunner　　B. ASP. NET

C. NUnit　　D. Myeclipse

36. LoadRunner 通过（　　）进行负载测试。

A. 模拟多个用户并发负载及实时性能监测的方式

B. 检验代码的 Bug

C. 监控个别用户

D. 分析测试结果

知识点：验收测试（4 题）（每套 1 题）

37. 下列关于 alpha 测试的描述中正确的是（　　）。

A. alpha 测试需要用户代表参加　　B. alpha 测试不需要用户代表参加

C. alpha 测试是系统测试的一种　　D. alpha 测试不需要测试人员参加

38. 对于软件的β测试，下列哪些描述是正确的？（　　）
A. β测试就是在软件公司内部展开的，由公司专业的测试人员执行的测试
B. β测试就是在软件公司内部展开的，由公司的非专业测试人员执行的测试
C. β测试就是在软件公司外部展开的，由专业的测试人员执行的测试
D. β测试就是在软件公司外部展开的，由非专业的测试人员执行的测试
39. 下面哪句话对验收测试的描述不正确？（　　）
A. 与系统测试不同的是以客户业务需求为标准来进行测试
B. 测试人员多由客户方担任，也可以客户委托第三方来进行验收测试
C. 不仅要验收程序，还要验收相关的文档
D. 由企业自己的测试人员和开发人员进行测试
40. 确认测试计划是在（　　）阶段制订的。
A. 可行性研究与计划　　B. 需求分析
C. 概要设计　　D. 详细设计
41. 单元测试主要针对模块的几个基本特征进行测试，该阶段不能完成的测试是（　　）。
A. 系统功能　　B. 局部数据结构
C. 重要的执行路径　　D. 错误处理
42. 软件测试过程中的集成测试主要是为了发现（　　）阶段的错误。
A. 需求分析　　B. 概要设计
C. 详细设计　　D. 编码
43. 不属于白盒测试的技术是（　　）。
A. 路径覆盖　　B. 判定覆盖
C. 循环覆盖　　D. 边界值分析
44. 集成测试时，能较早发现高层模块接口错误的测试方法为（　　）。
A. 自顶向下渐增式测试　　B. 自底向上渐增式测试
C. 非渐增式测试　　D. 系统测试
45. 确认测试以（　　）文档作为测试的基础。
A. 需求规格说明书　　B. 设计说明书
C. 源程序　　D. 开发计划
46. 使用白盒测试方法时，确定测试数据应根据（　　）和指定的覆盖标准。
A. 程序内部逻辑　　B. 程序的复杂度
C. 使用说明书　　D. 程序的功能
47. 程序的三种基本结构是（　　）。
A. 过程、程序、分程序　　B. 顺序、选择、循环
C. 递归、堆栈、队列　　D. 调用、返回、转移
48. 结构化程序设计的一种基本方法是（　　）。
A. 筛选法　　B. 递归法
C. 归纳法　　D. 逐步求精法

49. 软件调试的目的是（　　）。

A. 找出错误所在并改正之　B. 排除存在错误的可能性
C. 对错误性质进行分类　D. 统计出错的次数

50. 程序三种基本结构的共同特点是（　　）。

A. 不能嵌套使用　B. 只能用来写简单程序
C. 已经用硬件实现　D. 只有一个入口和一个出口

51. 下面说法正确的是（　　）。

A. 经过测试没有发现错误说明程序正确
B. 测试的目标是为了证明程序没有错误
C. 成功的测试是发现了迄今尚未发现的错误的测试
D. 成功的测试是没有发现错误的测试

52. 覆盖准则最强的是（　　）。

A. 语句覆盖　B. 判定覆盖
C. 条件覆盖　D. 路径覆盖

53. 发现错误能力最弱的是（　　）。

A. 语句覆盖　B. 判定覆盖
C. 条件覆盖　D. 路径覆盖

54. 实际的逻辑覆盖测试中，一般以（　　）为主设计测试用例。

A. 条件覆盖　B. 判定覆盖
C. 条件组合覆盖　D. 路径覆盖

55. 下面（　　）方法能够有效地检测输入条件的各种组合可能引起的错误。

A. 等价类划分　B. 边界值分析
C. 错误推测　D. 因果图

56. 与确认测试阶段有关的文档是（　　）。

A. 需求规格说明书　B. 概要设计说明书
C. 详细设计说明书　D. 源程序

57. 超出软件工程范围的测试是（　　）。

A. 单元测试　B. 集成测试
C. 确认测试　D. 系统测试

58. 软件测试不需要了解软件设计的（　　）。

A. 功能　B. 内部结构
C. 处理过程　D. 条件

59. （　　）方法需要考查模块间的接口和各模块之间的联系。

A. 单元测试　B. 集成测试
C. 确认测试　D. 系统测试

60. 调试应该由（　　）完成。

A. 与源程序无关的程序员　B. 编制该源程序的程序员
C. 不了解软件设计的机构　D. 设计该软件的机构

三、判断题

知识点：测试方法与测试阶段

1. 自底向上集成需要测试员编写驱动程序。 （ ）
2. 负载测试的目的是验证要检验的系统的能力最高能达到什么程度。 （ ）
3. 集成测试计划在需求分析阶段末提交。 （ ）
4. 单元测试能发现约 80%的软件缺陷。 （ ）
5. Beta 测试是验收测试的一种。 （ ）
6. 验收测试是由最终用户来实施的。 （ ）
7. 软件测试员可以对产品说明书进行白盒测试。 （ ）
8. 静态白盒测试可以找出遗漏之处和问题。 （ ）
9. 单元测试通常先进行“人工走查”，再以白盒法为主，辅以黑盒法进行动态测试。 （ ）
10. 功能测试是系统测试的主要内容，检查系统的功能、性能是否与需求规格说明相同。 （ ）
11. 测试只要做到语句覆盖和分支覆盖，就可以发现程序中的所有错误。 （ ）

知识点：测试用例、测试种类

12. 好的测试用例应能证明软件是正确的。 （ ）
13. 总是首先设计白盒测试用例。 （ ）
14. 代码评审员一般由测试员担任。 （ ）
15. 可以发布具有配置缺陷的软件产品。 （ ）
16. 所有软件必须进行某种程度的兼容性测试。 （ ）
17. 所有软件都有一个用户界面，因此必须测试易用性。 （ ）
18. 代码评审的目标是检查源代码是否达到模块设计的要求。 （ ）
19. 我们可以人为地使得软件不存在配置问题。 （ ）
20. 软件就是程序。 （ ）

四、分析设计题

知识点：测试用例、测试方法

1. 请用等价类和边界值方法编写 163 邮箱注册模块（简化版）的测试用例（假设没有重复的用户名），如图 3—61 所示。请注意带 * 的项目必须填写。

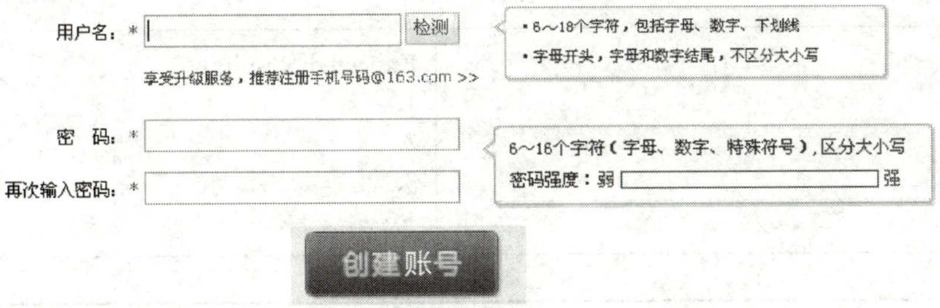

图 3—61

测试用例模板如下：

Test Case：	
Summary：	
Steps：…… 1. 2. 3. ……	Expected Results： 1. 2. 3. ……
测试方法：	

例：

Test Case 005：tab 校验	
Summary： 检测单击 Tab 键，光标是否能够按照从左至右，由上到下的顺序在输入域间切换。	
Steps： 1. 在浏览器的地址栏中输入访问“网上购物系统”的 URL，单击“转到”按钮； 2. 单击“注册”按钮； 3. 将鼠标移动到“用户名”输入框，单击鼠标左键； 4. 单击 Tab 键； 5. 重复执行第 4 步。	Expected Results： 1. 弹出“网上购物系统”主页； 2. 弹出“用户注册”界面； 3. 光标定位到“用户名”输入框中； 4. 光标跳转到“姓名”输入框中； 5. 光标依次跳转到“密码”、“确认密码”、“联系电话”、“邮编”、“邮寄地址”输入框中，最后焦点落到“注册”按钮上。
测试方法：错误推测法	

2. 某程序实现如下功能：输入三个整数 A、B、C，输出以 A、B、C 为三边的三角形面积（1≤A、B、C>100），结果保留 2 位小数。

请运用等价类和边界值的方法，编写测试用例。

测试用例模板如下：

Test Case：	
Summary：	
Steps：…… 1. 2. 3. ……	Expected Results： 1. 2. 3. ……
测试方法：	

例：

Test Case 005：tab 校验	
Summary： 检测单击 Tab 键，光标是否能够按照从左至右，由上到下的顺序在输入域间切换。	
Steps： 1. 在浏览器的地址栏中输入访问“网上购物系统”的 URL，单击“转到”按钮； 2. 单击“注册”按钮； 3. 将鼠标移动到“用户名”输入框，单击鼠标左键； 4. 单击 Tab 键； 5. 重复执行第 4 步。	Expected Results： 1. 弹出“网上购物系统”主页； 2. 弹出“用户注册”界面； 3. 光标定位到“用户名”输入框中； 4. 光标跳转到“姓名”输入框中； 5. 光标依次跳转到“密码”、“确认密码”、“联系电话”、“邮编”、“邮寄地址”输入框中，最后焦点落到“注册”按钮上。
测试方法：错误推测法	

五、实训

做 CVIT 新闻发布系统功能测试用户设计、性能测试用例设计，撰写性能测试报告。

第 4 章 CVIT 新闻发布系统自动化测试及工具使用

4.1 单元测试工具 NUnit

4.1.1 NUnit 概述与安装

1. NUnit 概述

单元测试（Unit Test）是测试驱动开发（Test-Driven Development，TDD）很重要的一环，而 TDD 又是敏捷开发方法（如极限编程——eXtreme Programming）的重要组成部分。因此单元测试是很有必要的。

单元测试自动测试工具之一 NUnit 的基本原理是通过 .NET 的反射机制，利用代码中的元数据（Attribute）来辨识到底有哪些单元测试。NUnit 是为 .NET 框架生成的开放源代码单元测试框架，也是 .NET 框架下开发者应用最广泛的单元测试框架之一（其他还包括 CSUnit 等）。NUnit 使程序员可以用自己喜欢的语言编写测试，从而测试应用程序的特定功能。当首次编写代码时，单元测试是一种测试代码功能的很好方法，它还提供了一种对应用程序进行回归测试的方法。NUnit 应用程序提供了一个用于编写单元测试的框架，以及一个运行这些测试和查看结果的图形界面。

NUnit 是专门针对 .NET 来编写的。其实在前面有 JUnit（Java）、CPPUnit（C++），它们都是 xUnit 的一员，最初都是从 JUnit 而来的。现在的版本是 2.4.1，接下来所使用的都是基于这个版本。NUnit 最初是由 James W. Newkirk，Alexei A. Vorontsov 和 Philip A. Craig 开发的，后来开发团队逐渐庞大起来。在开发过程中，Kent Beck 和 Erich Gamma 两位专家也提供了许多帮助。NUnit 是 xUnit 家族中的第 4 个主打产品，完全用 C# 语言来编写，并且编写时充分利用了许多 .NET 的特性，如反射、客户属性等。最重要的一点是它适合于所有 .NET 语言。

2. NUnit 的安装

如果没有 NUnit 的安装程序，可以到 http://www.nunit.org/上下载各种版本，目前该官方网站上提供的最高版本为 NUnit 2.5.6。但是该网站上所有版本均为英文版，如果程序员比较习惯中文版，可以在互联网上搜索较低版本，也可以与本书作者联系。另外，本书所介绍的版本为 NUnit 2. 5. 6 英文版，低版本的中文版只要对照本书的介绍即可理解。

NUnit 的安装和大多数应用程序一样，只要打开安装包文件夹，找到安装程序，双击即可开始安装。本书所介绍的 NUnit 2. 5. 6 的安装程序如图 4—1 所示。

下面分步骤介绍安装过程。

（1）双击图 4—1 的安装程序图标，出现图 4—2 所示的等待对话框，等待时间非常短，只需两秒就进入第 2 步安装过程。

NUnit-2.5.6.10205.msi

图 4—1 NUnit 安装程序

图 4—2 安装等待

（2）出现如图 4—3 所示的安装欢迎界面，在该界面上单击“Next”按钮。

（3）接下来是安装程序的许可协议界面，如图 4—4 所示，选中复选框，接受该软件的使用协议，然后单击“Next”按钮。

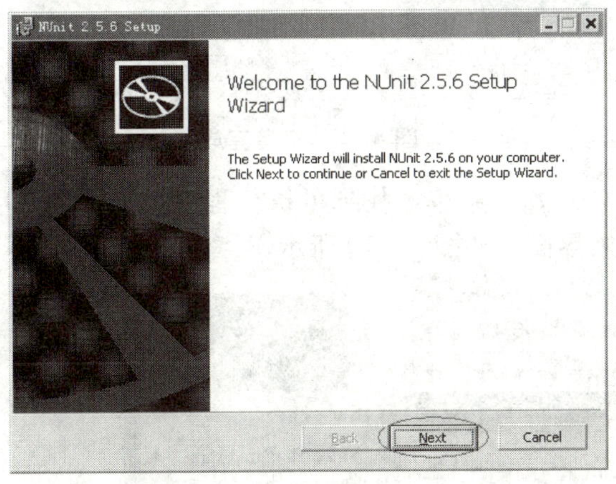

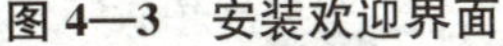

图 4—3 安装欢迎界面

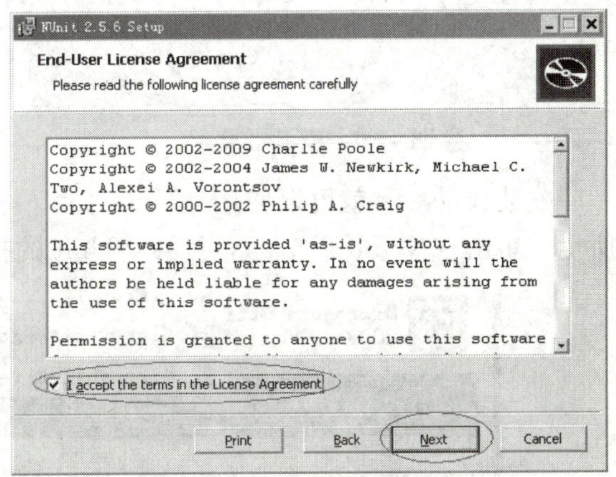

图 4—4 许可协议界面

（4）在图 4—5 中有三种安装类型可供用户选择，依次为 Typical（典型安装）、Custom（自定义安装）和 Complete（安全安装），这里选择 Complete。

（5）单击图 4—6 中所示的“Install”（安装）按钮开始安装程序。

（6）安装进度如图 4—7 所示。

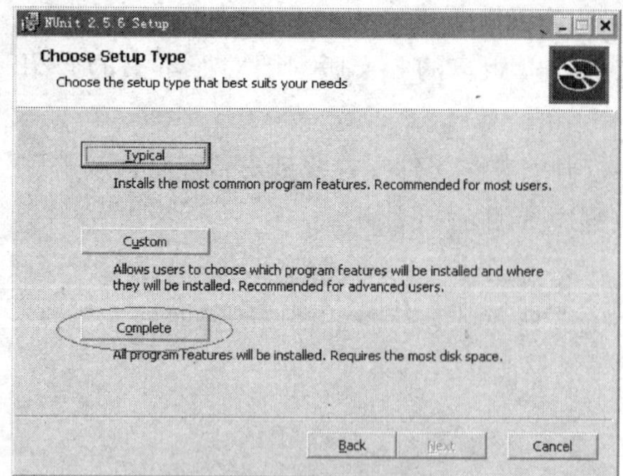

图 4—5 选择安装类型

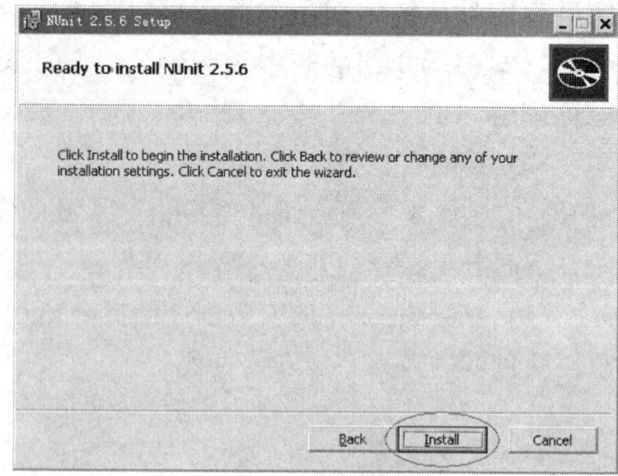

图 4—6 准备安装

（7）安装结束，单击“Finish”（完成）按钮，如图 4—8 所示。

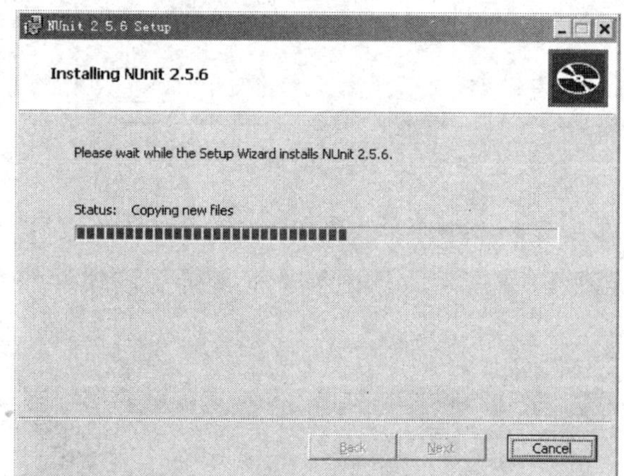

图 4—7 安装进度条

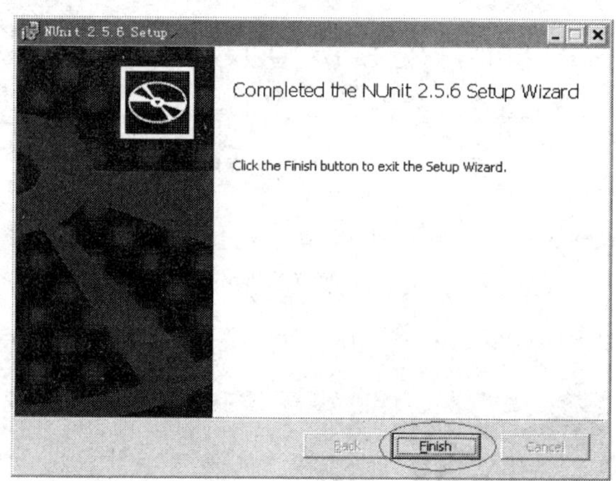

图 4—8 安装完成

安装成功后，就可以使用 NUnit 了。单击“开始”菜单，找到可执行程序，如图 4—9 所示。单击“NUnit 2.5.6”，打开 NUnit 的初始界面，如图 4—10 所示。

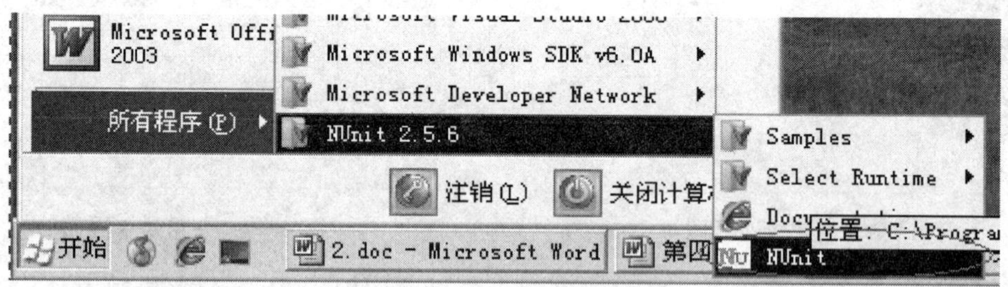

图 4—9 NUnit 可执行程序

但是在单击 NUnit 2.5.6 之后，可能出现如图 4—11 所示的应用程序错误提示对话框，提示应用程序正常初始化失败。这是由于只安装了 NUnit 而没有安装 .Net Framework 造成的。.Net Framework 微软官方下载地址是 http://download.microsoft.com/download/3/F/0/3F0A922C-F239-4B9B-9CB0-DF53621C57D9/dotnetfx3.exe。安装完 .Net Framework 之后，就可以成功打开 NUnit 了。

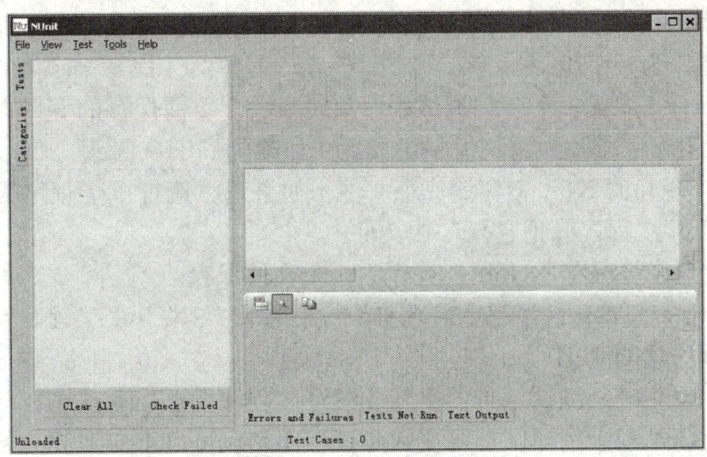

图 4—10　NUnit 初始界面

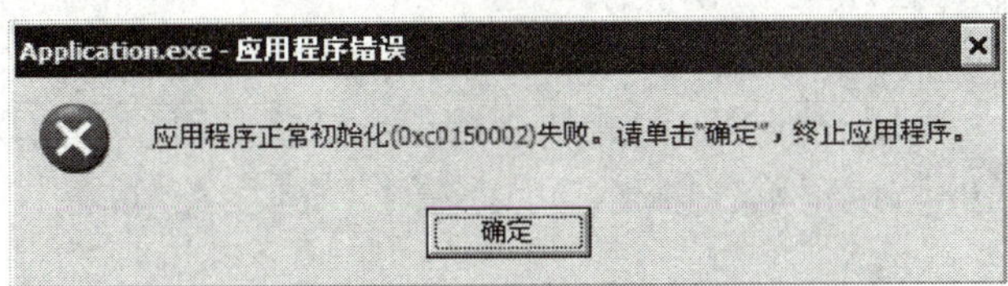

图 4—11　应用程序错误

3. NUnit 的界面

安装成功后就可以正常使用 NUnit 来做单元测试了。首先介绍 NUnit 2.5.6 的界面布局情况。打开 NUnit 可以看到如图 4—10 的界面，它与普通的应用软件一样，其界面都有标题栏、菜单栏、状态栏等。下面一一介绍菜单栏的主要内容。

（1）File 菜单。

初次打开 NUnit，未曾测试任何项目时，单击“File”后打开如图 4—12 所示的菜单，有一部分相应菜单是灰色的，但是当有检测项目时，这些菜单就被激活了，如图 4—13 所示。

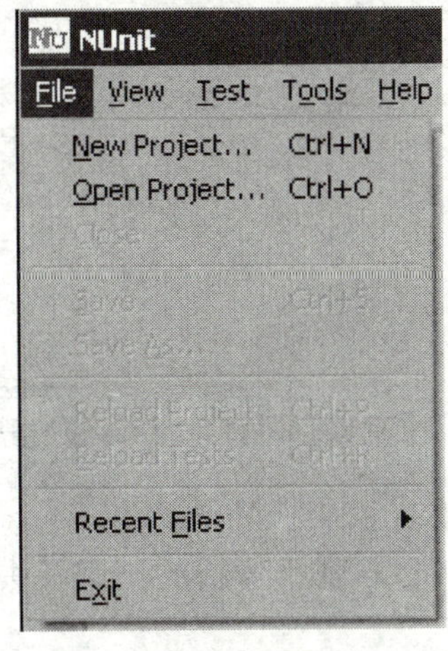

图 4—12　未曾加载项目的 File 菜单

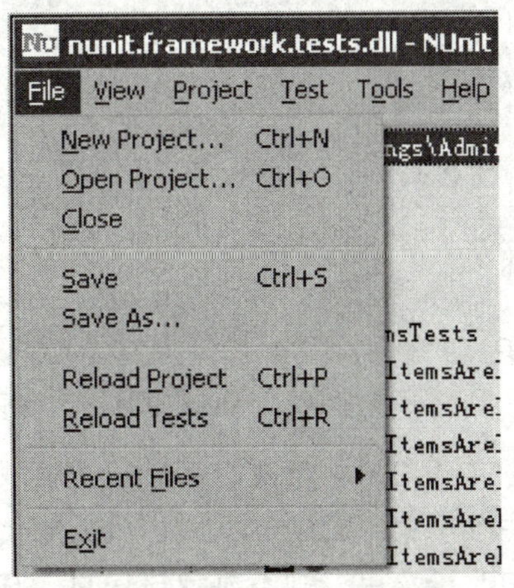

图 4—13　加载项目后的 File 菜单

File 主菜单有以下内容：

① New Project：创建一个新工程。工程是一个测试程序集的集合，可以组织多个测试程序集，并把它们作为一个组对待。

② Open Project：加载一个新的测试程序集，或一个以前保存的 NUnit 工程文件。

③ Close：关闭现在加载的测试程序集或现在加载的 NUnit 工程。

④ Save：保存现在的 Nnit 工程到一个文件。如果正在运行单个程序集，本菜单项允许创建一个新的 NUnit 工程，并把它保存在文件中。

⑤ Save As：允许将现有 NUnit 工程作为一个文件保存。

⑥ Reload Project/Tests：强制重载现有测试程序集或 NUnit 工程。NUnit-Gui 自动监测现加载的测试程序集的变化。

当程序集发生变化时，测试运行器重新加载测试程序集。当测试正运行时，现在加载的测试程序集不会重新加载。在测试运行之间测试程序集仅可以重新加载。如果测试程序集依赖另外一个程序集，测试运行器不会观察任何依赖的程序集。对测试运行器来说，强制一个重新加载可使全部依赖的程序集变化可见。

⑦ Recent Files：说明 5 个最近在 NUnit 中加载的测试程序集或 NUnit 工程（这个列表在 Windows 注册表中，由用户维护，因此如果共享计算机，则仅看到自己的测试）。最近程序集的数量可以使用 Options 菜单项修改，可以访问 Tool 主菜单。

⑧ Exit：退出。

（2）View 菜单。

View 菜单主要用来以各种不同形式展示 NUnit 的界面，方便用户观察测试结果及数据，如图 4—14 所示。View 菜单的主要内容如下：

① Full GUI 显示 NUnit 的完整界面，如图 4—10 所示。

② Mini GUI 显示 NUnit 简洁界面，与 Full GUI 相比，不再显示工作区右侧的运行测试界面，如图 4—15 所示。

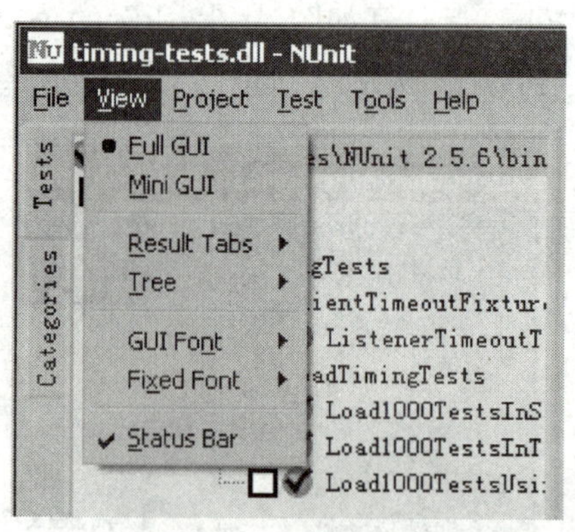

图 4—14 View 菜单

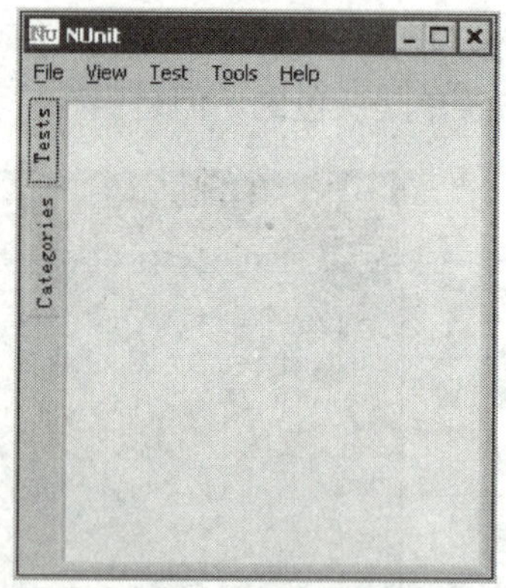

图 4—15 NUnit 简洁界面

③ Result Tabs 用来选择显示结果的标签，该菜单有三个子菜单。

第一个子菜单 Errors&Failures 表示在工作区右侧下方显示测试的错误及失败信息，如果不选中此子菜单，则不显示该信息，如图 4—16 所示。

第二个子菜单 Tests Not Run 显示的是程序集中没有被测试时运行到的代码部分。Tests Not

Run 选中后，该子菜单前显示小对勾表示选中该菜单，并且在图 4—17 所示的界面右下侧显示 Tests Not Run 选项卡。如果 Tests Not Run 子菜单没有被选中，则上述两项均不显示。

第三个子菜单 Text Output 显示输出的文本信息，如图 4—18 所示。

如果用户希望像前两个子菜单一样设置该选项卡是否显示，则可以单击该子菜单，在弹出的对话框中修改是否显示该选项卡，以及修改显示时标签上的文字信息，如图 4—19 所示。

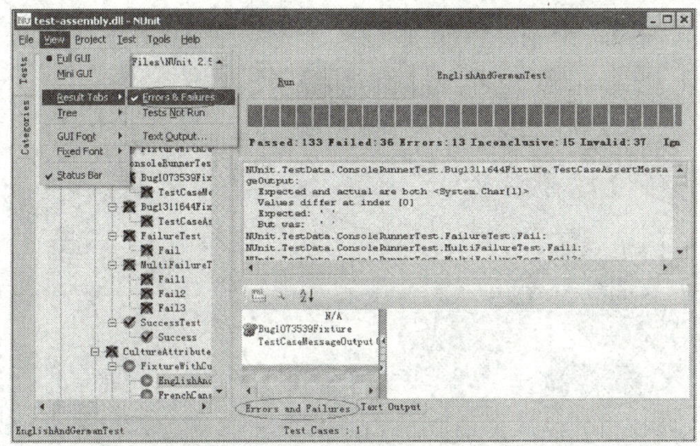

图 4—16　错误及失败信息菜单

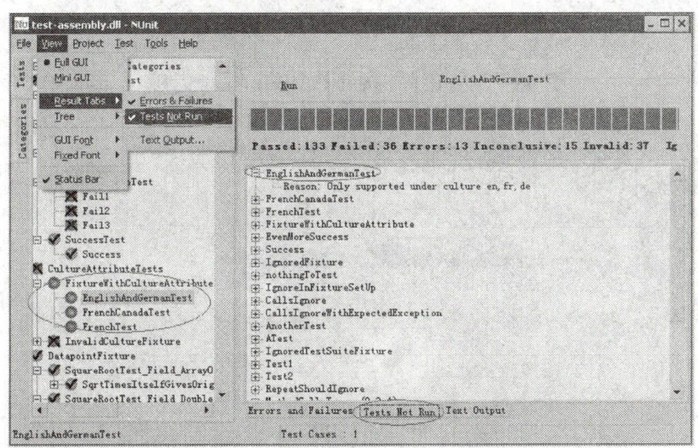

图 4—17　测试未运行菜单

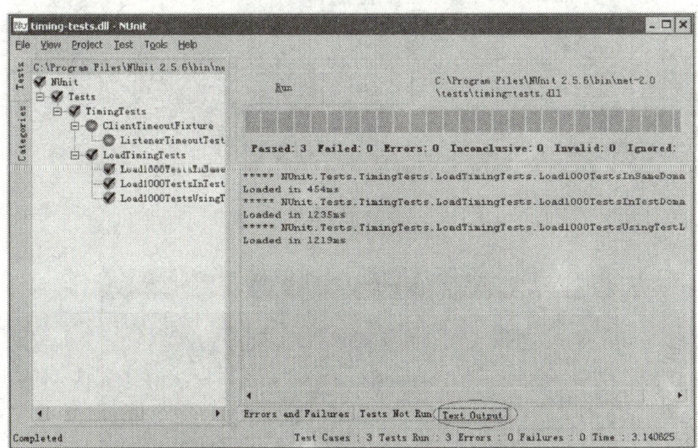

图 4—18　Text Output 选项

其中，1 处可以选择显示在界面工作区中右下侧的选项卡，也可以新建选项卡，如图 4—20 所示。单击“New”弹出如图 4—21 所示的对话框，设置相应名称，单击“OK”按钮确认或单击“Cancel”按钮取消操作。

用户也可以对现有的选项卡进行编辑，单击图 4—22 中所示的 Edit 菜单，弹出如图 4—23所示的对话框，可以删除或新建选项卡，完成后单击“Close”按钮关闭该对话框。

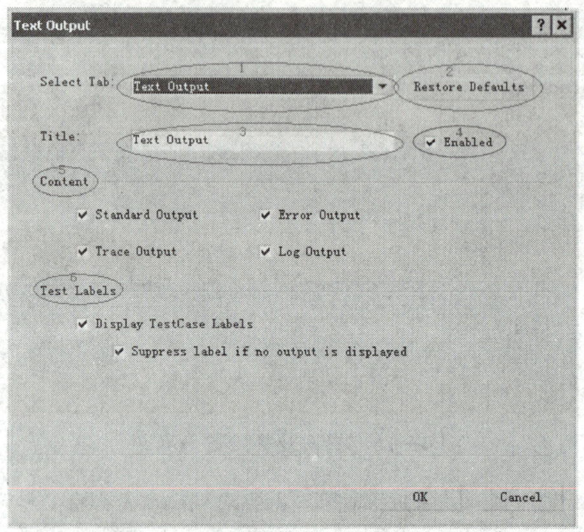

图 4—19　设置 Text Output 的对话框

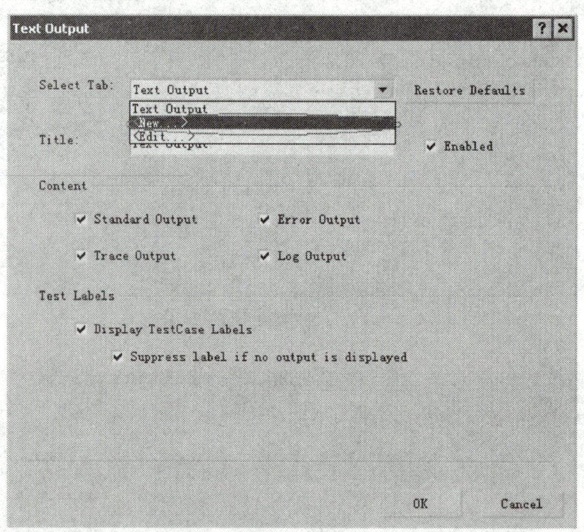

图 4—20　新建选项卡

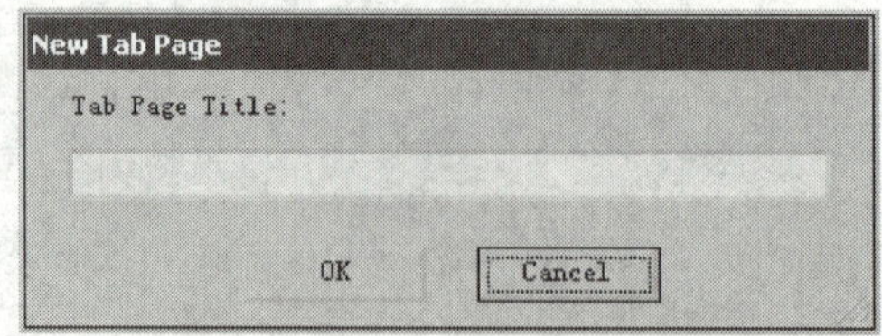

图 4—21　命名新建的选项卡

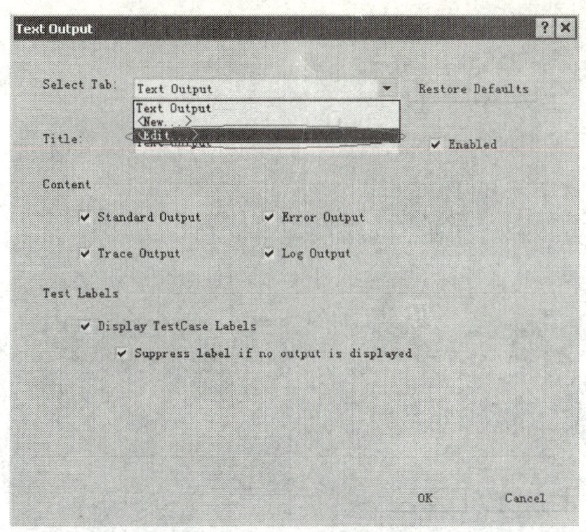

图 4—22　编辑选项卡

如果用户设置了一些选项卡后感觉不满意，希望恢复初装时的界面，则可以单击图 4—19中 2 处的按钮恢复默认设置。

在图 4—19 中，3 处显示 1 处选中的选项卡名称，用户可以在此更改此选项卡名称。4 处可以设置此选项卡是否显示在图 4—10 所示界面的工作区右下侧，如果复选框被选中则显示，否则不显示。

在图 4—19 中，5 处 Content 标签可以设置 Text Output 选项卡所显示的文本内容，分别是 Standard Output（标准信息输出）、Error Output（错误信息输出）、Trace Output（跟踪信息输出）及 Log Output（日志信息输出）。

在图 4—19 中，6 处 Test Labels 标签可以设置是否显示测试用例标签。

④ Tree 菜单主要用来对工作区左侧的树进行折叠或扩展。Tree 菜单内容如图 4—24 所示。

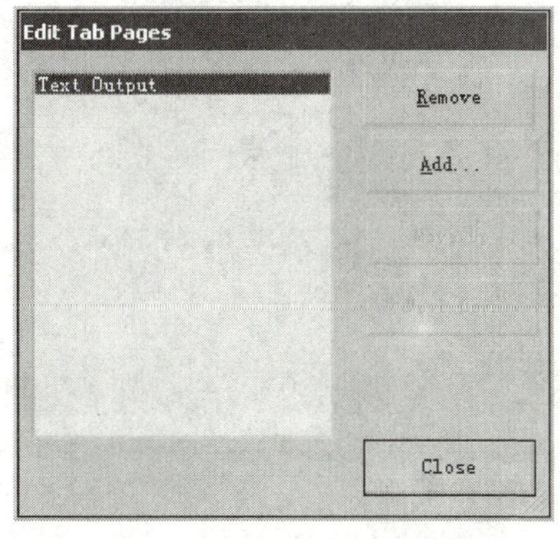

图 4—23　编辑选项卡的对话框

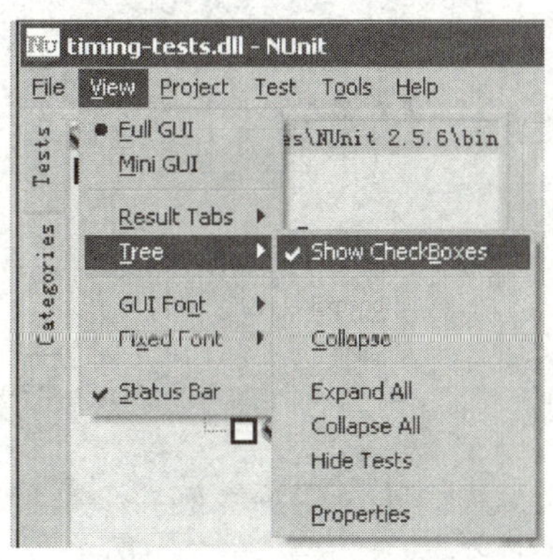

图 4—24　Tree 菜单

- Show CheckBoxes 在树中结点前显示或不显示复选框，选中后的状态如图 4—25 所示。

- Expand 一层层扩展现在树中所选结点。
- Collapse 折叠现在树中选择的结点。
- Expand All 递归扩展树中所选结点后的所有结点。
- Collapse All 递归折叠树中所选结点后的所有结点。
- Hide Tests 折叠树中测试项。
- Properties 显示树中现所选结点的属性。

⑤ GUI Font 主要用来设置树的字体大小，如图 4—26 所示。

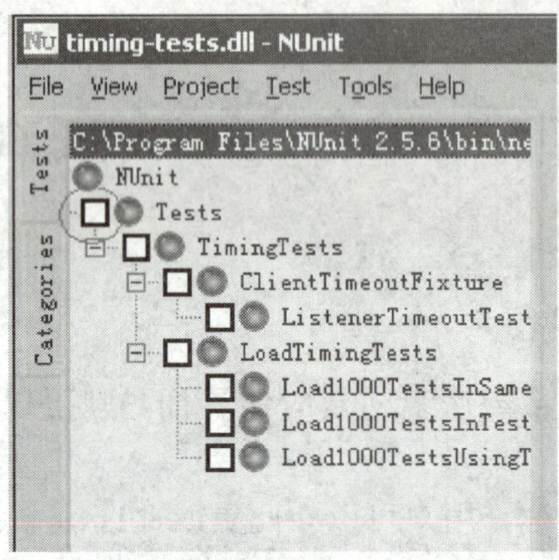

图 4—25 显示 CheckBoxes 复选框

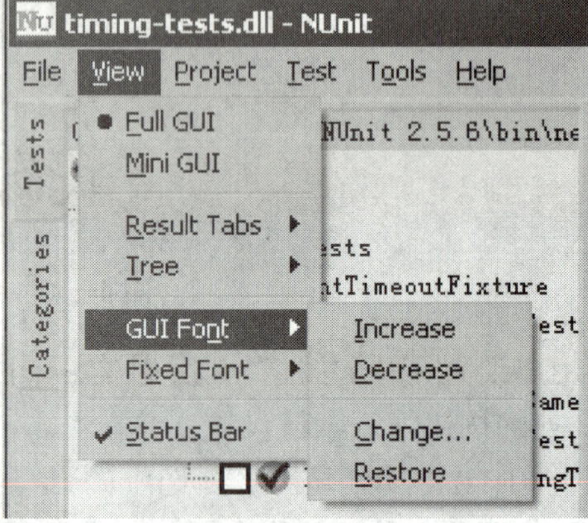

图 4—26 GUI Font 子菜单

- Increase 单击一次左侧树的字体增大一号。
- Decrease 单击一次左侧树的字体减小一号。
- Change 单击后打开如图 4—27 所示的对话框，用来手动设置左侧树的字体及字号。

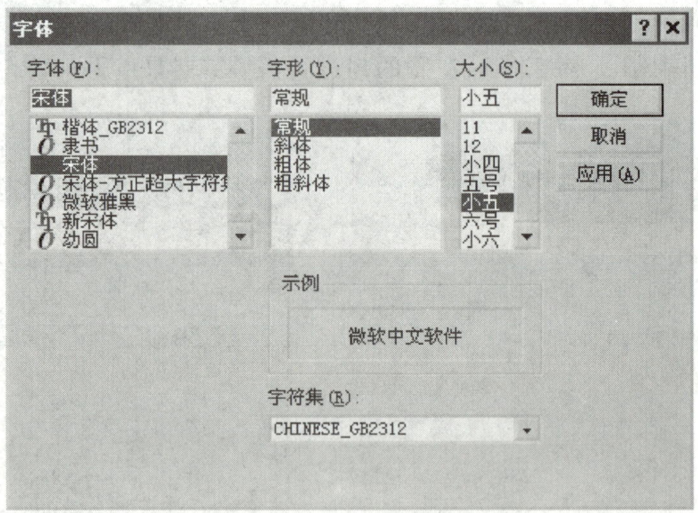

图 4—27 “字体”对话框

⑥ Restore 用来恢复字体的默认设置。

⑦ Fixed Font 用来设置右侧 Errors and Failures、Tests Not Run 及 Text Output 选项卡上相应显示信息的字体大小，其含义与 GUI Font 子菜单中相应项一致，如图 4—28 所示。

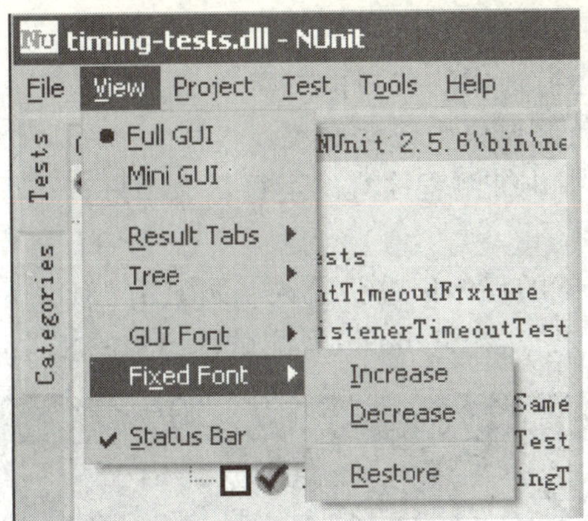

图 4—28　Fixed Font 子菜单

⑧ Status Bar 用来设置是否显示状态栏。

(3) Project 菜单。

Project 菜单主要用来对所测试的程序集进行管理，如图 4—29 所示。Project 菜单的主要内容如下：

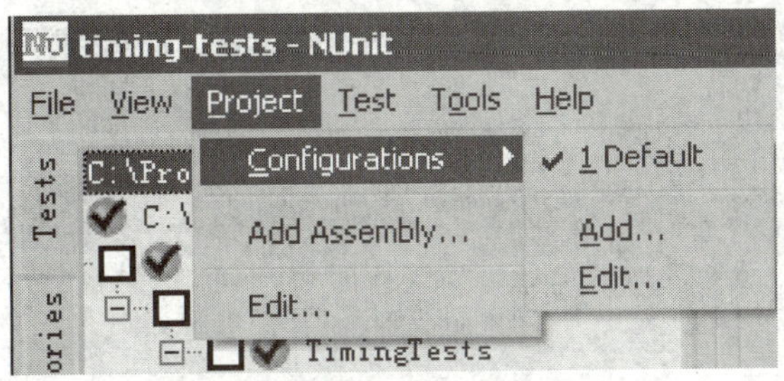

图 4—29　Project 菜单

① Configurations 用来设置测试项目的名称，可以用 Add 和 Edit 子菜单进行添加和编辑。

② Add Assembly 用来添加单元测试程序集，可以添加一个也可以添加多个。

③ Edit 与 Configurations 的子菜单 Edit 作用相同。

(4) Test 菜单。

Test 菜单用来控制对所测程序集的运行，如图 4—30 所示。Test 菜单的主要内容如下：

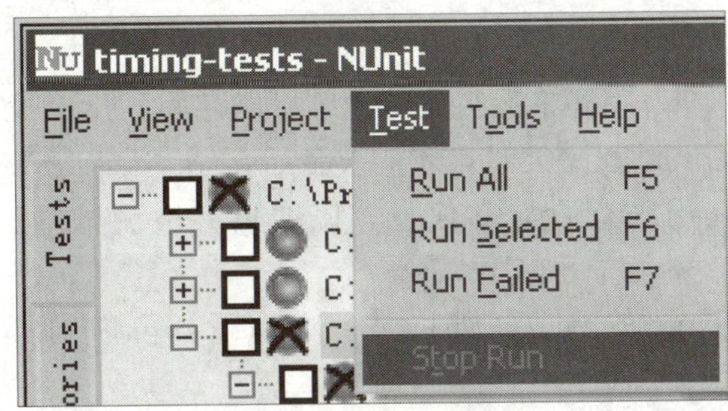

图 4—30　Test 菜单

① Run All 用来运行所有的被测程序集。

② Run Selected 用来运行选中的被测程序集。

③ Run Failed 用来运行测试失败的程序集。

④ Stop Run 用来强制中止被测程序集的运行，该项只有在程序测试运行过程中才可用。

(5) Tools 菜单。

Tools 菜单用来对被测试的程序集进行设置，如图 4—31 所示，Tools 菜单的内容如下：

① Test Assemblies 用来查看 NUnit 以及测试程序集的相关信息，如图 4—32 所示。

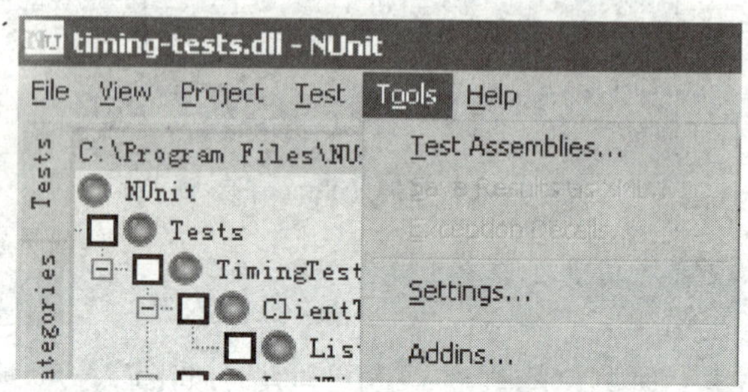

图 4—31 Tools 菜单

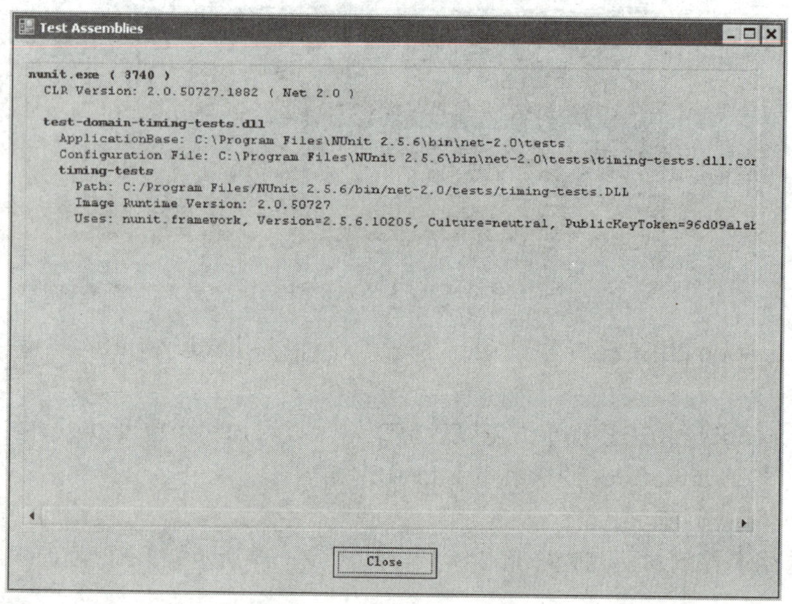

图 4—32 Test Assemblies 子菜单

② Save Results as XML 用来将运行测试的结果保存为 .XML 文件。该项在未进行程序测试时为灰色，只有当测试过程序集时，才能被激活。

③ Exception Details 用来查看异常信息。该项只有被测试的程序集出现错误时才被激活。

④ Settings 定制 NUnit 的行为。如图 4—33 所示，可以对 Gui、Test Loader、IDE Support 的各项进行设置。

⑤ Addins 是注册信息附加说明。

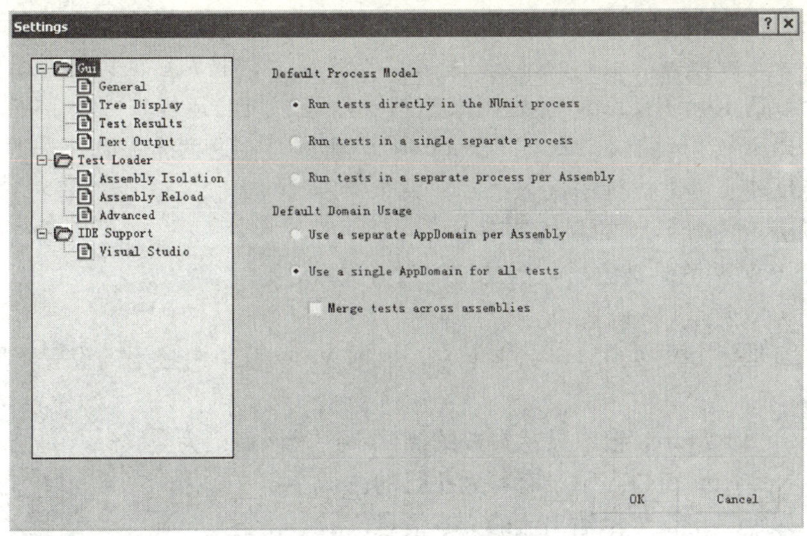

图 4—33　Settings 子菜单

（6）Help 菜单。

Help 菜单提供一些帮助信息，如图 4—34 所示，与其他应用软件类同，在此不再详细描述。

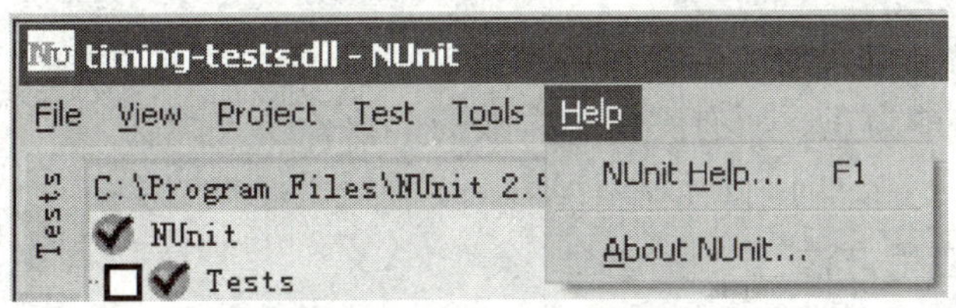

图 4—34　Help 菜单

到此为止，NUnit 菜单部分已经介绍完了，下面看看 NUnit 的工作区，如图 4—35 中红色框标出来的所示，工作区分为两大部分。

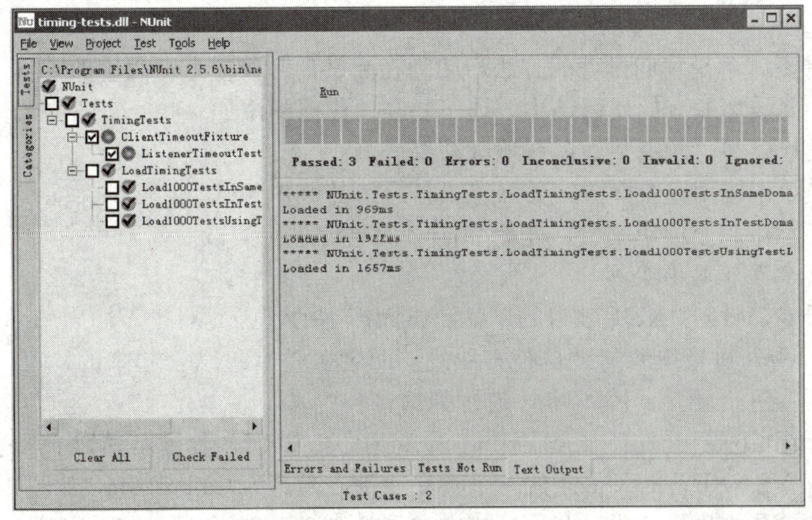

图 4—35　NUnit 工作区

工作区的左侧 Tests 选项卡用来树状显示被测程序集，Categories 选项卡用来分组显示被测程序集，选择要测试的组，或排除一些组，分组的属性将在后面详细介绍。工作区的右侧最上方两个按钮 Run 和 Stop，分别用来控制被测程序集的运行与中止，在选择被测程序集后，单击“Run”进行测试，单击“Stop”中止测试。在这两个按钮下方是测试进度条，进度条的颜色反映了测试执行的状态：

① 绿色表示目前所执行的测试都通过。

② 黄色意味某些测试被忽略，但是这里没有失败。

③ 红色表示失败。

进度条下面是一个文本窗口，在它下方，根据 View 菜单中显示的设置不同，可能会有以下 3 个标签：

① Errors and Failures 窗口显示失败的测试，这里该窗口为空。

② Tests Not Run 窗口显示没有得到执行的测试。

③ Text Output 窗口显示输出流的文本消息。

紧接着的底部的状态条表示下面的状态：

① 状态。说明了现在运行测试的状态。当所有测试完成时，状态变为 Completed。运行测试中，状态是 Running：<test-name>（<test-name>是正在运行的测试名称）。

② Test Cases 说明加载的程序集中测试案例的总个数。这也是测试树中叶子结点的个数。

③ Tests Run 已经完成的测试个数。

④ Failures 到目前为止，所有测试中失败的个数。

⑤ Time 显示运行测试时间（以秒计）。

4.1.2 NUnit 使用方法

作为程序员在开发过程中，不可避免地要对软件的类及其方法进行测试。

在 Web 页面的测试过程中，很多程序员喜欢把测试结果使用 Response. Write( ) 显示在页面上。而在类库组件的开发时，由于没有可视化界面，有时不得不为该类库添加一个测试项目（Console、WinForm、ASP. NET 等），在该项目中调用类库组件的功能，以查看测试结果。

上面这种测试不是我们推荐的方法，因为在测试的时候应遵循以下原则：

- 尽量不要破坏原有的代码结构，即不要在源代码中添加一些冗余的测试代码。
- 测试模块应尽可能完整地展现测试结果。
- 测试模块不应用完就删除，要保存以备后续的维护测试。

因此，下面举一个简单实例，使用 NUnit 对类库进行测试。

1. NUnit 配置及简单实例

NUnit 是专门针对 . NET 项目的单元测试而产生的，因此对于 Visual Studio . Net 项目来说，使用 NUnit 进行单元测试是很方便的，两者也是有机结合起来的，可以在 . NET 环境下将调试过程进行配置，用 NUnit 进行测试。

本书所介绍的项目开发环境是 Visual Studio . Net 2008，具体步骤如下所述。

（1）打开 VS . NET 2008，新建一个类库项目，命名为 Calculator，如图 4—36 所示。

（2）在“解决方案”中的项目图标上单击鼠标右键，选择“属性”，如图 4—37 所示。

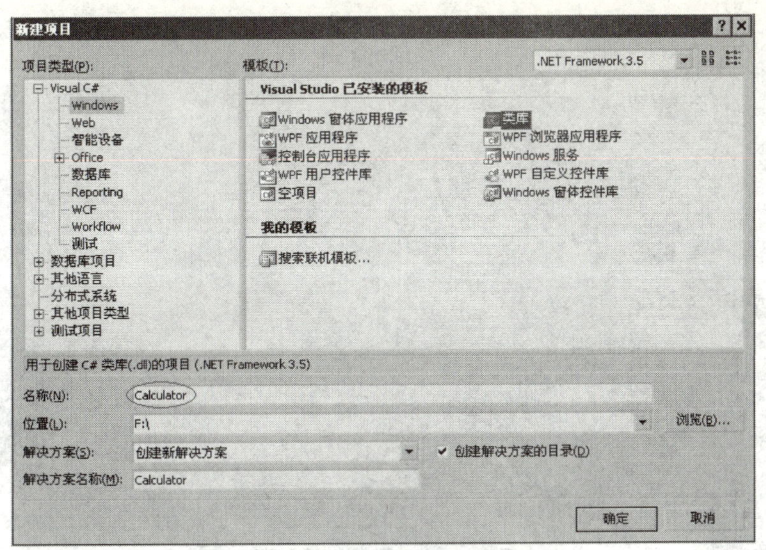

图 4—36　新建类库项目

图 4—37　类库属性

(3) 出现如图 4—38 所示的属性设置界面，选择左侧的“调试”选项卡，在“启动操作”中选择“启动外部程序”，并指明 NUnit 程序的运行路径，这里路径为 C:\Program Files\NUnit 2.5.6\bin\net-2.0\nunit.exe。在“启动选项”中的“工作目录”下，指明当前类库项目 DLL 文件的所在路径，该路径会在单击选择按钮后自动定位到项目所在的位置，这里为 F:\Calculator\Calculator\bin\Debug\ 。

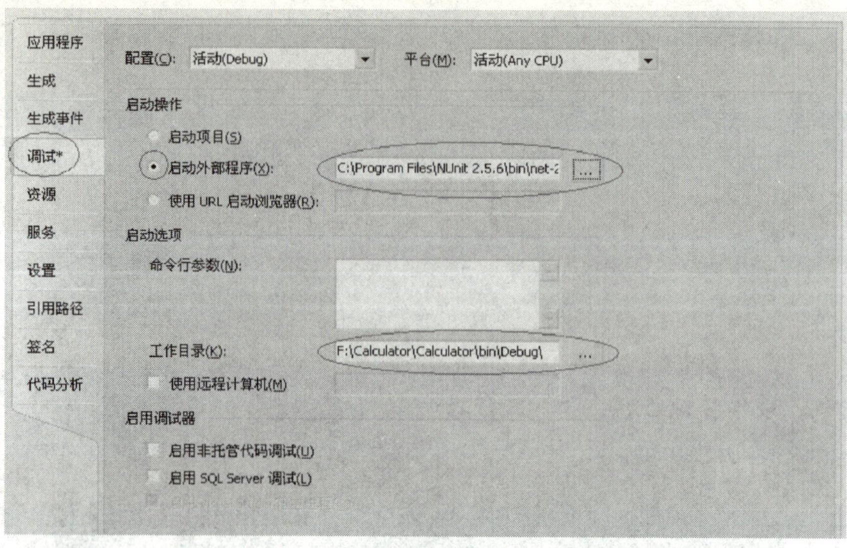

图 4—38　属性设置界面

(4) 运行当前类库项目，发现 NUnit 启动，VS . NET 2008 和 NUnit 2.5.6 同时运行。

(5) 关掉当前设置页，编写被测代码，代码如下：

```
using System;
using System.Collections.Generic;
using System.Text;
namespace Calculator
{
    public class Calculator
    {
        public int Add(int a, int b)   //求整数 a 和 b 的和
        {
            int c = a + b;
            return c;
        }
    }
}
```

(6) 现在对 Add 方法进行单元测试，但是在开始之前，需要在 VS . NET 2008 中添加对 nunit. framework 的引用。如果在 VS . NET 2008 中没有 nunit. framework. dll，则需要下载。下载完成后将它放在 C:\Program Files\NUnit 2.5.6\bin\net-2.0\framework 路径下。NUnit 中用到的测试属性都定义在该程序集中。

(7) 在类库项目上单击鼠标右键，选择“添加引用”，如图 4—39 所示。

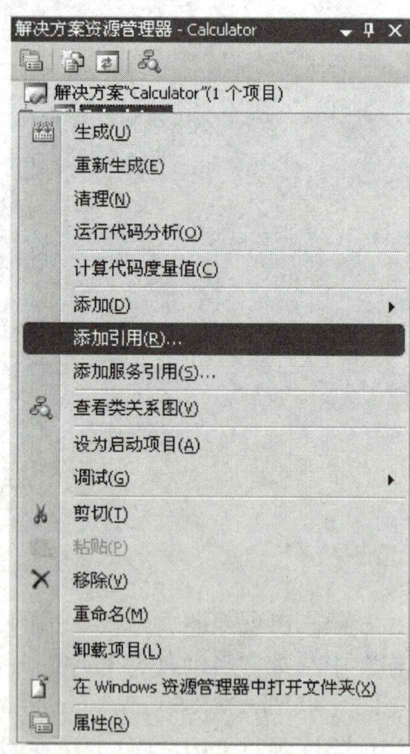

图 4—39　添加引用菜单

(8) 在“添加引用”对话框中选择“. NET”选项

卡，选择“nunit. framework”组件，单击“确定”按钮，如图 4—40 所示，添加成功后如图 4—41 所示。

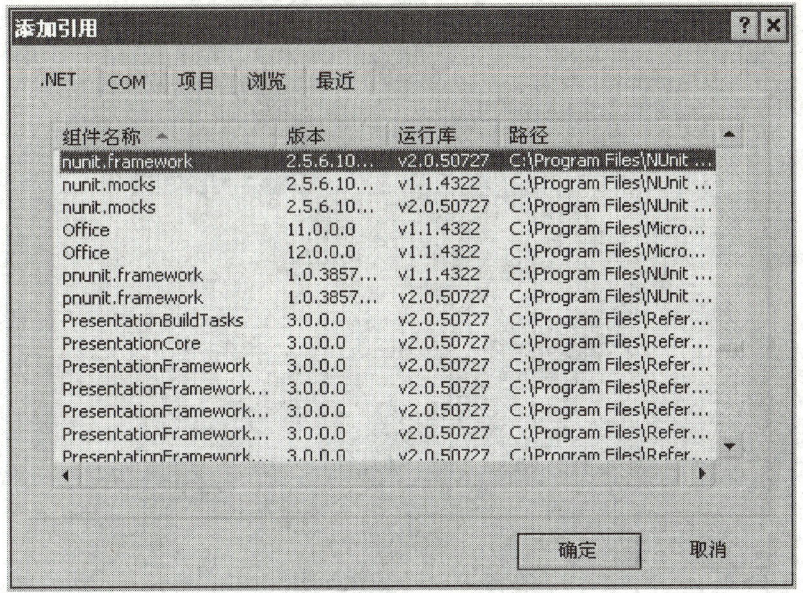

图 4—40　“添加引用”对话框

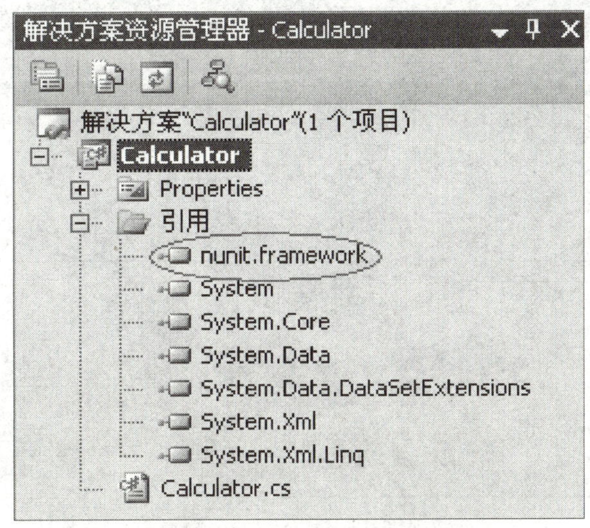

图 4—41　添加成功

(9) 在 Calculator 类库项目上单击鼠标右键，选择“添加”，如图 4—42 所示。

(10) 在添加新项的对话框中新建一个类，命名为 CalculatorTest. cs，如图 4—43 所示。

(11) 在 CalculatorTest. cs 中编写测试类，在 CalculatorTest 中引入命名空间语句“using NUnit. Framework;”，并且测试类必须都在类前加上［TestFixture］特性。在测试类中具体的测试函数前都需要加上［Test］特性，代码如下所示：

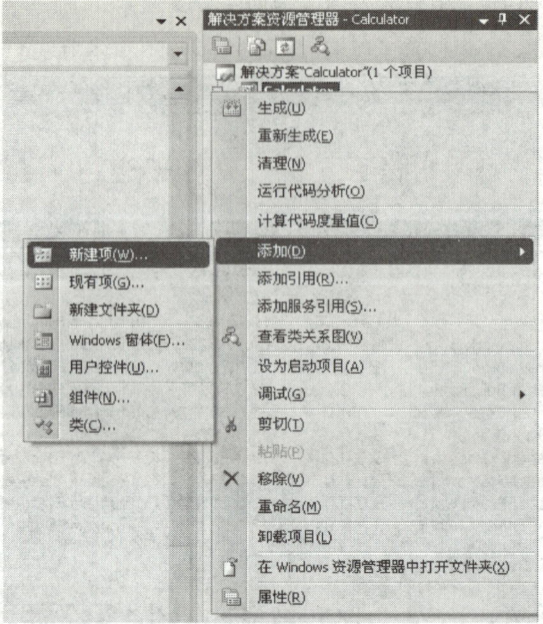

图 4—42　添加新项

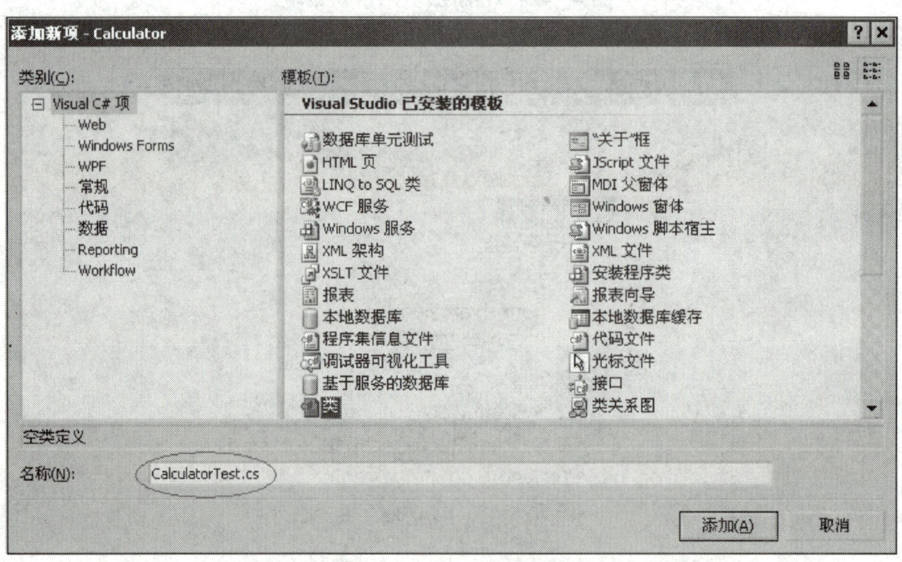

图 4—43　添加新类

```
using System;
    using System.Collections.Generic;
    using System.Text;
    using NUnit.Framework;
    namespace Calculator
    {
        [TestFixture]
        public class CalculatorTest                          //测试类
```

```
    {
      [Test]
      public void TestAdd( )                          //测试函数
      {
          Calculator cal = new Calculator( );
          Assert.IsNotNull(cal);                      //断言,假定创建的对象不为空
          int expectedResult = 10;
          int actualResult = cal.Add(4,6);
          //断言,测试 Add 方法是否返回预期的结果
          Assert.AreEqual(expectedResult,actualResult);
      }
    }
}
```

关于［TestFixture］和［Test］特性以及断言，将会在后文中详细阐述。

(12) 在 NUnit 中单击“File”菜单，选择“Open Project”，在 F:\Calculator\Calculator\bin\Debug 路径下选择“Calculator.dll”，然后单击“Run”按钮，运行测试，测试的进度条全为绿色，表示测试通过，如图 4—44 所示。

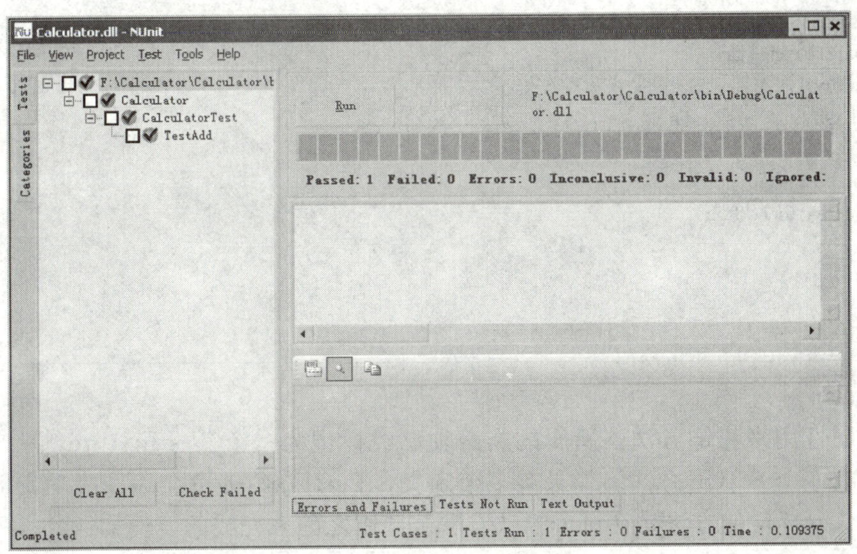

图 4—44 NUnit 运行结果

2. NUnit 的常用属性

如前所述，所有 NUnit 属性（Attribute）都包含在 NUnit.Framework 命名空间里。测试项目必须引用框架的程序集，即 nunit.framework.dll。下面就 NUnit 的主要属性进行介绍。

(1) TestFixture。

TestFixture 属性用来修饰测试类，它标记一个类包含了测试方法。被 TestFixture 属性修饰的类需满足以下的限制条件：

① 必须是一个 public 类型，否则 NUnit 不能识别它。

② 必须有一个默认的构造子，否则 NUnit 不能构建它。

③ 构造子不应该有任何方面的负面影响，因为在一个对话的过程中，NUnit 可能构造类多次。例如：

```
using System;
using NUnit.Framework;
[TestFixture]
public class SuccessTests
{
    // …
}
```

（2）Test。

Test 属性用来修饰测试方法，它标记某个类的某个方法为一个测试方法，而且此类必须已经标记为一个 TestFixture。一个测试方法的签名定义如下：

```
public void MethodName( )
```

注意：测试方法必须没有参数。如果程序员将测试方法标记为不正确的签名，那么它就不会运行。例如：

```
using System;
using NUnit.Framework;
[TestFixture]
public class SuccessTests
{
    [Test]
    public void Add( )
    {
      //…
    }
}
```

（3）SetUp。

SetUp 属性用来修饰方法，所属的类必须已经标记为一个 TestFixture。一个 TestFixture 可以仅有一个 SetUp 方法。如果有多个定义，TestFixture 也会编译成功，但是测试不会运行。SetUp 标记的方法是在每个测试方法被调用之前来完成的。例如：

```
using System;
using NUnit.Framework;
[TestFixture]
public class SuccessTests
{
    [SetUp]
    public void Init( )
    {
        /* … */
    }
    [TearDown]
    public void Dispose( )
    {
```

```
        /* ... */
    }
    [Test]
    public void Add( )
    {
        /* ... */
    }
}
```

SetUp 属性是从任何基类继承而来的。因此，如果基类已经定义了一个 SetUp 方法，那么这个方法会在每个派生类的测试方法之前调用。如果打算在派生类里加入更多的 SetUp 功能，则需要将方法标记为适当的属性，然后调用基类方法。下面以测试加减法为例进行介绍。

```
using System;
using NUnit.Framework;
[TestFixture]
public class NumersFixture
{
    [Test]
    public void AddTwoNumbers( )
    {
        int a = 1;
        int b = 2;
        int sum = a + b;
        Assert.AreEqual(sum,3);
    }
    [Test]
    public void MultiplyTwoNumbers( )
    {
        int a = 1;
        int b = 2;
        int product = a * b;
        Assert.AreEqual(2,product);
    }
}
```

不难看出两个测试方法中有重复的代码，如何去除重复的代码呢？我们可以提取这些代码到一个独立的方法，然后标识这个方法为 SetUp 属性，这样两个测试方法可以共享对操作数的初始化。因此笔者认为 SetUp 属性与构造函数有些类似。下面是改动后的代码：

```
using System;
using NUnit.Framework;
[TestFixture]
public class NumersFixture
{
    private int a;
    private int b;
    [SetUp]
```

```
    public void InitializeOperands( )
    {
        a = 1;
        b = 2;
    }
    [Test]
    public void AddTwoNumbers( )
    {
        int sum = a + b;
        Assert.AreEqual(sum,3);
    }
    [Test]
    public void MultiplyTwoNumbers( )
    {
        int product = a * b;
        Assert.AreEqual(2,product);
    }
}
```

这样 NUnit 将在执行每个测试前执行标记 SetUp 属性的方法。在本例中就是执行 InitializeOperands( ) 方法。注意，这里的方法必须为 public，不然就会有以下错误：

```
Invalid Setup or TearDown method signature.
```

(4) TearDown。

TearDown 属性用来修饰方法，所属的类必须已经标记为一个 TestFixture。一个 TestFixture 可以仅有一个 TearDown 方法。如果有多个定义，TestFixture 也会编译成功，但是测试不会运行。被 TearDown 属性修饰的方法是在每个测试方法被调用之后来执行的，用于回收资源。例如：

```
using System;
using NUnit.Framework;
[TestFixture]
public class SuccessTests
{
    [SetUp]
    public void Init( )
    {
        /* ... */
    }
    [TearDown]
    public void Dispose( )
    {
        /* ... */
    }
```

```
        [Test]
        public void Add( )
        {
            /* ... */
        }
    }
```

TearDown 属性是从任何的基类继承而来的。因此，如果基类已经定义了一个 TearDown 方法，那么这个方法会在每个派生类的测试方法之后调用。如果打算在派生类里加入更多的 TearDown 功能，则需要将方法标记为适当的属性，然后调用基类方法。

（5）TestFixtureSetUp。

TestFixtureSetUp 属性用来修饰方法。所属的类必须已经标记为一个 TestFixture。这些属性标记的方式在 Fixture 任何测试执行之前完成。TestFixture 可以仅有一个 TestFixtureSetUp 方法。如果定义了多个，虽然 TestFixture 可以成功编译，但是测试不会被执行。

（6）TestFixtureTearDown。

TestFixtureTearDown 属性用来修饰方法。所属的类必须已经标记为一个 TestFixture。这些个属性标记的方式在 Fixture 任何测试执行之后完成。TestFixture 可以仅有一个 TestFixtureTearDown 属性方法。如果定义了多个，虽然 TestFixture 可以成功编译，但是测试不会被执行。例如：

```
namespace NUnit.Tests
{
    using System;
    using NUnit.Framework;
    [TestFixture]
    public class SuccessTests
    {
        [TestFixtureSetUp]
        public void Init( )
        {
            /* ... */
        }
        [TestFixtureTearDown]
        public void Dispose( )
        {
            /* ... */
        }
        [Test]
        public void Add( )
        {
            /* ... */
        }
```

```
    }
}
```

SetUp/TearDown 方法提供达到测试隔离性的目的。SetUp 确保共享的资源在每个测试运行前被正确初始化，TearDown 确保没有运行测试产生的遗留副作用 . TestFixtureSetUp/TestFixtureTearDown 同样提供相同的目的，但是却在 TestFixture 范围里。

我们写一个简单的测试来说明什么方法被调用，以及如何合适调用。

```
using System;
using NUnit.Framework;
[TestFixture]
public class LifeCycleContractFixture
{
    [TestFixtureSetUp]
    public void FixtureSetUp( )
    {
      Console.Out.WriteLine("FixtureSetUp");
    }
    [TestFixtureTearDown]
    public void FixtureTearDown( )
    {
      Console.Out.WriteLine("FixtureTearDown");
    }
    [SetUp]
    public void SetUp( )
    {
      Console.Out.WriteLine("SetUp");
    }
    [TearDown]
    public void TearDown( )
    {
      Console.Out.WriteLine("TearDown");
    }
    [Test]
    public void Test1( )
    {
      Console.Out.WriteLine("Test 1");
    }
      [Test]
    public void Test2( )
    {
      Console.Out.WriteLine("Test 2");
    }
}
```

运行结果（如图 4—45 所示）：

```
FixtureSetUp
SetUp
Test 1
TearDown
```

```
SetUp
Test 2
TearDown
FixtureTearDown
```

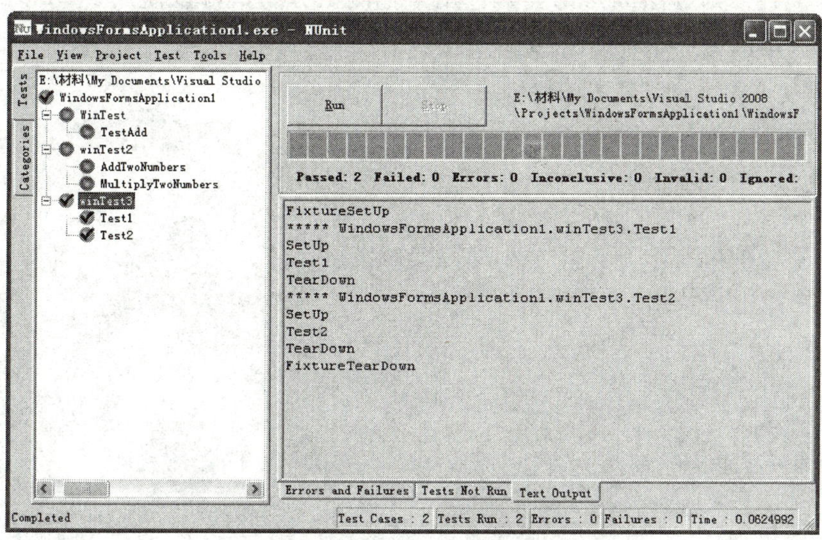

图 4—45　NUnit 输出结果

（7）ExpectedException。

ExpectedException 属性修饰方法，它用来测试一个方法是否抛出了指定的异常。本属性有两种重载方式。第一种是一个 Type，此 Type 为期望异常的精确类型。第二种是一个期望异常全名的字符串。

在执行测试时，如果它抛出了指定的异常，那么测试通过。如果抛出一个不同的异常，测试就失败。如果抛出了一个由期望异常继承而来的异常，这也是成功的。

```
using System;
using NUnit.Framework;
[TestFixture]
public class SuccessTests
{
    [Test]
    [ExpectedException(typeof(InvalidOperationException))]
    public void ExpectAnExceptionByType( )
    {
        /* ... */
    }
    [Test]
    [ExpectedException("System.InvalidOperationException")]
    public void ExpectAnExceptionByName( )
    {
        /* ... */
```

```
    }
}
```

（8）Category。

Category 属性修饰方法或修饰类，它用来把测试分组，可以使用 NUnit 的 Categories 选项卡选择要测试的组，或排除一些组。

对类分组：

```
using System;
using NUnit.Framework;
[TestFixture]
[Category("LongRunning")]
public class LongRunningTests
{
    //...
}
```

对方法分组：

```
using System;
using NUnit.Framework;
[TestFixture]
public class SuccessTests
{
    [Test]
    [Category("Long")]
    public void VeryLongTest( )
    {
        /* ... */
    }
}
```

下面我们编写三个测试方法，并分为两组“compare”和“calculator”，具体代码如下：

```
using System;
using System.Collections.Generic;
using System.Text;
using NUnit.Framework;
namespace WindowsFormsApplication1
{
    [TestFixture]
    public class WinTest4
    {
        private int a;
        private int b;

        [SetUp]
        public void InitializeOperands( )
```

```
        {
            a = 1;
            b = 2;
        }
        [Test]
        [Category("calculator")]
        public void AddTwoNumbers( )
        {
            int sum = a + b;
            Assert.AreEqual(sum,3);
        }
        [Test]
        [Category("calculator")]
        public void MultiplyTwoNumbers( )
        {
            int product = a * b;
            Assert.AreEqual(2,product);
        }
        [Test]
        [Category("compare")]
        public void Comp( )
        {
            Assert.Greater(b,a);
        }
    }
}
```

在 NUnit 中测试“calculator”组的内容，步骤如下：

第一步：单击左侧的“Categories”选项卡。

第二步：在“Available Categories”列表框中选择“calculator”，单击“Add”按钮。

第三步：单击左侧的“Test”选项卡，在树状目录中展开“WinTest4”，单击“Run”按钮，如图 4—46 所示。

我们发现只有 AddTwoNumbers( ) 和 MultiplyTwoNumbers( ) 两个测试方法运行了，而 Comp 没有运行，因此 Comp 不是“calculator”组的。测试结果如图 4—47 所示。

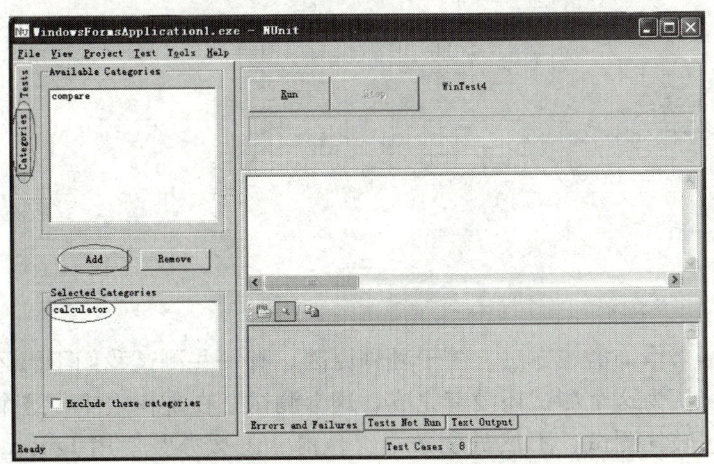

图 4—46　NUnit 输出结果 1

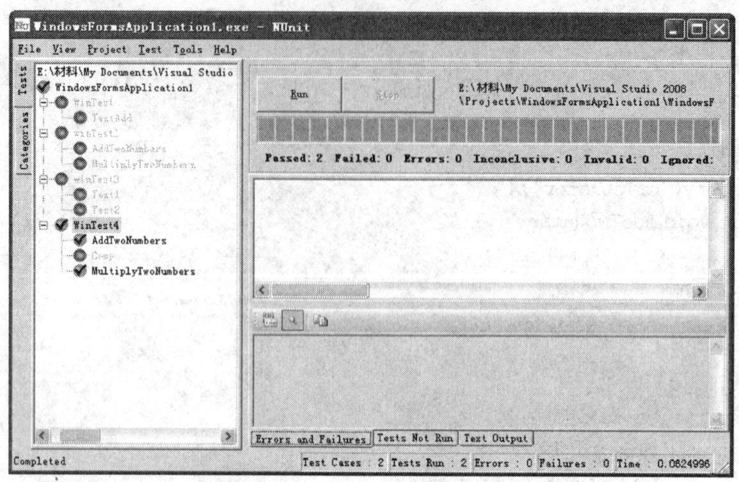

图 4—47　NUnit 输出结果 2

（9）Explicit。

Explicit 属性用来修饰类或方法。Explicit 属性会忽略一个测试或测试 Fixture，直到它被显式地选择运行。如果 Test 和 Test Fixture 在执行的过程中被发现，就忽略它们。所以，进度条显示为黄色，因为 Test 或 Test Fixture 被忽略了。

修饰类：

```
using System;
using NUnit.Framework;
[TestFixture,Explicit]
public class ExplicitTests
{
    //...
}
```

修饰方法：

```
using System;
using NUnit.Framework;
[TestFixture]
public class SuccessTests
{
    [Test,Explicit]
    public void ExplicitTest( )
    {
      /* ... */
    }
}
```

（10）Ignore。

Ignore 属性用来修饰类或方法。由于种种原因，有一些测试我们不想运行。当然，这些原因可能包括用户认为这个测试还没有完成，这个测试正在重构之中，这个测试的需求不是太明确。但又不想破坏测试，不然进度条是红色的。怎么办？使用 Ignore 属性。这样既可以保持测试，又不会运行它们。

这个特性用来暂时不运行一个测试或 Fixture。与注释掉测试或重命名方法相比，这是一个比较好的机制，因为测试会和余下的代码一起编译，而且在运行时有一个不会运行测试的标记，这样保证不会忘记测试。

修饰类：

```
using System;
using NUnit.Framework;
[TestFixture]
[Ignore("Ignore a fixture")]
public class SuccessTests
{
    //...
}
```

修饰方法：

```
using System;
using NUnit.Framework;
[TestFixture]
public class SuccessTests
{
    [Test]
    [Ignore("Ignore a test")]
    public void IgnoredTest( )
    {
        /* ... */
    }
}
```

3. 常用断言

在 NUnit 中，断言是单元测试的核心。NUnit 提供了一组丰富的断言，这些断言是 Assert 类的静态方法。如果一个断言失败，方法的调用不会返回值，并且会报告一个错误。如果一个测试包含多个断言，则那些紧跟失败的断言都不会被执行，因此，通常每个测试方法最好只有一个断言。

Assert 类提供了最常用的断言。我们将 Assert 方法按如下分组：

- 同等（Equality）断言
- 一致性（Identity）断言
- 比较（Comparison）断言
- 类型（Type）断言
- 条件（Condition）测试
- 工具（Utility）方法

下面详细介绍每类断言中具体有哪些方法。在前面的例子中已经有所体现，它们的使用方法都比较简单方便，因此在这就不再举例。

（1）同等断言：主要包括 Assert.AreEqual( )、Assert.AreNotEqual( ) 和 Assert.IsNaN( )。前两个方法测试两个参数是否相等，重载的方法支持普通的值类型。

```
Assert.AreEqual(int expected,int actual);
```

```
Assert.AreEqual(int expected,int actual,string message);
Assert.AreEqual(int expected,int actual,string message,params object[] parms);
Assert.AreEqual(uint expected,uint actual);
Assert.AreEqual(uint expected,uint actual,string message);
Assert.AreEqual(uint expected,uint actual,string message,params object[] parms);
Assert.AreEqual(decimal expected,decimal actual);
Assert.AreEqual(decimal expected,decimal actual,string message);
Assert.AreEqual(decimal expected,decimal actual,string message,params object[] parms);
Assert.AreEqual(float expected,float actual,float tolerance);
Assert.AreEqual(float expected,float actual,float tolerance,string message);
Assert.AreEqual(float expected, float actual, float tolerance, string message, params object[]
parms);
Assert.AreEqual(double expected,double actual,double tolerance);
Assert.AreEqual(double expected,double actual,double tolerance,string message);
Assert.AreEqual(double expected, double actual, double tolerance, string message, params object[]
parms);
Assert.AreEqual(object expected,object actual);
Assert.AreEqual(object expected,object actual,string message);
Assert.AreEqual(object expected,object actual,string message,params object[] parms);
Assert.AreNotEqual(int expected,int actual);
Assert.AreNotEqual(int expected,int actual,string message);
Assert.AreNotEqual(int expected,int actual,string message,params object[] parms);
Assert.AreNotEqual(uint expected,uint actual);
Assert.AreNotEqual(uint expected,uint actual,string message);
Assert.AreNotEqual(uint expected,uint actual,string message,params object[] parms);
Assert.AreNotEqual(decimal expected,decimal actual);
Assert.AreNotEqual(decimal expected,decimal actual,string message);
Assert.AreNotEqual(decimal expected,decimal actual,string message,params object[] parms);
Assert.AreNotEqual(float expected,float actual);
Assert.AreNotEqual(float expected,float actual,string message);
Assert.AreNotEqual(float expected,float actual,string message,params object[] parms);
Assert.AreNotEqual(double expected,double actual);
Assert.AreNotEqual(double expected,double actual,string message);
Assert.AreNotEqual(double expected,double actual,string message,params object[] parms);
Assert.AreNotEqual(object expected,object actual);
Assert.AreNotEqual(object expected,object actual,string message);
Assert.AreNotEqual(object expected,object actual,string message,params object[] parms);
```

不同类型的数值可以按期望的那样进行比较。下面的断言会成功：

```
Assert.AreEqual(5,5.0);
```

float 型和 double 型的数值通常使用一个附加参数来进行比较，这个参数代表一个误差，在这个误差范围内，它们视为相等。

如果两个一维数组有相同的长度，而且相应的数组元素也相等，那么通过调用 Assert.AreEqual 方法，这两个数组视为相等。

注意：多维数组、嵌套数组（数组的数组），以及其他集合类型（如 ArrayList）目前还不支持。

（2）一致性断言：Assert. AreSame( ) 方法、Assert. AreNotSame 方法。这两个方法主要判断两个参数引用的是否是同一个对象。

```
Assert.AreSame(object expected,object actual);
Assert.AreSame(object expected,object actual,string message);
Assert.AreSame(object expected,object actual,string message,params object[] parms);
Assert.AreNotSame(object expected,object actual);
Assert.AreNotSame(object expected,object actual,string message);
Assert.AreNotSame(object expected,object actual,string message,params object[] parms);
```

Assert. Contains( ) 方法用来测试在一个数组或列表里是否包含该对象。

```
Assert.Contains(object anObject,IList collection);
Assert.Contains(object anObject,IList collection,string message);
Assert.Contains(object anObject,IList collection,string message,params object[] parms);
```

（3）比较断言。

Assert. Greater( )：测试一个对象是否大于另外一个。

Assert. Less( )：测试一个对象是否于小另外一个。

```
Assert.Greater(int arg1,int arg2);
Assert.Greater(int arg1,int arg2,string message);
Assert.Greater(int arg1,int arg2,string message,object[] parms);
Assert.Greater(uint arg1,uint arg2);
Assert.Greater(uint arg1,uint arg2,string message);
Assert.Greater(uint arg1,uint arg2,string message,object[] parms);
Assert.Greater(decimal arg1,decimal arg2);
Assert.Greater(decimal arg1,decimal arg2,string message);
Assert.Greater(decimal arg1,decimal arg2,string message,object[] parms);
Assert.Greater(double arg1,double arg2);
Assert.Greater(double arg1,double arg2,string message);
Assert.Greater(double arg1,double arg2,string message,object[] parms);
Assert.Greater(double arg1,double arg2);
Assert.Greater(double arg1,double arg2,string message);
Assert.Greater(double arg1,double arg2,string message,object[] parms);
Assert.Greater(float arg1,float arg2);
Assert.Greater(float arg1,float arg2,string message);
Assert.Greater(float arg1,float arg2,string message,object[] parms);
Assert.Greater(IComparable arg1,IComparable arg2);
Assert.Greater(IComparable arg1,IComparable arg2,string message);
Assert.Greater(IComparable arg1,IComparable arg2,string message,object[] parms);
Assert.Less(int arg1,int arg2);
Assert.Less(int arg1,int arg2,string message);
Assert.Less(int arg1,int arg2,string message,object[] parms);
```

```
Assert.Less(uint arg1,uint arg2);
Assert.Less(uint arg1,uint arg2,string message);
Assert.Less(uint arg1,uint arg2,string message,object[] parms);
Assert.Less(decimal arg1,decimal arg2);
Assert.Less(decimal arg1,decimal arg2,string message);
Assert.Less(decimal arg1,decimal arg2,string message,object[] parms);
Assert.Less(double arg1,double arg2);
Assert.Less(double arg1,double arg2,string message);
Assert.Less(double arg1,double arg2,string message,object[] parms);
Assert.Less(float arg1,float arg2);
Assert.Less(float arg1,float arg2,string message);
Assert.Less(float arg1,float arg2,string message,object[] parms);
Assert.Less(IComparable arg1,IComparable arg2);
Assert.Less(IComparable arg1,IComparable arg2,string message);
Assert.Less(IComparable arg1,IComparable arg2,string message,object[] parms);
```

（4）类型断言。

Assert.IsInstanceOfType( )：判断一个对象的类型是否是期望的类型。

Assert.IsNotInstanceOfType( )：判断一个对象的类型是否不是期望的类型。

Assert.IsAssignableFrom( )：判断一个对象的类型是否属于某种类型。

Assert.IsNotAssignableFrom( )：判断一个对象的类型是否不属于某种类型。

```
Assert.IsInstanceOfType(Type expected,object actual);
Assert.IsInstanceOfType(Type expected,object actual,string message);
Assert.IsInstanceOfType(Type expected,object actual,string message,params object[] parms);
Assert.IsNotInstanceOfType(Type expected,object actual);
Assert.IsNotInstanceOfType(Type expected,object actual,string message);
Assert.IsNotInstanceOfType(Type expected,object actual,string message,params object[] parms);
Assert.IsAssignableFrom(Type expected,object actual);
Assert.IsAssignableFrom(Type expected,object actual,string message);
Assert.IsAssignableFrom(Type expected,object actual,string message,params object[] parms);
Assert.IsNotAssignableFrom(Type expected,object actual);
Assert.IsNotAssignableFrom(Type expected,object actual,string message);
Assert.IsNotAssignableFrom(Type expected,object actual,string message,params object[] parms);
```

（5）条件测试断言。这些方法测试并把测试的值作为第一个参数，以及把一个消息作为第二个参数，第二个参数是可选的。本文提供了下面的方法：

```
Assert.IsTrue(bool condition);
Assert.IsTrue(bool condition,string message);
Assert.IsTrue(bool condition,string message,object[] parms);
Assert.IsFalse(bool condition);
Assert.IsFalse(bool condition,string message);
Assert.IsFalse(bool condition,string message,object[] parms);
```

```
Assert.IsNull(object anObject);
Assert.IsNull(object anObject,string message);
Assert.IsNull(object anObject,string message,object[] parms);
Assert.IsNotNull(object anObject);
Assert.IsNotNull(object anObject,string message);
Assert.IsNotNull(object anObject,string message,object[] parms);
Assert.IsNaN(double aDouble);
Assert.IsNaN(double aDouble,string message);
Assert.IsNaN(double aDouble,string message,object[] parms);
Assert.IsEmpty(string aString);
Assert.IsEmpty(string aString,string message);
Assert.IsEmpty(string aString,string message,params object[] args);
Assert.IsNotEmpty(string aString);
Assert.IsNotEmpty(string aString,string message);
Assert.IsNotEmpty(string aString,string message,params object[] args);
Assert.IsEmpty(ICollection collection);
Assert.IsEmpty(ICollection collection,string message);
Assert.IsEmpty(ICollection collection,string message,params object[] args);
Assert.IsNotEmpty(ICollection collection);
Assert.IsNotEmpty(ICollection collection,string message);
Assert.IsNotEmpty(ICollection collection,string message,params object[] args);
```

（6）StringAssert 断言。

```
StringAssert.Contains(string expected,string actual);
StringAssert.Contains(string expected,string actual,string message);
StringAssert.Contains(string expected,string actual,string message,params object[] args);
StringAssert.StartsWith(string expected,string actual);
StringAssert.StartsWith(string expected,string actual,string message);
StringAssert.StartsWith(string expected,string actual,string message,params object[] args);
StringAssert.EndsWith(string expected,string actual);
StringAssert.EndsWith(string expected,string actual,string message);
StringAssert.EndsWith(string expected,string actual,string message,params object[] args);
StringAssert.AreEqualIgnoringCase(string expected,string actual);
StringAssert.AreEqualIgnoringCase(string expected,string actual,string message);
StringAssert.AreEqualIgnoringCase(string expected,string actual,string message params object[]
args);
```

（7）实用方法。Fail( ) 和 Ignore( )，是为了让我们对测试过程有更多的控制。

```
Assert.Fail( );
```

```
Assert.Fail(string message);
Assert.Fail(string message,object[] parms);
Assert.Ignore( );
Assert.Ignore(string message);
Assert.Ignore(string message,object[] parms);
```

Assert.Fail 方法为用户提供了创建一个失败测试的能力。

```
public void AssertStringContains(string expected,string actual)
{
    AssertStringContains(expected,actual,string.Empty);
}
public void AssertStringContains(string expected,string actual,string message)
{
    if (actual.IndexOf(expected)〈 0)
    Assert.Fail(message);
}
```

Assert.Ignore 方法为用户提供在运行时动态忽略一个测试或者一个测试套件(suite) 的能力。它可以在一个测试，一个 setup 或 fixture setup 的方法中调用。建议只在无效的案例中使用。它也为更多扩展的测试包含或排斥提供了目录能力，或者可以简单将不同情况下运行的测试运行分解到不同的程序集中。

4.2 性能测试工具 LoadRunner 8.0

4.2.1 LoadRunner 8.0 概述与安装

LoadRunner 8.0 作为专业的性能测试工具，通过模拟成千上万的用户对被测应用进行操作和请求，在实验室环境中精确重现生产环境中任意可能出现的业务压力，然后通过在测试过程中获取的信息和数据来确认和查找软件的性能问题，分析性能瓶颈。

LoadRunner 8.0 提供了三大主要模块，这三个模块既可以作为独立的工具分别完成各自的功能，又可以作为 LoadRunner 8.0 的一部分彼此衔接，与其他模块共同完成软件性能的整体测试。这三大模块如下：

Virtual User Generator——用于录制脚本。

Mercury LoadRunner Controller——用于创建、运行和监视场景。

Mercury Loadrunner Analysis——用于分析测试结果。

Loadrunner 8.0 的安装步骤如下：

(1) 以 Administrator 的身份登录 Windows 2003 后，运行 LoadRunner 安装目录中的 Setup.exe，即可进入安装程序。如图 4—48 所示，选择第一项“LoadRunner Full Setup”，完全安装，弹出许可协议窗口，如图 4—49 所示。

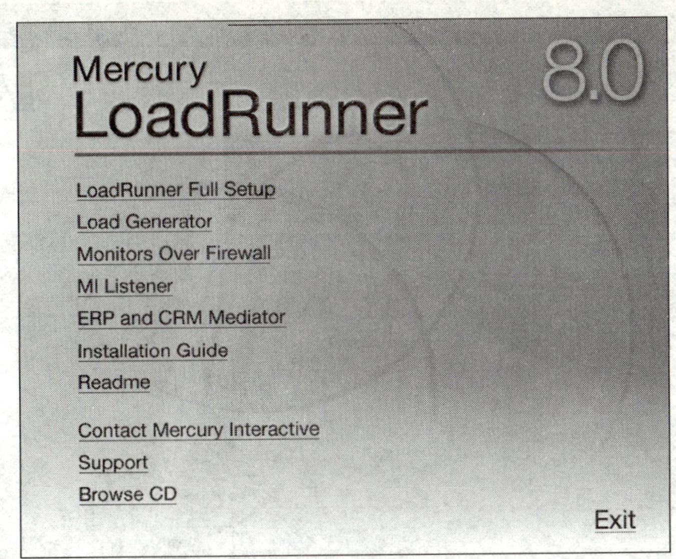

图 4—48　LoadRunner 安装目录窗口

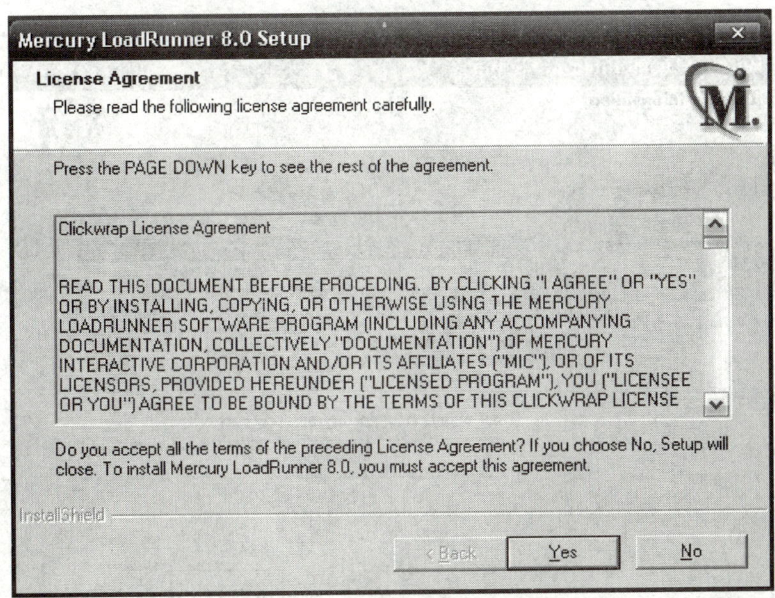

图 4—49　许可协议窗口

（2）在此窗口中描述了 Mercury Interactive 公司的版权声明，接受声明中的许可协议则可单击“Yes”按钮，进入“Setup Type”界面，如图 4—50 所示。

（3）在“Setup Type”界面中，需要选择一种安装类型，建议选择“Typical”典型安装，这样可以一次性安装所有组件。否则选择“Custom”自定义安装，可以自选要安装的组件。选择了安装类型后，单击“Next”按钮，进入安装许可信息界面，如图 4—51 所示。

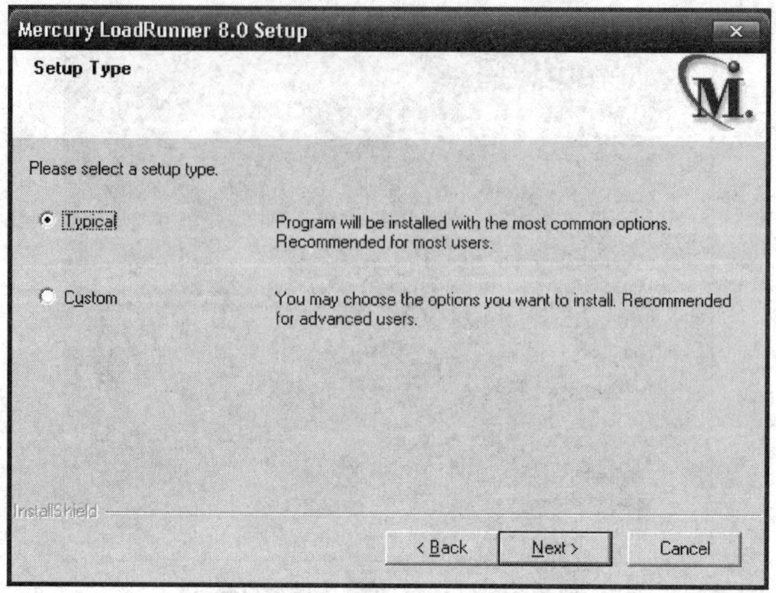

图 4—50 “Setup Type”界面

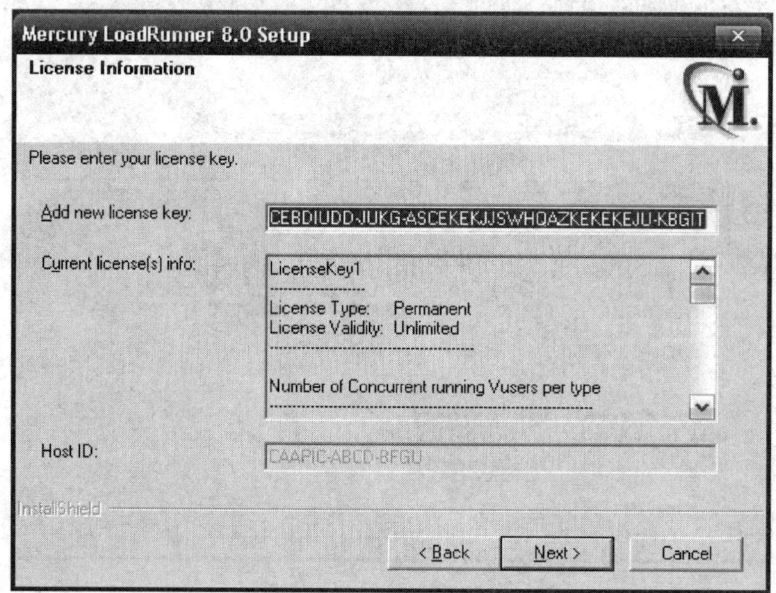

图 4—51 安装许可信息界面

(4) 在安装许可信息界面中，输入“License Key”，单击“Next”按钮继续，进入选择安装位置界面，如图 4—52 所示。

(5) 在选择安装位置界面，如果是网络安装，则要安装到一个网络驱动器上。设置好安装目录后，单击“Next”按钮进入 Web 服务器信息设置界面，如图 4—53 所示。

提示：最好把网络驱动器映射成本机的一个盘符（如 H 盘），安装 LoadRunner 的各级目录名称中不要包含中文字符。

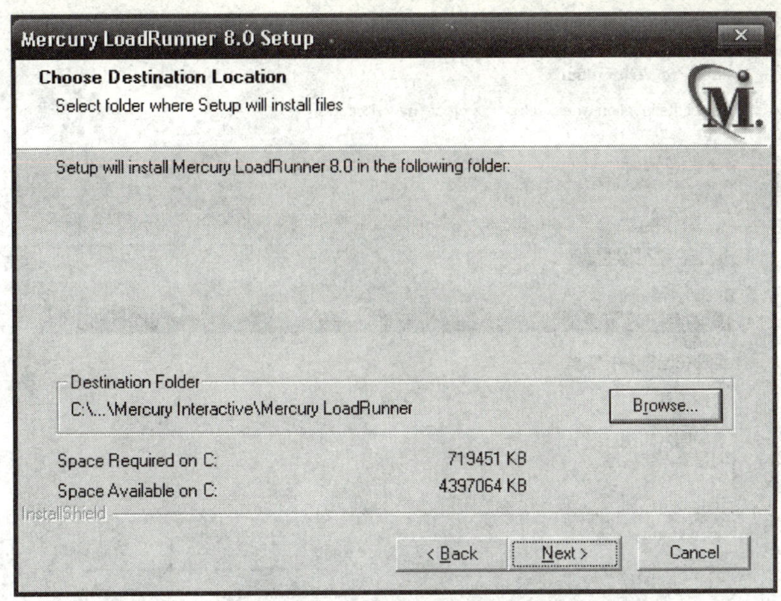

图 4—52　选择安装位置界面

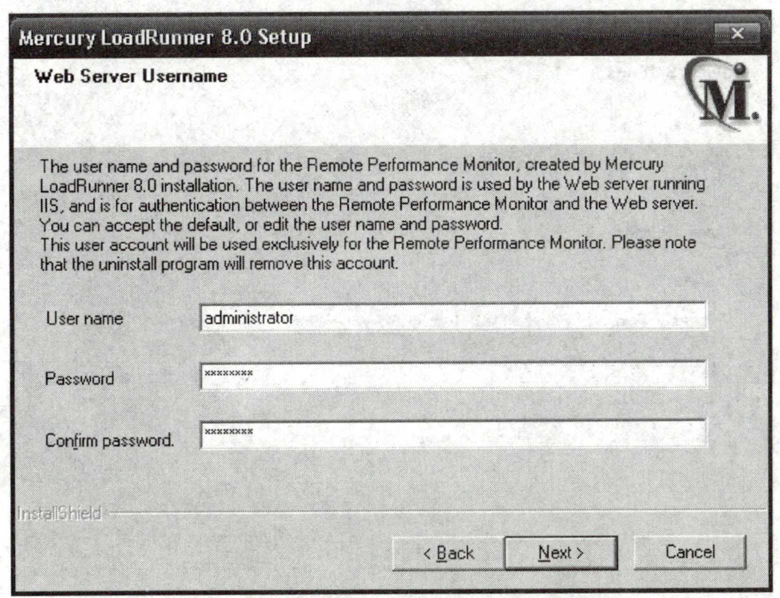

图 4—53　Web 服务器信息设置界面

（6）在 Web 服务器信息设置界面中，需要设置一组用户名及口令。这组用户名及口令将用于远程性能监控终端，对 Web 服务器进行远程监控时的身份验证。设置用户名及口令后，单击“Next”按钮，进入设置程序目录界面，如图 4—54 所示。

（7）在设置程序目录界面中，需要设置程序目录中当前程序的快捷方式，单击“Next”按钮，进入重新检查安装目录界面，如图 4—55 所示。

在重新检查安装目录界面中，继续单击“Next”按钮，进入复制文件界面，到此便可等待 LoadRunner 安装的成功完成了。

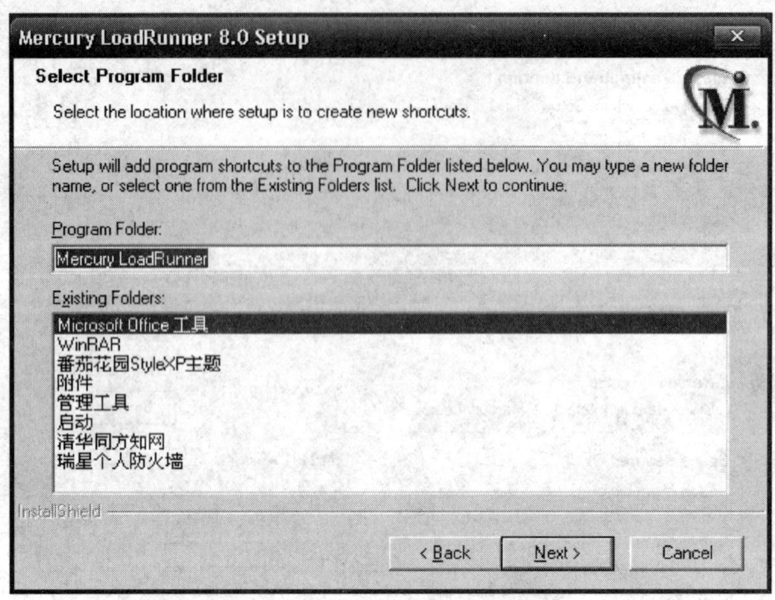

图 4—54 设置程序目录界面

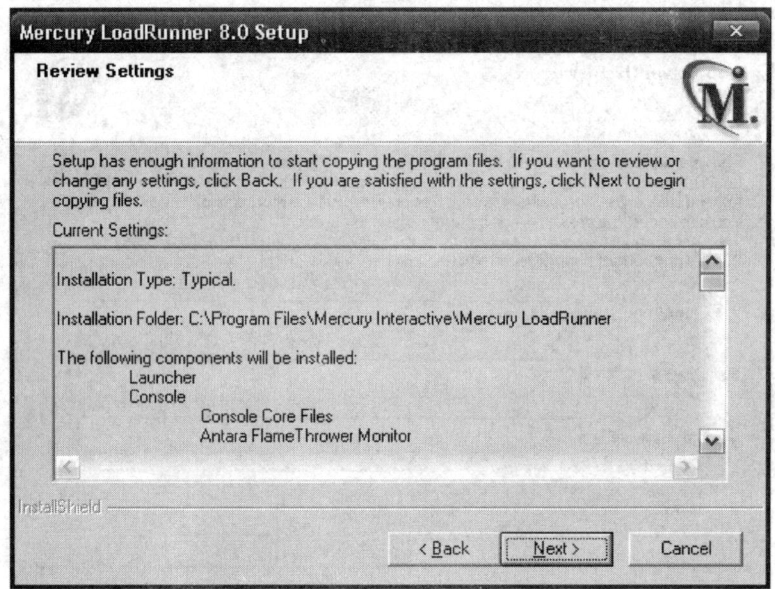

图 4—55 重新检查安装目录界面

4.2.2 LoadRunner 8.0 脚本录制

LoadRunner 将测试脚本分为 3 个部分，Vuser _ Init、Vuser _ End 和 Action，其中 Vuser _ Init 和 Vuser _ End 用于存放应用程序初始化的脚本和注销关闭的脚本。在重复执行的时候，这两部分的内容只执行一次。而 Action 部分用于存放实际的操作脚本，这部分脚本可以多次执行，测试人员还可以根据需要创建多个 Action 脚本，但不能创建 Vuser _ Init 和 Vuser _ End。

1. 脚本的录制

（1）选择“程序→Mercury LoadRunner→LoadRunner→Create→Edite Scripts”或者“程序→Mercury LoadRunner→Applications→Virtual User Generator”，进入录制脚本界面。以 Web 应用为例，需要选择“Web（HTTP/HTML）”协议，如图 4—56 所示。

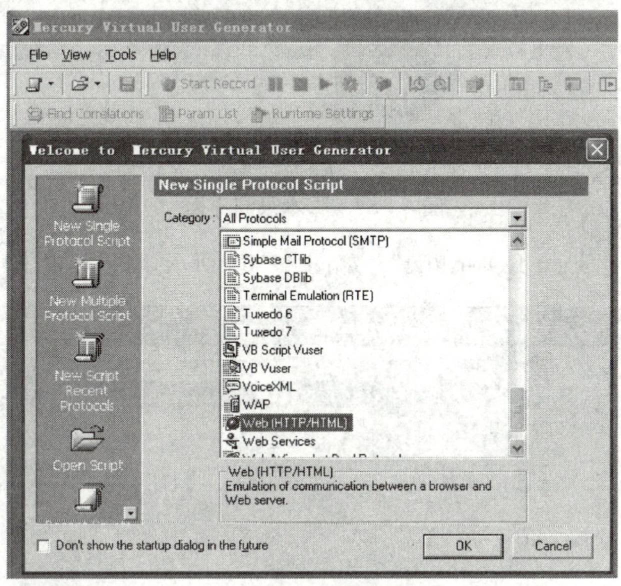

图 4—56　选择协议界面

① 应用程序部署解决方案：Citrix ICA。

② 客户端/服务器：DB2 CLI、DNS、Informix、MS SQL Server、ODBC、Oracle（2 层）、Sybase Ctlib、Sybase Dblib 和 Windows Sockets 协议。

③ 自定义：C 模板、Visual Basic 模板、Java 模板、Javascript 和 VBScript 类型的脚本。

④ 分布式组件：适用于 COM/DCOM、Corba-Java 和 Rmi-Java 协议。

⑤ 电子商务：FTP、LDAP、Palm、PeopleSoft 8 mulit-lingual、SOAP、Web（HTTP/HTML）和双 Web/WinSocket 协议。

⑥ Enterprise Java Bean：EJB 测试和 Rmi-Java 协议。

⑦ ERP/CRM：Baan、Oracle NCA、Peoplesoft-Tuxedo、SAP-Web、SAPGUI、Siebel-DB2 CLI、Siebel-MSSQL、Siebel-Web 和 Siebel-Oracle 协议。

⑧ 传统，终端仿真（RTE）。

⑨ 邮件服务：Internet 邮件访问协议（IMAP）、MS Exchange（MAPI）、POP3 和 SMTP。

⑩ 中间件：Jacada 和 Tuxedo（6、7）协议。

⑪ 流数据：Media Player（MMS）和 Real 协议。

⑫ 无线：i-Mode、VoiceXML 和 WAP 协议。

（2）依据所选系统要求，选择不同的协议，一般系统都选择图 4—56 中的“New Single Protocol Script/Web（HTTP/HTML）”协议。单击“OK”按钮，进入如图 4—57 所示的界面。

图 4—57　脚本录制界面

（3）选择“Vuser/Start Recording”，如图 4—58 所示，进入如图 4—59 所示的界面。

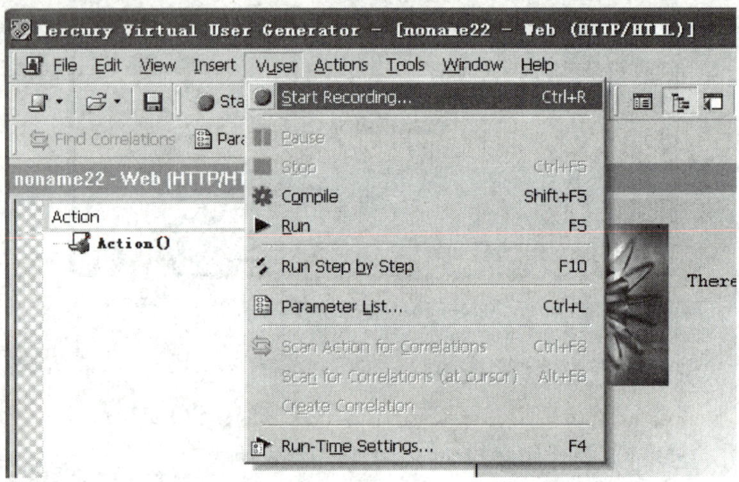

图 4—58　脚本运行界面

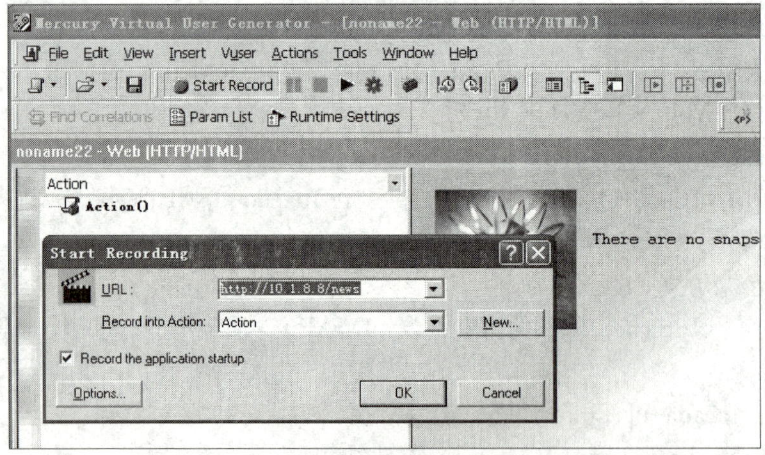

图 4—59　脚本设置界面

（4）在 URL 中添加要测试的 Web 站点地址，选择要把录制的脚本放到哪一个部分，默认情况下是“Action1”。

其中，Vuser _ Init 和 Vuser _ End 只能存在一个，不能再分割，而 Action 还可以分成无数多个部分（通过单击“New”按钮，新建 ActionXXX）。在录制需要登录的系统时，把登录部分放到 Vuser _ Init 中，登录后的操作部分放到 Action 中，注销关闭登录部分放到 Vuser _ End 中。

（5）单击“ Options ”按钮，进入录制的设置界面，这里不需要改动。“Recording”标签页如图 4—60 所示。

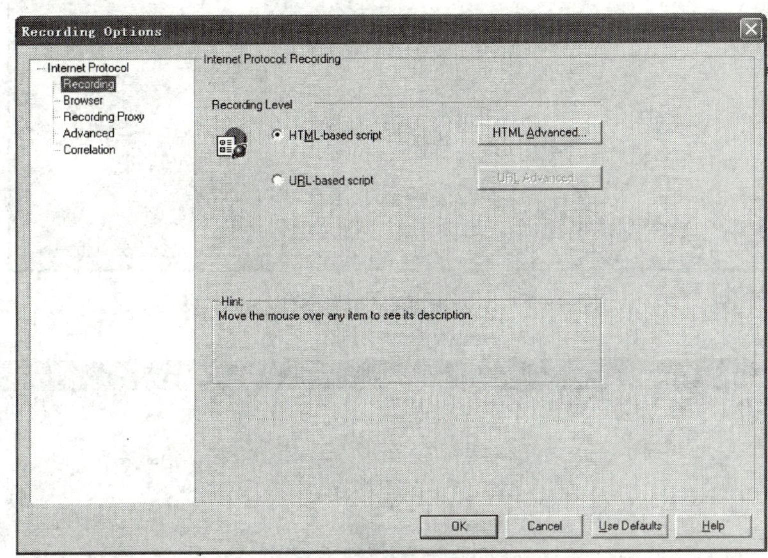

图 4—60　“Recording”标签页

① 默认情况下选择“HTML-based script”，说明脚本中采用 HTML 页面的形式来表示，这种方式的 Script 脚本容易维护、理解，推荐用这种方式录制。

②“URL-based script”说明脚本中采用基于 URL 的方式，这种方式看上去比较乱。选择哪种方式录制，有以下参考原则：

● 基于浏览器的应用程序，推荐使用 HTML-based script。

● 不是基于浏览器的应用程序，推荐使用 URL-based script。

如果基于浏览器的应用程序中包含 JavaScript 并且该脚本向服务器产生了请求，基于浏览器的应用程序中使用了 HTTPS 安全协议，推荐使用 URL-based script 方式录制。

（6）选择“Recording Options/Browser”，出现如图 4—61 所示的界面。在这里选择第一项默认浏览器，如果在机器使用过程中又重新安装了浏览器，并确定是默认浏览器，这时录制脚本就会出错。这时选择第三项“Specify path to application”，找到原来 IE 浏览器的安装路径，单击“OK”按钮即可。

（7）选择“Recording Options/Advanced”，出现如图 4—62 所示的界面。这里有一个选项应注意，在 Preferences/Support charset 中，一般 .NET 中选择的是第一项 UTF _ 8。

“Advanced”标签页：取默认情况即可。下面简单地说明各项的含义。

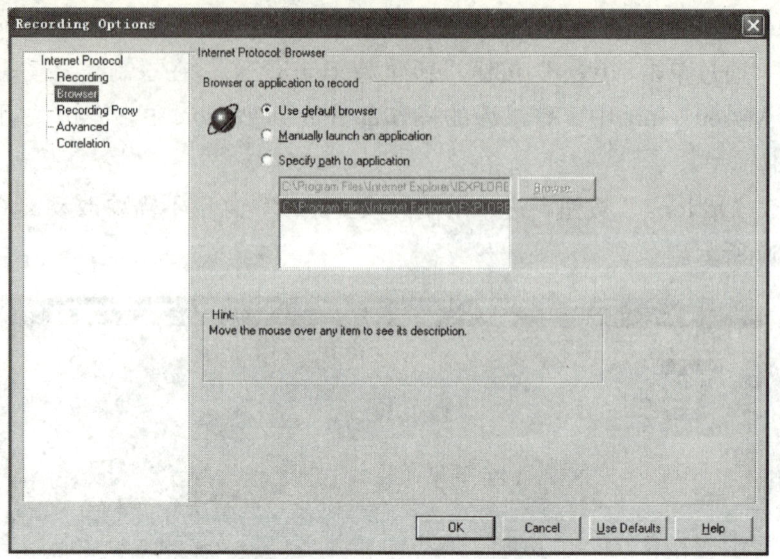

图 4—61　**Recording Options/Browser 页**

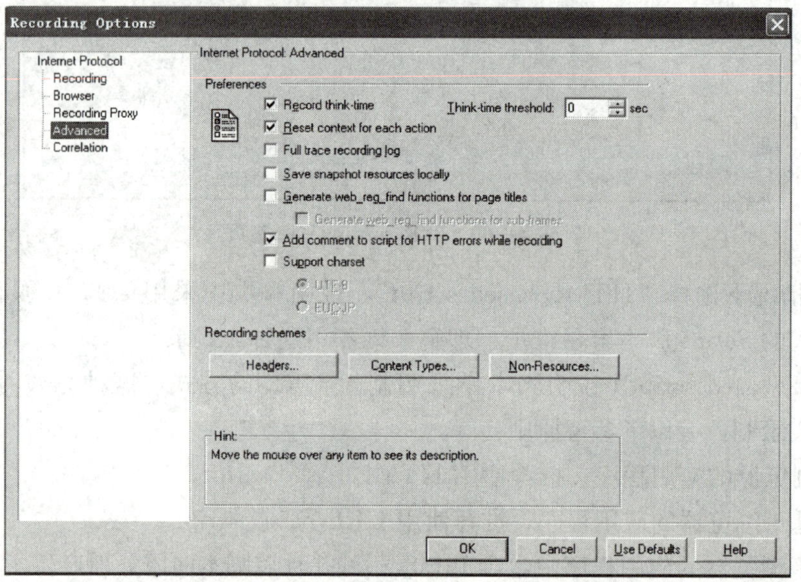

图 4—62　**Recording Options/Advanced 页**

① Record think-time：是否记录录制过程中的 ThinkTime。如果记录，还可以设定 Think-time threshold 的值，单位为秒。

② Full trace recording log：选中该项，VuGen 会完整地记录录制过程的日志，默认情况下，该项没有选中。

（8）录制过程中，在屏幕上会有一个工具条出现。下面我们简单介绍各个按钮的功能，如图 4—63 所示。

（9）录制完成后，按下“结束录制”按钮，VuGen 自动生成用户脚本，退出录制过程。

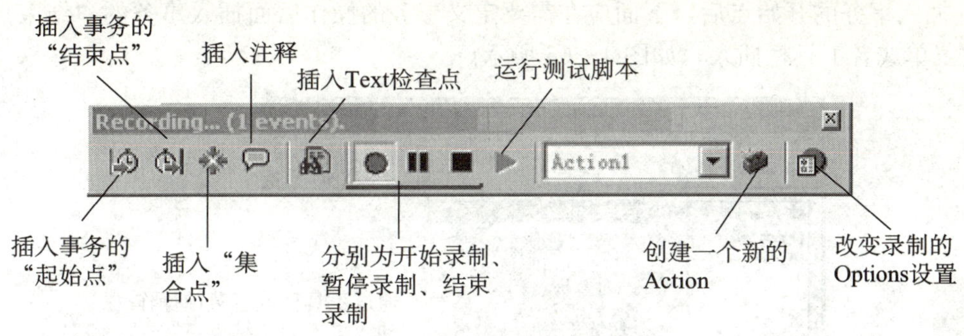

图 4—63　录制工具栏

2. 完善脚本

当录制完一个基本的用户脚本后，在正式使用前还需要完善测试脚本，增强脚本的灵活性。一般情况下，通过以下方法来完善测试脚本。

(1) 插入事务。

为了衡量服务器的性能，需要定义事务（Transaction）。例如，在脚本中有一个向服务器提交数据的操作，为了衡量服务器处理该操作的性能，把这个操作定义为一个事务，这样在运行测试脚本时，LoadRunner 运行到该事务的开始点时，LoadRunner 就会开始计时，直到运行到该事务的结束点，计时结束。这个事务的运行时间在结果中会有反映。插入事务操作可以在录制过程中进行，也可以在录制结束后进行。LoadRunner 运行在脚本中可插入不限数量的事务。具体的操作方法如下：

① 在需要定义事务的操作前面，通过菜单或者工具栏插入，如图 4—64 所示。

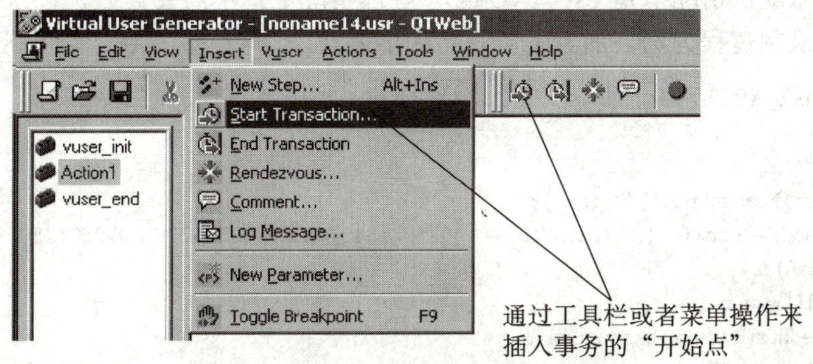

图 4—64　插入事务

② 出现输入该事务的名称对话框，如图 4—65 所示。事务的名称最好见名知意，能够清楚地说明该事务完成的动作。

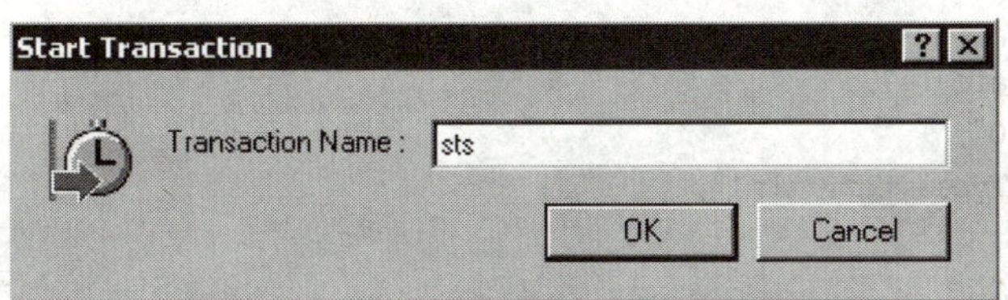

图 4—65　事务开始点名称

③ 插入事务的开始点后，下面应在需要定义事务的操作后面插入事务的“结束点”，可以通过菜单或者工具栏插入，如图 4—66 所示。

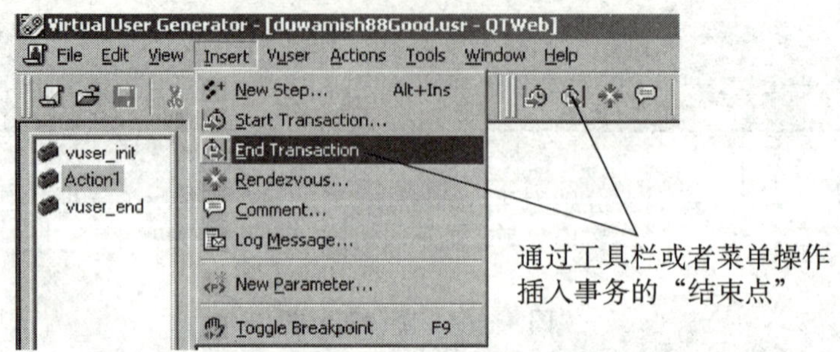

图 4—66 事务结束点

④ 如图 4—67 所示，默认情况下，事务的名称栏中列出最近的一个事务名称。一般情况下，事务名称不用修改。

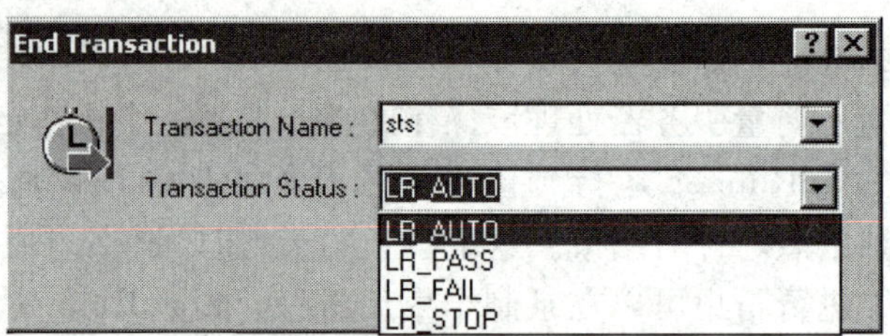

图 4—67 事务结束点名称

事务的状态默认情况下是 LR _ AUTO。一般情况下，不需要修改。以录制 baidu. com，一次搜索脚本录制过程为例，加上事务开始和结束点。

```
#include "web_api.h"
Action( )
{
    lr_start_transaction("baidu");
    web _ add _ cookie ( " BAIDUID = A6E5875548F6B5D978F56627FBF359BC: FG = 1; DOMAIN = cmpsug.baidu.com");
    web_url("www.baidu.com",
      "URL=http://www.baidu.com/",
      "Resource=0",
      "RecContentType=text/html",
      "Referer=",
      "Snapshot=t1.inf",
      "Mode=HTML",
      ……
    web_url("360safeurl",
      "Resource=0",
      "RecContentType=text/html",
      "Referer=",
      "Mode=HTML",
      LAST);
    lr_end_transaction("baidu",LR_AUTO);
```

```
    return 0;
}
```

（2）插入集合点。

插入集合点是为了衡量在加重负载的情况下服务器的性能情况。在测试计划中，可能会要求系统能够承受 500 人同时提交数据，在 LoadRunner 中可以在提交数据操作前加入集合点，这样当虚拟用户运行到提交数据的集合点时，LoadRunner 就会检查同时有多少用户运行到集合点。如果不到 500 人，LoadRunner 就会命令已经到集合点的用户在此等待，当在集合点等待的用户达到 500 人时，LoadRunner 命令 500 人同时提交数据，从而达到测试计划中的需求。

注意：集合点经常和事务结合起来使用。集合点只能插入到 Action 部分，Vuser _ Init 和 Vuser _ End 中不能插入集合点。

具体的操作方法：在需要插入集合点的前面，通过菜单或者工具栏操作即可插入集合点，如图 4—68 所示。输入该集合点的名称，如图 4—69 所示。集合点的名称最好要有意义，能够清楚地说明该集合点完成的动作。

图 4—68　插入集合点

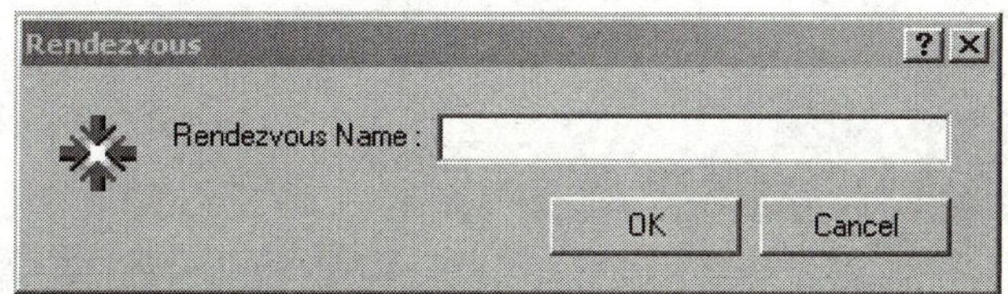

图 4—69　集合点名称

脚本中集合点的代码如下：

```
lr_rendezvous("sts_server");
```

（3）参数化输入。

如果用户在录制脚本过程中，填写提交了一些数据，如要增加数据库记录，则这些操作都被记录到脚本中。当多个虚拟用户运行脚本时，就会提交相同的记录，这样不符合实际的运行情况，而且有可能引起冲突。为了更加真实地模拟实际环境，需要各种各样的输入。

参数化输入是一种不错的方法。用参数表示用户的脚本有两个优点：

● 脚本的长度变短。

● 使用不同的数值来测试应用。

参数化包含以下两项任务：

① 在脚本中用参数取代常量值。

② 设置参数的属性以及数据源。

参数化仅可以用于一个函数中的参量，不能用参数表示非函数参数的字符串。另外，不是所有的函数都可以参数化的。

关于参数化输入，我们用一个例子来说明。

```
web_submit_data("login.aspx_2",
    "Action=http://oa.cvit.com.cn/XT/Accounts/login.aspx?ReturnUrl=%2fDefault.aspx",
        "Method=POST",
        "RecContentType=text/html",
    "Referer=http://oa.cvit.com.cn/XT/Accounts/login.aspx?ReturnUrl=%2fDefault.aspx",
        "Snapshot=t9.inf",
        "Mode=HTML",
        ITEMDATA,
        "Name=__VIEWSTATE",
    "Name=__EVENTVALIDATION","Value=/wEWBgKIs/qrBwLr/4HfAgKyxeCRDwKS16GiCwLO9biUBgLSwpm0CM
W2ULuKTbZTDBRXoC5E824PkjSE",ENDITEM,
        "Name=UserID","Value=yuyanhua",ENDITEM,
        "Name=PassWord","Value=122345",ENDITEM,
        "Name=DDLUserType","Value=Teacher",ENDITEM,
        "Name=Imagebutton1.x","Value=53",ENDITEM,
        "Name=Imagebutton1.y","Value=21",ENDITEM,
        LAST);
```

假如以上是一个注册窗体，我们想参数化上面加黑处的脚本。操作方法很简单，只要选中“122345”，单击鼠标右键即可，如图 4—70 所示。出现如图 4—71 所示的对话框。

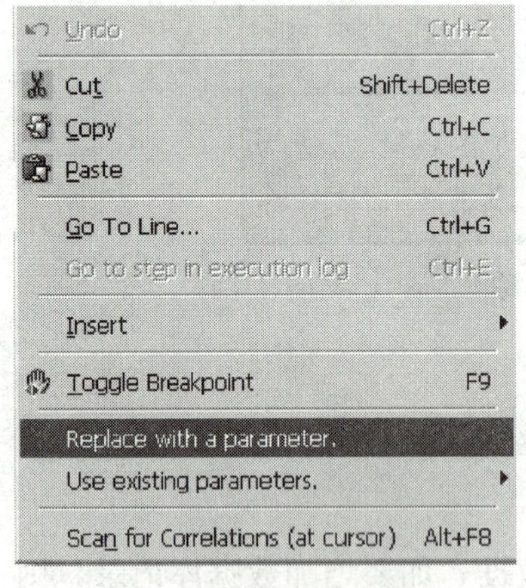

图 4—70　脚本参数化

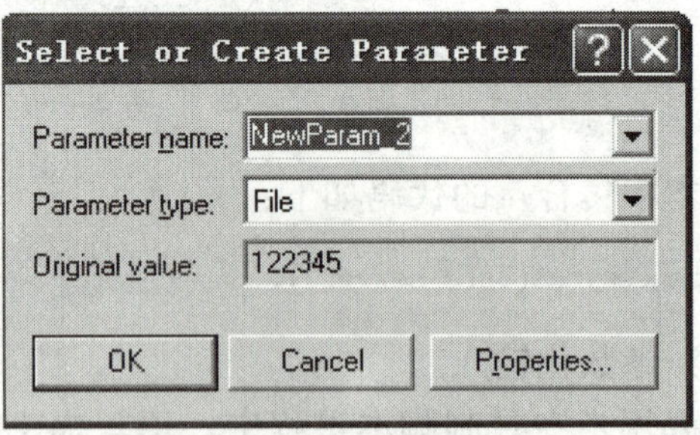

图 4—71　参数化名称

其中，Parameter name 是参数的名字，最好能取有意义的名字，Parameter type 是参数的类型，Original value 是参数的初始值，只读，以后还可以恢复参数为该值，如图 4—72 所示。

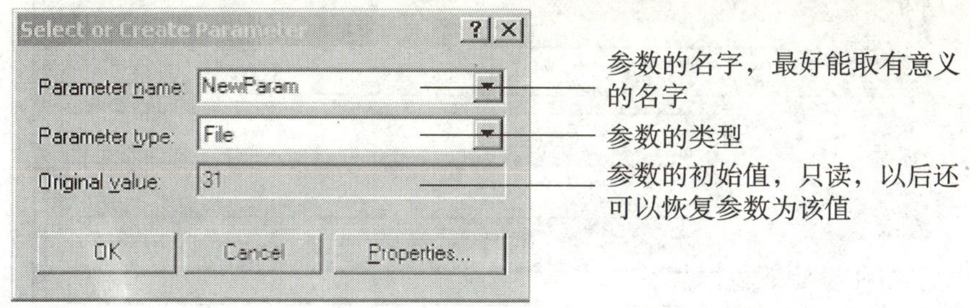

图 4—72　参数化界面说明

下面重点介绍参数的类型。

● DateTime：在需要输入日期/时间的地方，可以用 DateTime 类型来替代。其属性设置也很简单，选择一种格式即可。当然也可以定制格式。

● Load Generator Name：在实际运行中，LoadRunner 使用该虚拟用户所在的 Load Generator 的机器名来代替。

● Iteration Number：在实际运行中，LoadRunner 使用该测试脚本当前循环的次数来代替。

● Random Number：随机数。在属性设置中可以设置产生随机数的范围。

● Unique Number：唯一的数。在属性设置中可以设置第一个数以及递增数的大小。

注意：使用该参数类型必须注意可以接受的最大数。例如，某个文本框能接受的最大数为 99。当使用该参数类型时，设置第一个数为 1，递增的数为 1，但 100 个虚拟用户同时运行时，第 100 个虚拟用户输入的将是 100，这样脚本运行将会出错。这里说的递增意思是各个用户取第一个值的递增数，每个用户相邻的两次循环之间的差值为 1。假如起始数为 1，递增为 5，那么第一个用户第一次循环取值为 1，第二次循环取值为 2；第二个用户第一次循环取值为 6，第二次为 7；依此类推。

● Vuser ID：设置比较简单。在实际运行中，LoadRunner 使用该虚拟用户的 ID 来代替，该 ID 是由 Controller 来控制的。

● File：需要在属性设置中编辑文件，添加内容，也可以从现成的数据库中取数据。

● User Defined Function：从用户开发的 dll 文件中提取数据。

上面的例子中，取随机数即可，如图 4—73 所示。单击“Properties”按钮，进入属性设置界面，如图 4—74 所示。

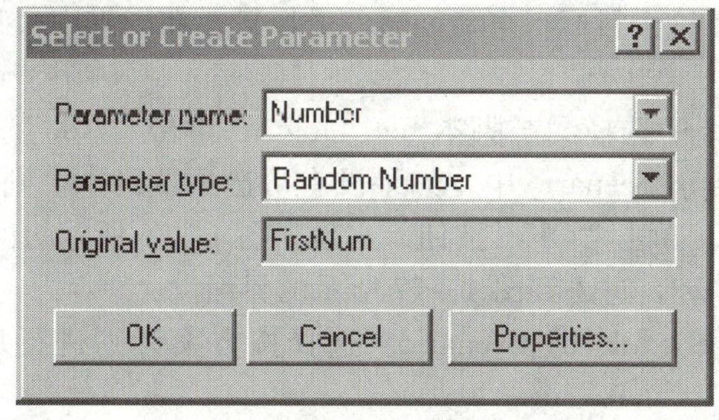

图 4—73　参数类型设计

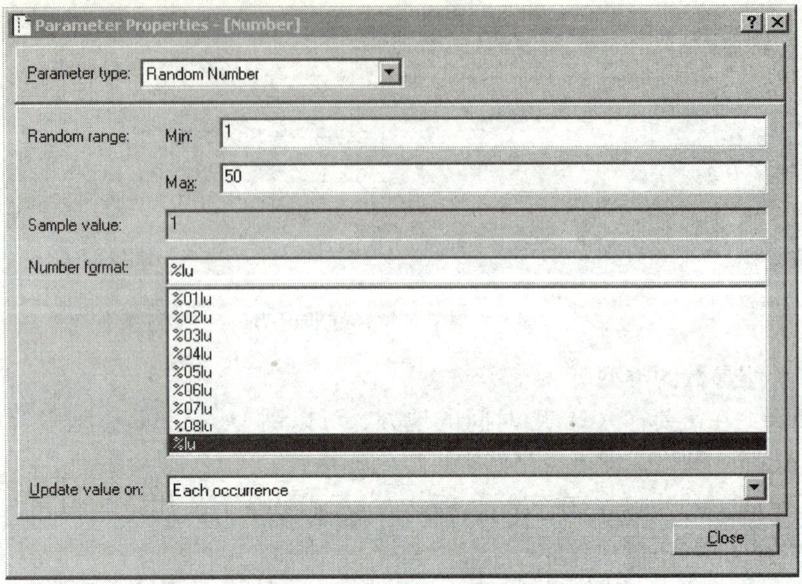

图 4—74 参数化属性设计

随机数的取值范围为 1～50，可选择一种数据格式。在 Update Value on 中有以下几个选项：

- Each occurrence：在运行时，每遇到一次该参数，就会取一个新的值。
- Each iteration：在运行时，在每一次循环中都取相同的值。
- Once：在运行时，在每次循环中，该参数只取一次。

4.2.3 LoadRunner 8.0 的场景设计与监视

运行场景描述在测试活动中发生的各种事件。一个运行场景包括一个运行虚拟用户活动的 Load Generator 机器列表、一个测试脚本的列表，以及大量的虚拟用户和虚拟用户组。创建运行场景使用 Controller，步骤如下：

选择“程序→Mercury LoadRunner→Applications→Controller”，出现“New Scenario”窗口。如果没有出现，可以在菜单或者工具栏中单击“New”按钮。在新建场景的窗口，选择一种场景类型。

- Manual Scenario：该项要完全手动地设置场景。
- Goal-Oriented Scenario：在测试计划中，一般都包括性能测试要达到的目标。选择该项后，LoadRunner 基于这个目标，自动创建一个场景。在场景中，只要定义目标即可，如图 4—75 所示。

在 Available Scripts 中选择测试脚本 net _ login，单击“Add”按钮，这样 net _ login 脚本即可出现在 Scripts in Scenario 中。如果没有可选测试脚本，则单击“Browse”按钮，选择要添加的测试脚本。单击“OK”按钮，出现如图 4—76 所示的窗口。

单击“Edit Schedule”，进入到图 4—77 所示的界面。

(1) 按方案计划 Schedule by Scenario。选择按方案计划进行加压设置，如图 4—77 所示。

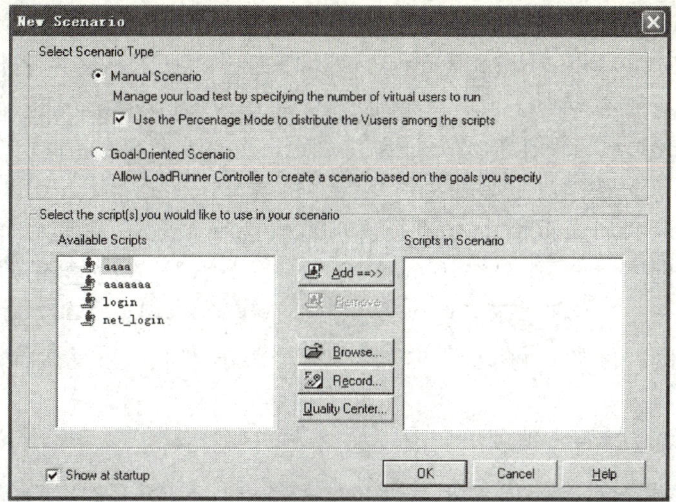

图 4—75　测试脚本选择

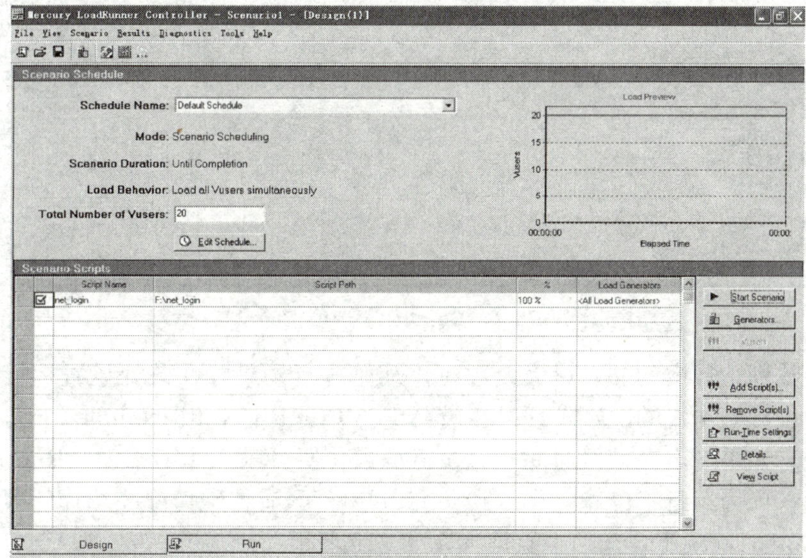

图 4—76　测试脚本浏览

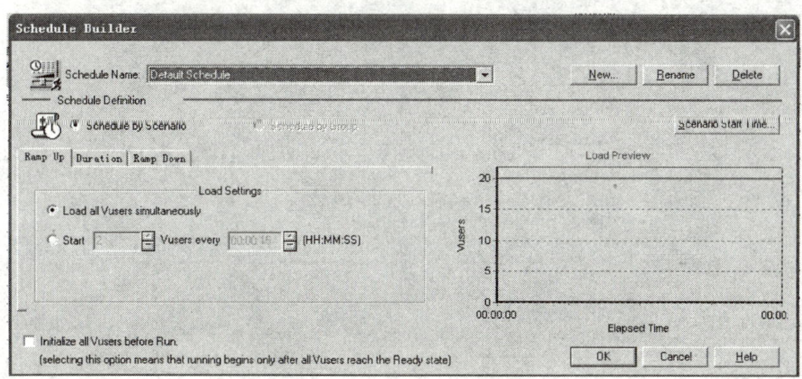

图 4—77　编辑场景

Schedule Name（计划名称）：选择要用于方案的计划的名称，有“Rump Up”（加压）、“Duration”（持续时间）和“Rump Down”（缓慢加压）三个默认的名称供选择。“加压”将以相对步调增加释放的 Vuser 数，“缓慢加压”将以较慢的步调增加释放的 Vuser 数。

Schedule Definition（计划定义）：提供“Schedule by Scenario”（按方案计划）和“Schedule by Group”（按组计划）两种方案计划供选择。

在图 4—77 所示的加压页面中有两个选项可供选择：默认为第一项（Load all Vusers Simultaneously），即同时启动方案中的所有 Vuser；第二项设置开始运行的加压方式（Start、Vusers every），根据实际需要来设置多少个用户某一时间同时运行，并在两次加压之间等待指定的时间。例如，每 10 秒内加载 20 个用户，用户数呈阶梯形上升，直到达到 Vuser 的最大数。

“Duration”（持续时间）选项卡的设置如图 4—78 所示。

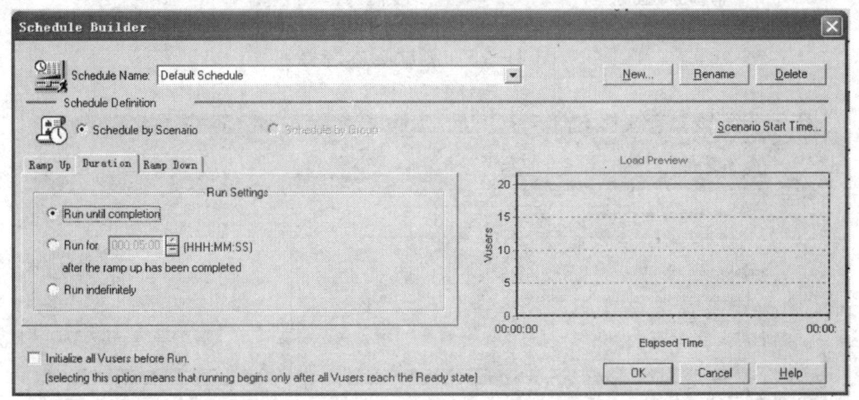

图 4—78　“Duration”选项卡的设置

当加压人数到达规定的并发最大人数时，开始执行场景，在此处设置运行场景的时间。如果在脚本中设置好迭代的次数，便可以选择第一项（Run until completion），运行直到任务结束才停止。如果规定在某段时间一直执行场景，便可以选择第二项（Run for），指定运行的时间。第三项为运行不停止（Run indefinitely），只有特殊情况才选择此项。

“Ramp Down”（减压）选项卡页面如图 4—79 所示。

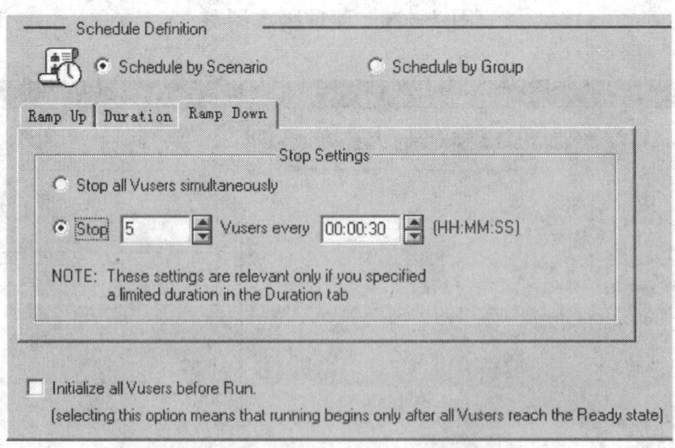

图 4—79　按方案计划减压设置

当场景运行停止时，在此处设置场景结束方式，默认为第一项（Stop all Vusers simultaneously），即为场景停止，所有的用户也同时停止操作。第二项（Stop、Vusers every）设置在指定的时间内停止 Vuser 数目，可调整在两次停止之间填写间隔时间。例如，每 30 秒停止 5 个用户，直到全部用户都停止时场景结束。另外，仅当在“Duration”选项卡中选中了第二个选项时，才使用“Ramp Down”选项卡设置。

（2）按组计划。

下面选择按组计划进行加载设置，“Start Time”（开始时间）选项卡页面如图 4—80 所示。与按方案计划的不同之处在于，按组计划可以对多个脚本进行开始时间的配置，设置方式共有三种：

第一项“Start at the beginning of the scenario”，所有的组和方案一同开始。

第二项“Start…after the scenario begins”，当方案开始后，指定每组开始前等待的时间量。

第三项“Start when group…finishes”，设置该组在哪个组运行完成后再开始运行。

“Ramp Up”（加压）选项卡如图 4—81 所示。

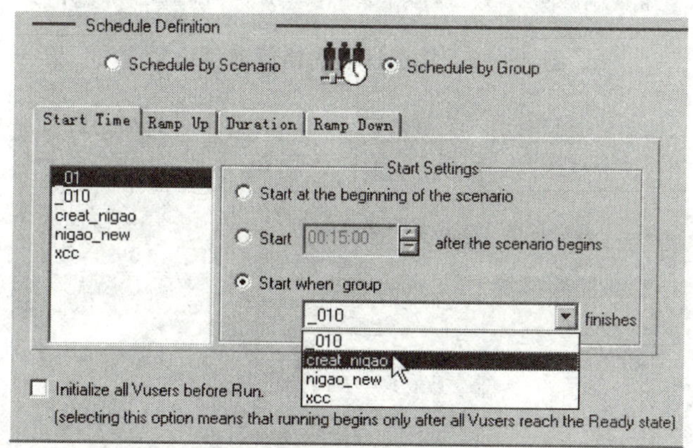

图 4—80　按组计划的开始时间设置

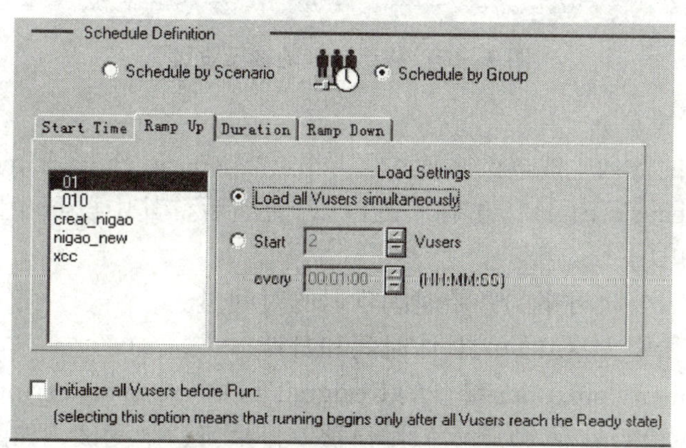

图 4—81　按组计划的加压设置

此处的加压设置和按方案设置加载方式一样，只不过需要对每个组的脚本分别进行设置。

"Duration"（持续时间）选项卡页面如图 4—82 所示。设置每组脚本运行的时间和按方案计划的设置方式一样。

"Ramp Down"（减压）选项卡页面如图 4—83 所示。以按方案计划同样的方式，对每组进行减压设置。

如果是面向目标的方案，不可以选择按组分配进行设置。

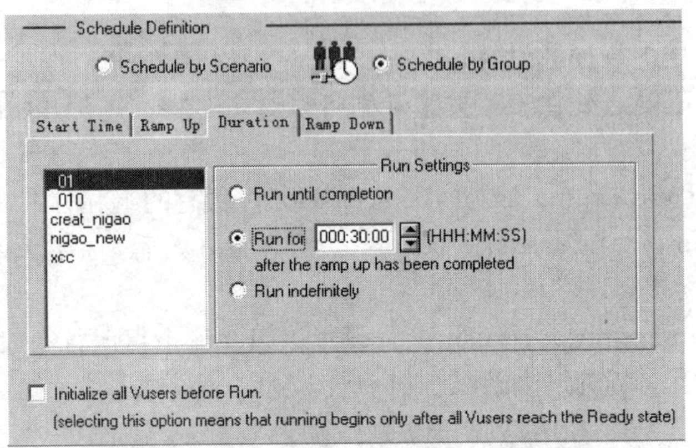

图 4—82　按组计划的持续时间设置

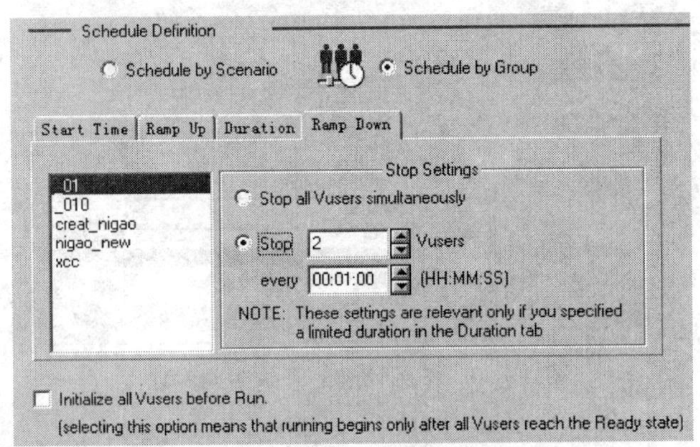

图 4—83　按组计划的减压设置

（3）延迟时间设置。

在图 4—77 所示的计划生成器的页面中，单击"Scenario Start Time"按钮，设置延迟时间方案。打开"Scenario Start（方案开始）"对话框后，其中已选中默认选项"Without delay"（无延迟），如图 4—84 所示。

选择第二项，输入要将方案的开始时间延迟的时间量。

选择第三项，可指定方案开始的具体时间和日期。

（4）在 LoadRunner Controller 打开的 Design Tab 中，demo _ script test 显示在 Scenario Groups 面板中，可以看到有 20 个虚拟用户被安排执行这个测试，如图 4—85 所示。

① 单击 Add Script(s) 按钮，出现如图 4—86 所示的界面，添加脚本，按"Browse"查找已有的脚本，按"Record"重新录制新的脚本。

② 单击 Generators（添加测试机），出现"Load Generators"界面，如图 4—87 所示，

单击“Add”，如图 4—88 所示。在“Name”中输入测试机 IP，在“Platform”中输入选择

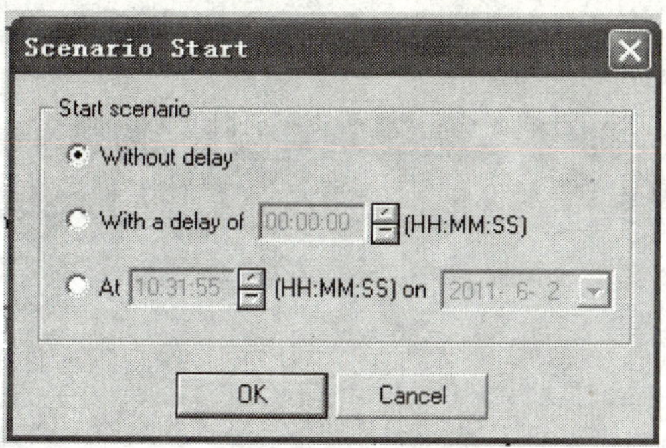

图 4—84　设置延迟时间方案界面

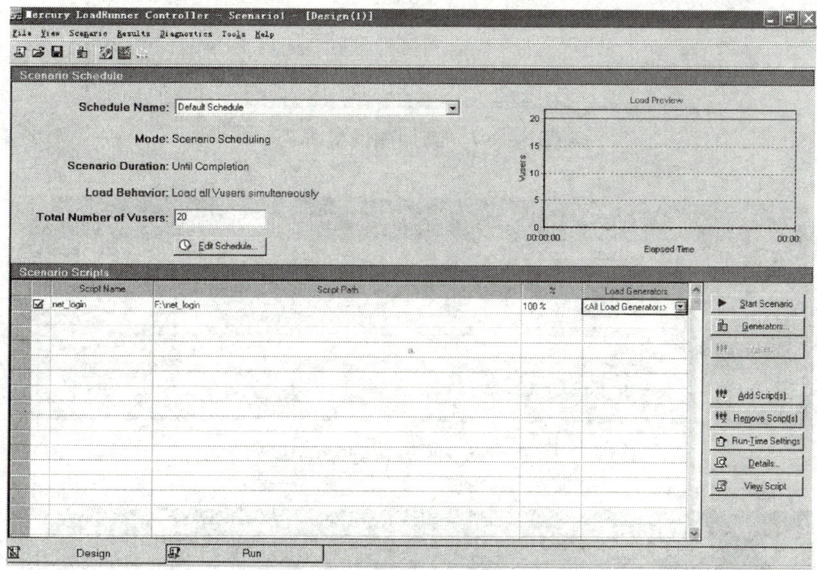

图 4—85　虚拟用户选择

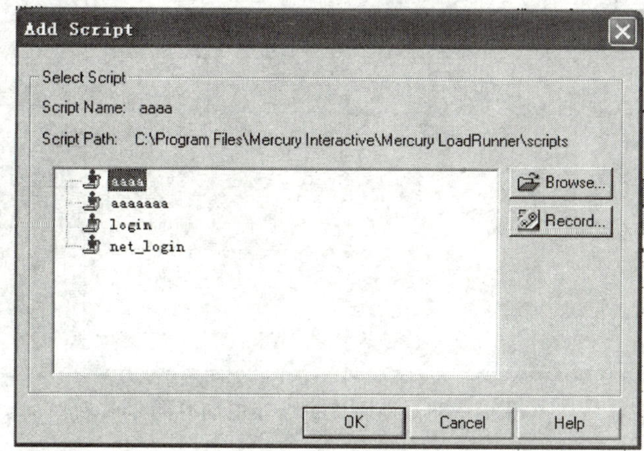

图 4—86　脚本选择

测试机系统。单击“OK”按钮，出现如图 4—89 所示的界面，选中所要添加的测试机，单击“Connect”。如果连接成功，在 Status 栏会显示 Ready，连接不成功显示 Failed，如图 4—90 所示。

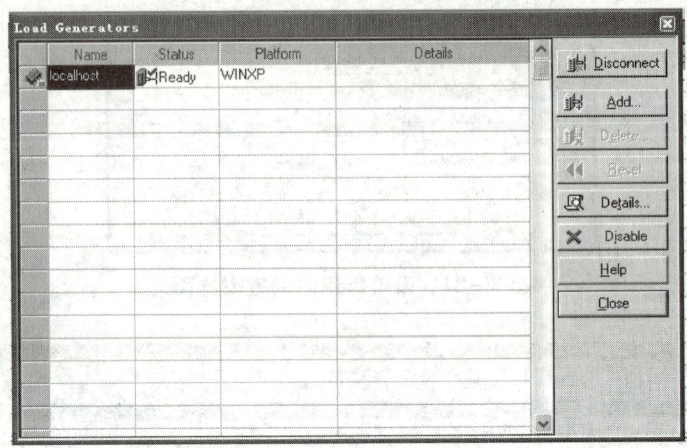

图 4—87　添加测试机界面

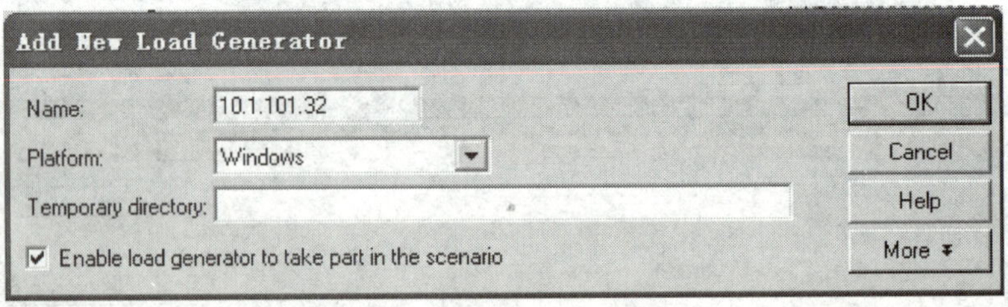

Add New Load Generator
Name: 10.1.101.32
Platform: Windows
Temporary directory:
Enable load generator to take part in the scenario
OK
Cancel
Help
More

图 4—88　添加新的测试机

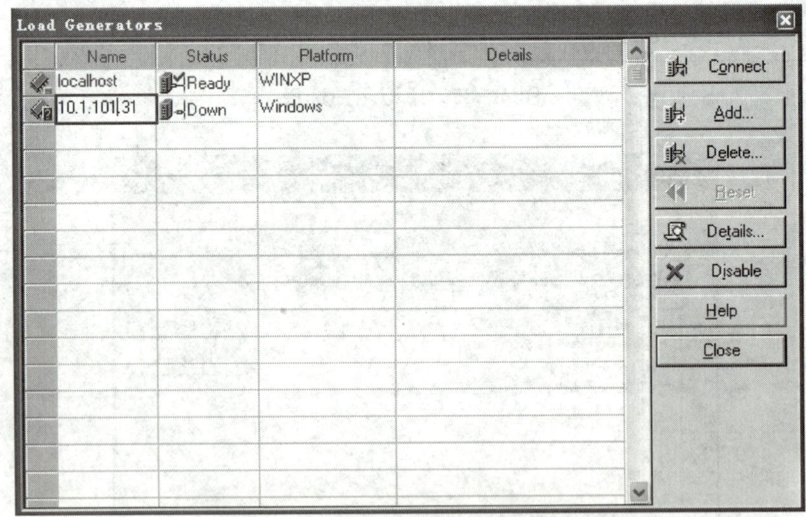

图 4—89　新测试机连接成功界面

③ Vusers... 虚拟用户表，单击出现如图 4—91 所示的界面。

④ Add Script(s)，添加脚本，如图 4—92 所示。

⑤ 单击“Start Scenario”按钮，在控制器（Controller）中会显示出执行视图，控制器开始一个情境（Scenario）。

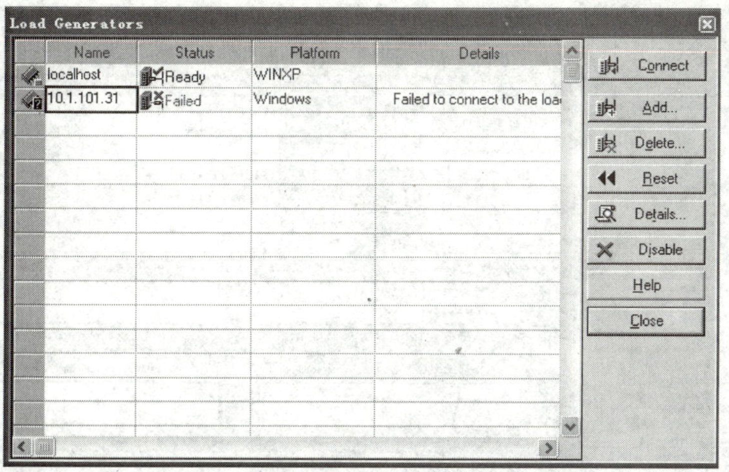

图 4—90　新测试机连接失败界面

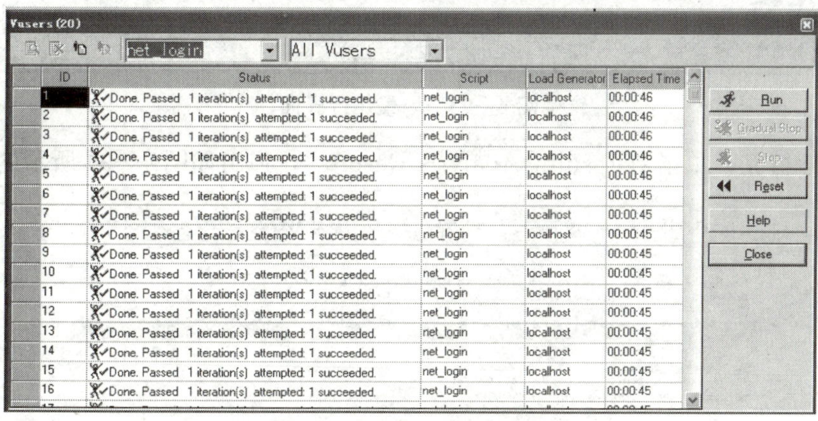

图 4—91　虚拟用户表

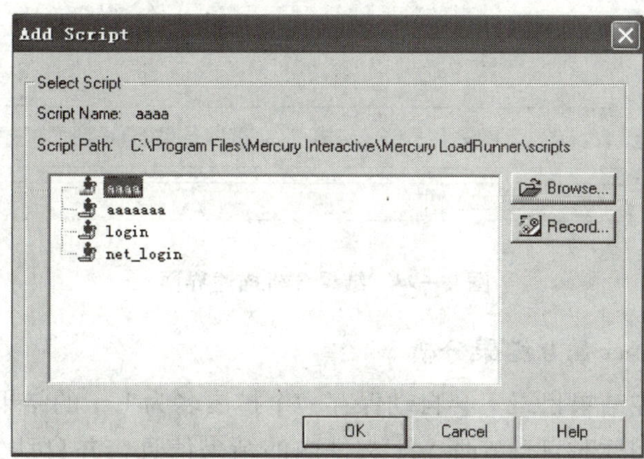

图 4—92　添加测试脚本

在 Scenario Groups 面板中，可以看到虚拟用户逐步开始执行，同时系统负载也开始增加。在 online graphs 区域，可以看到系统对虚拟用户操作的响应，如图 4—93 所示。

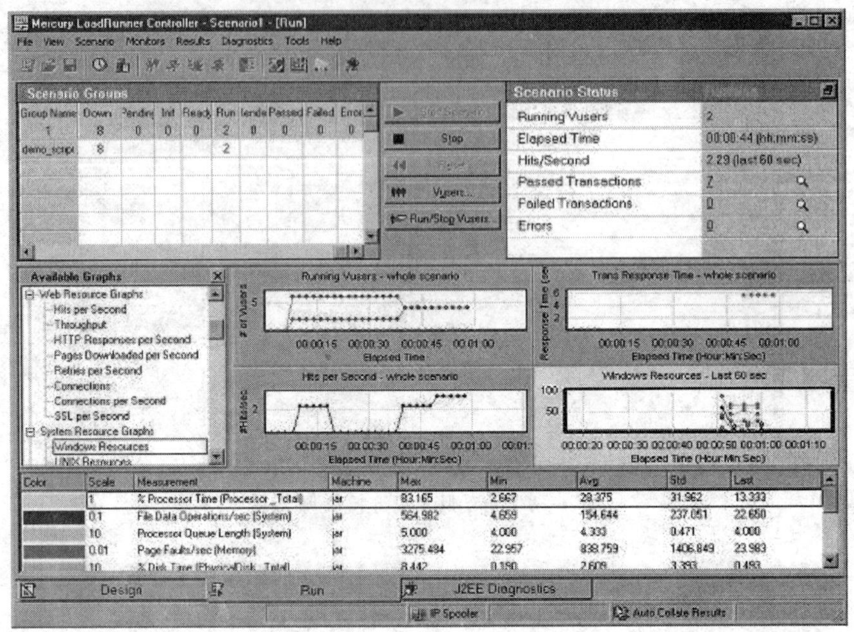

图 4—93　场景运行界面

⑥ 场景运行完，单击“Results/Analysis Results”，弹出如图 4—94 所示的界面。

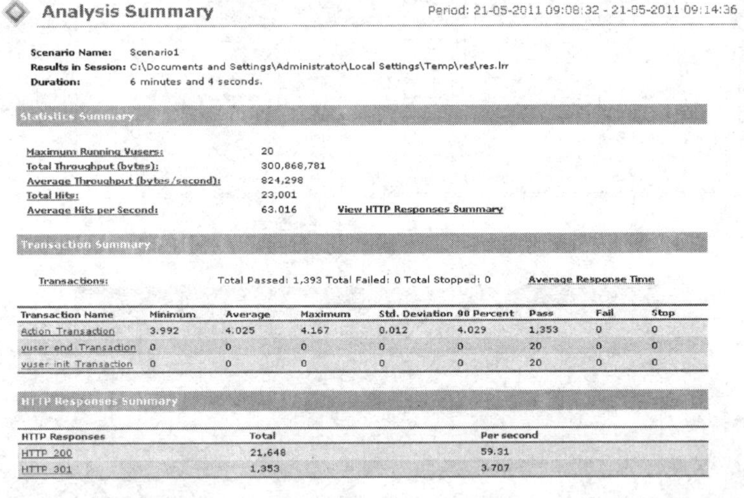

Analysis Summary　　Period: 21-05-2011 09:08:32 - 21-05-2011 09:14:36

Scenario Name: Scenario1
Results in Session: C:\Documents and Settings\Administrator\Local Settings\Temp\res\res.lrr
Duration: 6 minutes and 4 seconds.

Statistics Summary

Maximum Running Vusers:	20
Total Throughput (bytes):	300,868,781
Average Throughput (bytes/second):	824,298
Total Hits:	23,001
Average Hits per Second:	63.016　　View HTTP Responses Summary

Transaction Summary

Transactions:　Total Passed: 1,393 Total Failed: 0 Total Stopped: 0　　Average Response Time

Transaction Name	Minimum	Average	Maximum	Std. Deviation	90 Percent	Pass	Fail	Stop
Action Transaction	3.992	4.025	4.167	0.012	4.029	1,353	0	0
vuser end Transaction	0	0	0	0	0	20	0	0
vuser init Transaction	0	0	0	0	0	20	0	0

HTTP Responses Summary

HTTP Responses	Total	Per second
HTTP 200	21,648	59.31
HTTP 301	1,353	3.707

图 4—94　结果分析描述界面

4.2.4　LoadRunner 8.0 结果分析

场景运行完毕，在结果目录下会自动保存一个扩展名为 Lrr 的结果文件，Analysis 能够打开这个结果文件，加载时自动处理 Lrr 文件内的结果信息，并自动生成相应的结果图表；每次对结果信息进行处理的时候，Analysis 是在一个开启的会话内进行工作的。每个会话至少包括一套场景结果（即一个 Lrr 文件）。在 Analysis 中对结果信息进行另存时，除了重新保存数据自身信息外，还保存了结果数据在 Analysis 中实现的显示方式和层次关系，以及哪些图表被激活等信息，这时保存的文件扩展名为 Lra。

用 LoadRunner 分析资源占用率标准如下。

1. 平均事务响应时间（Average Transaction Response Time）

依据 2-5-10 原则：简单说，就是当用户能够在 2 秒以内得到响应时，会感觉系统的响应很快；当用户在 2～5 秒之间得到响应时，会感觉系统的响应速度还可以；当用户在 5～10 秒以内得到响应时，会感觉系统的响应速度很慢，但是还可以接受；而当用户在超过 10 秒后仍然无法得到响应时，会感觉系统糟透了，或者认为系统已经失去响应，而选择离开这个 Web 站点，或者发起第二次请求。

2. 每秒点击率（Hits per Second）

“Hits per Second（每秒点击数）”反映了客户端每秒钟向服务器端提交的请求数量，客户端发出的请求数量越多，与之相对应的“Average Throughput(bytes/second)”也会越大，并且发出的请求越多会对平均事务响应时间造成影响，所以在测试过程中往往将这三者结合起来分析。如果“Hits per Second”和“Average Throughput(bytes/second)”两种曲线都正常且基本一致，则说明服务器能及时地接收客户端的请求，并能够返回结果。如果“Hits per Second”正常，而“Average Throughput(bytes/second)”不正常，则表示虽然能够接收服务器的请求，但返回结果较慢，可能是程序处理缓慢。如果“Hits per Second”不正常，则说明客户端存在问题，这一般是网络引起的，或者录制的脚本有问题，不能正确地模拟用户的行为。

3. 每秒系统处理事务数（Transaction per Second）

每秒通过事务数分析图（Transaction per Second，TPS）：显示在场景运行的每一秒中，每个事务通过、失败以及停止的数量。通过它可以确定系统在任何给定时刻的实际事务负载。若随着测试的进展，应用系统在单位时间内通过的事务数目在减少，则说明服务器出现瓶颈。

4. 吞吐量（Throughout）

单位时间内吞吐量越大，说明服务器处理事物的能力越强，而请求数仅表示客户端服务器发出的请求数，一般与吞吐量成正比。

5. CPU 利用率（Processor 或%Processor Time）

好：70%

坏：85%

很差：90%+

6. 数据库操作消耗的 CPU 时间（Processor/%User Time）

如果该值较大，可以考虑是否能通过友好算法等方法降低这个值。如果该服务器是数据库服务器，Processor User Time 值大的原因很可能是数据库的排序或者函数操作消耗了过多的 CPU 时间，此时可以考虑对数据库系统进行优化。达到 90%以上说明值比较大。

7. 核心态 CPU 平均利用率（Processor/%Privileged Time）

如果该参数值一直很高，表明 I/O 有问题，可考虑更换更快的硬盘系统。

8. 剩余的可用内存（Memory/Avaliable Mbytes）

至少要有 10％ 的物理内存值，否则说明内存应该换更大容量的。另外如果计数器的值持续降低，则很可能存在内存泄漏。

9. 每秒下载页数（Memory/pages/sec）

好：无页交换；

坏：CPU 每秒 10 个页交换；

很差：更多的页交换。

如果页交换多的话说明内存不够，要增加内存数量。

10. 网络吞吐量（Network Interface/Bytes Total/sec）

判断网络连接速度是否是瓶颈，可以用该计数器的值除以目前网络的带宽，结果应该小于 50％。

课后自测及相关实训 4

一、填空题

知识点：测试工具

1. LoadRunner 是一种适用于各种体系架构的______测试工具，它能______系统行为并______系统性能。

2. ______是一种文件，用于根据性能要求定义在每一个测试会话运行期间发生的事件。

3. 并发用户数量的正确理解是，在同一时刻与______进行交互的在线用户数量。

4. 吞吐量指在一次性能测试过程中网络上传输的______的总和。

5. ______是衡量系统处理能力的重要指标。

6. 吞吐量/传输时间＝______。

7. 事物可能由一系列的请求组成，事物的响应时间主要针对______而言，属于宏观上的概念。

8. 软件性能测试分为一般性能测试、______、______、______。

二、选择题

知识点：测试工具

1. LoadRunner 8.0 由哪些部件组成？（　　）

A. Virtual user generator　　B. Contorller

C. Analysis　　D. 以上都是

2. 使用 LoadRunner 的步骤是（　　）。

A. 录制脚本—调试脚本—场景设置—结果分析—脚本录制设置

B. 脚本录制设置—录制脚本—调试脚本—场景设置—结果分析

C. 脚本录制设置—调试脚本—场景设置—录制脚本—结果分析

D. 脚本录制设置—录制脚本—场景设置—结果分析—调试脚本

3. LoadRunner 的哪个部件可以模拟多用户并发下回放脚本？（　　）

A. Virtual user generator　　B. Controller

C. Analysis　　　　　　　　　　　　D. Tunning Console

4. 关于集合点，下列哪些说法是错误的？(　　)

A. 集合点是用来设置多个用户到达某个用户数量点集合的

B. 集合点是用来同时触发一个事务的

C. 设置集合点是为了进行功能测试

D. LoadRunner 中设置集合点的函数是 LR _ rendezvous（“集合点名称”）

5. 在 LoadRunner 中，录制脚本的目的是(　　)。

A. 为了使软件产品中的代码更完善

B. 为了进行下一步的性能测试

C. 只是为了记录过程，没有别的用途

D. 以上都不对

6. 什么情况下需要在录制好的脚本中创建参数？(　　)

A. 在环境变化时必须使脚本具有环境变化的能力，就需要创建参数

B. 在任何情况下都需要创建参数

C. 在软件产品的代码不完善的情况下需要创建参数

D. 在测试员不确定软件产品的功能时需要创建参数

7. 下列关于 LoadRunner 的描述正确的是(　　)。

A. 是一种进行单元测试的测试工具

B. 通过以模拟个别用户来确认和查找问题

C. 目前很少企业会采用该工具

D. 企业使用它能最大限度地缩短测试时间，优化性能和加速应用系统的发布周期

8. 下列有关测试工具的描述错误的是(　　)。

A. LoadRunner 主要用于性能测试

B. WinRunner 主要用于功能测试

C. TestDirector 主要用于单元测试

D. NUnit 主要用于单元测试

9. 用户使用 LoadRunner 的哪个部件来录制脚本？(　　)

A. Virtual user generator　　　　　B. Tunning Console

C. Analysis　　　　　　　　　　　　D. Controller

10. 下列关于场景的说法，哪些是错误的？(　　)

A. 设置场景是为了模拟真实环境中，用户的运行状况

B. 只有通过场景来模拟实际用户的操作，性能测试结果才具有代表性

C. 在运行过程中也需要关注场景性能测试值，测试过程是否正常

D. 设置场景时不包括对脚本的选择

11. 在 LoadRunner 的测试结果中，下列关于响应时间和吞吐量的说法错误的是(　　)。

A. 吞吐量图显示的是虚拟用户每秒钟从服务器接收到的字节数

B. 当吞吐量和响应时间比较时，可以发现随着吞吐量的降低，响应时间也降低

C. 响应时间反映了用户点击速度的快慢

D. 吞吐量的峰值和最大响应时间差不多在同时出现

12. 什么是吞吐量？(　　)

A. 单位时间内系统处理客户端的请求数

B. 某段时间内客户端的请求总数

C. 虚拟用户每秒钟从服务器接收到的字节数

D. 某段时间内虚拟用户从服务器接收到的字节数

13. 对 Web 系统进行测试一般选择什么协议？(　　)

A. VB Script Vuser　　B. Simple Mail Protocol

C. Java Vuser　　D. HTTP/HTML

14. LoadRuner 主要是用来做什么测试的？(　　)

A. 性能测试　　B. 功能测试

C. 单元测试　　D. 验收测试

15. LoadRunner 中 Controller 对于虚拟用户描述正确的是(　　)。

A. 虚拟用户并发测试可以做到绝对并发

B. 在一台计算机上可以实际模拟任意多的虚拟用户

C. 虚拟用户可分布在多台客户端上

D. 虚拟用户数和服务器端压力呈线性关系

16. 下列关于虚拟用户的说法错误的是(　　)。

A. LoadRunner 用虚拟用户或 Vuser 代替实际用户

B. Vuser 模拟实际用户操作来使用应用程序。一个场景可以包含几十、几百、几千个 Vuser

C. Vuser 脚本用于描述 Vuser 在场景中执行的操作

D. 虚拟用户其实就是实际的人在操作

三、简述题

1. NUnit 的功能是什么？
2. NUnit 的基本原理是什么？
3. 简述 NUnit 的安装步骤及如何在 VS. NET 2008 环境下启动。
4. 说明 NUnit 的使用方法。

附录：界面设计规范

1. 应验证界面显示内容的完整性

- 报表显示时应考虑数据显示宽度的自适应或自动换行。

- 所有有数据展现的界面（如统计、查询、编辑录入、打印预览、打印等），必须使测试数据的记录数超过一屏/一页，以验证满屏/页时其窗体是否有横向、纵向滚动条或换页打印，界面显示是否正常。

2. 应验证界面显示内容的一致性

- 如有多个系统展现同一数据源时，应保证其一致性。

3. 应验证界面显示内容的准确性

- 对于报表中的所有字段值都应该有明确的定义，对于无意义的字段值，不应该显示空，应显示“——”或“/”，表示该字段值无意义。

4. 应验证界面显示内容的友好性

- 对统计的数据应按用户习惯进行分类、排序。
- 某些重要信息在输入、修改、删除时应有“确认”提示信息。
- 界面内容更新后系统应提供刷新功能。
- 用户在退出系统后重新登录时应考虑是否需要自动返回到上次退出系统时的界面。

5. 应验证界面提示信息的指导性

- 在多个业务功能组成的一个业务流程中，如果各个功能之间的执行顺序有一定的制约条件，应通过界面提示用户。

- 用户提示信息应具有一定的指导性，在应用程序正在进行关键业务的处理时，应考虑在前台界面提示用户应用程序正在进行的处理，以及相应的处理过程，在处理结束后再提示用户处理完毕。

- 在某些数据输入界面，如果要求输入的数据符合某项规则，应在输入界面提供相应的规则描述；当输入数据不符合规则时应提示用户是否继续。

- 在对任何配置信息修改后，如果用户没有主动保存，则应在用户退出该界面时提示用户保存。

6. 应验证界面显示内容的合理性

- 在对某些查询功能进行测试时，应考虑查询条件设置的合理性以及查询结果的互补性。如某些后台处理时间不应该作为查询条件。

● 界面测试时，应考虑某一界面上按钮先后使用的顺序问题，以免用户对此产生迷惑。例如，只能在查询成功后显示执行按钮。

● 界面测试时，应验证窗口与窗口之间、字段与字段之间的浏览顺序是否正确。

7. 界面测试时，应考虑用户使用的方便性

● 在某些对数据进行处理的操作界面，应考虑用户可能对数据进行处理的频繁程度和工作量，考虑是否可以进行批量操作。

8. 界面测试时，应考虑界面显示及处理的正确性

● 界面测试时应验证所有窗体中的对象状态是否正常，是否符合相关的业务规则需要。

● 应验证各种对象访问方法（Tab 健、鼠标移动和快捷键）是否可正常使用，并且在一个激活界面中快捷键无重复。

● 界面测试不仅要考虑合理的键盘输入，还应考虑是否可以通过鼠标复制/粘贴输入。

● 对于统计查询功能的查询结果应验证其是否只能通过界面上的查询或刷新按键人工触发，应避免其他形式的触发。

● 对界面上的任何对象进行拖拉，然后进行查询、打印，应保证查询打印结果不变。

9. 界面测试时，应考虑数据显示的规范性

● 确保数据精度显示的统一：如单价 0 元，应显示为 0.00 元。

● 确保时间及日期显示格式的统一。

● 确保相同含义属性/字段名的统一。

● 对所有可能产生的提示信息界面内容和位置进行验证，确保所有的提示信息界面应居中。

参考文献

[1] 周予滨，姚静译．软件测试技术．北京：机械工业出版社，2010

[2] [美] Elfriede Dustin. 有效软件测试．北京：清华大学出版社 ，2003

[3] [美] Ron Patton. 软件测试．北京：机械工业出版社，2002

[4] [美] 蕾克斯·布莱克．测试流程管理．北京：北京大学出版社 2001

[5] 赵斌．软件测试技术经典教程．北京：科学出版社，2007

[6] 王峰．计算机软件测试．北京：机械工业出版社 ，2004

[7] 许育诚．软件测试与质量管理．北京：电子工业出版社，2004

[8] [美] Mark Fewster，Dorothy Graham. 软件测试自动化技术与实例详解．北京：电子工业出版社 ，2000

[9] 张克东，庄燕滨．软件工程与软件测试自动化教程，北京：电子工业出版社，2002

[10] [美] J. A. Whittaker. 实用软件测试指南．北京：电子工业出版社，2003

[11] http：//bbs. 51testing. com/thread-51985-1-1. html

图书在版编目（CIP）数据

软件测试技术与项目实训/于艳华、王素华、吴艳平主编．—北京：中国人民大学出版社，2012
（教育部高职高专计算机教指委规划教材）
ISBN 978-7-300-14121-3

Ⅰ.①软… Ⅱ.①于…②王…③吴… Ⅲ.①软件-测试-高等职业教育-教材 Ⅳ.①TP311.5

中国版本图书馆 CIP 数据核字（2011）第 180252 号

教育部高职高专计算机教指委规划教材
软件测试技术与项目实训
主　编　于艳华　王素华　吴艳平
副主编　于艳波　李宏伟　白淑平
主　审　李　季

出版发行	中国人民大学出版社		
社　址	北京中关村大街 31 号	**邮政编码**	100080
电　话	010－62511242（总编室）		010－62511398（质管部）
	010－82501766（邮购部）		010－62514148（门市部）
	010－62515195（发行公司）		010－62515275（盗版举报）
网　址	http://www.crup.com.cn		
	http://www.ttrnet.com(人大教研网)		
经　销	新华书店		
印　刷	北京民族印务有限责任公司		
规　格	185 mm×260 mm　16 开本	**版　次**	2012 年 1 月第 1 版
印　张	14.75	**印　次**	2014 年 7 月第 2 次印刷
字　数	352 000	**定　价**	27.00 元

教育部高职高专计算机教指委规划教材

序号	标准书号	书　名	主　编	定价(元)	备　注
1	ISBN 978-7-300-12890-0	大学计算机基础教程	舒望皎、王瑛舒雅	26.00	配备教学资源
2	ISBN 978-7-300-13635-6	计算机信息技术基础与实训教程	王洪香、孟祥瑞	33.00	配备教学资源
3	ISBN 978-7-300-12889-4	C 语言程序设计项目教程	吕新平	29.80	配备教学资源
4	ISBN 978-7-300-13861-9	C 语言程序设计实例教程	周静、陈俊伟	33.00	配备教学资源
5	ISBN 978-7-300-13434-5	数据结构与算法	田晶、金鑫	29.00	配备教学资源
6	ISBN 978-7-300-12888-7	计算机组装与维修案例教程·浙江省高校重点教材建设（高职高专）	张海波	29.00	配备教学资源
7	ISBN 978-7-300-14122-0	网络技术基础项目教程	张学金	29.00	配备教学资源
8	ISBN 978-7-300-11722-5	ASP. NET 网络程序设计	崔连和	28.00	配备教学资源
9	ISBN 978-7-300-13432-1	现代办公自动化项目教程（Windows XP＋Office2010）	靳广斌	29.00	配备教学资源
10	ISBN 978-7-300-11475-0	软件工程技术与实用开发工具	王伟	26.00	配备教学资源
11	ISBN 978-7-300-14121-3	软件测试技术与项目实训	于艳华	27.00	配备教学资源
12	ISBN 978-7-300-12061-4	Java 程序设计项目教程	张兴科、季昌武	29.80	配备教学资源
13	ISBN 978-7-300-12059-1	Java 网络程序设计项目教程——校园通系统的实现	王茹香	25.00	配备教学资源
14	ISBN 978-7-300-14154-1	Java Web 应用教程——网上购物系统的实现	李明革、孙佳帝	25.00	配备教学资源
15	ISBN 978-7-300-12060-7	JSP 动态网站设计项目教程	张兴科	28.00	配备教学资源
16	ISBN 978-7-300-12504-6	Dreamweaver CS 网页设计与实训教程	史晓红、章立	29.00	配备教学资源
17	ISBN 978-7-300-12887-0	SQL Server 2005 数据库案例教程	尹毅峰、李东	28.00	配备教学资源
18	ISBN 978-7-300-13435-2	Web 数据库设计项目教程	邵冬华	29.00	配备教学资源
19	ISBN 978-7-300-12759-0	企业级网站开发项目教程（ASP. NET）	陈义辉、沙继东	32.00	配备教学资源
20	ISBN 978-7-300-12891-7	动态网站开发技术项目教程（ASP. NET）	牛立成	29.00	配备教学资源
21	ISBN 978-7-300-13430-7	基于 C#的 Windows 应用程序设计项目教程	刘昌明、郑卉	28.00	配备教学资源
22	ISBN 978-7-300-13246-4	数据库开发技术项目教程（SQL Server 2008＋C#2008）	王跃胜	28.00	配备教学资源
23	ISBN 978-7-300-13431-4	Windows Server 操作系统维护与管理项目教程	王伟	29.00	配备教学资源
24	ISBN 978-7-300-13433-8	Linux 网络服务器搭建管理与应用	周奇	28.00	配备教学资源
25	ISBN 978-7-300-	数字电子技术及 EDA 设计项目教程	王艳芬、候聪玲	28.00	配备教学资源
26	ISBN 978-7-300-13636-3	Flash CS5 动画设计项目实践教程	周奇	29.00	配备教学资源
27	ISBN 978-7-300-12892-4	Premiere Pro CS4 视频编辑项目教程（彩印）	尹敬齐	38.00	配备教学资源
28	ISBN 978-7-300-12894-8	中文版 Photoshop 设计与制作项目教程(彩印)	张小志、高欢	35.00	配备教学资源
29	ISBN 978-7-300-12893-1	3ds Max 动画设计与制作项目教程（彩印）	许广彤	35.00	配备教学资源
30	ISBN 978-7-300-12886-3	网页美术设计（彩印）	许广彤	33.00	配备教学资源

全国高职高专计算机系列精品教材

序号	标准书号	书　名	主　编	定价(元)	备　注
1	ISBN 978-7-300-12039-3	网络管理与维护	马志彬	26.00	配备教学资源
2	ISBN 978-7-300-12437-7	计算机应用基础	沈美莉、陈孟建、池敏	32.00	配备教学资源
3	ISBN 978-7-300-12435-3	计算机应用基础实训	刘静	26.00	配备教学资源
4	ISBN 978-7-300-12458-2	C 语言程序设计	汪剑	25.00	配备教学资源
5	ISBN 978-7-300-12432-2	Java 实例应用教程	王建虹	26.00	配备教学资源
6	ISBN 978-7-300-12459-9	计算机组成原理	朱小军	25.00	配备教学资源
7	ISBN 978-7-300-12429-2	计算机网络技术实训教程	曹建春	28.00	配备教学资源
8	ISBN 978-7-300-12431-5	Dreamweaver 网页设计与制作案例教程	李敏	26.00	配备教学资源
9	ISBN 978-7-300-12428-5	计算机组装与维护	陈桂生	22.00	配备教学资源
10	ISBN 978-7-300-12434-6	多媒体应用技术基础教程	张明	20.00	配备教学资源
11	ISBN 978-7-300-12436-0	三维动画设计与制作	向华	28.00	配备教学资源
12	ISBN 978-7-300-12430-8	数据结构导论	蔡厚新	39.80	配备教学资源
13	ISBN 978-7-300-12438-4	操作系统概论	杨云	29.00	配备教学资源
14	ISBN 978-7-300-12433-9	二维动画制作技术	牟奇春	26.00	配备教学资源

教师信息反馈表

为了更好地为您服务，提高教学质量，中国人民大学出版社愿意为您提供全面的教学支持，期望与您建立更广泛的合作关系。请您填好下表后以电子邮件或信件的形式反馈给我们。

<table>
<tr><td>您使用过或正在使用的我社教材名称</td><td></td><td>版次</td><td></td></tr>
<tr><td>您希望获得哪些相关教学资料</td><td colspan="3"></td></tr>
<tr><td>您对本书的建议（可附页）</td><td colspan="3"></td></tr>
<tr><td>您的姓名</td><td colspan="3"></td></tr>
<tr><td>您所在的学校、院系</td><td colspan="3"></td></tr>
<tr><td>您所讲授课程名称</td><td colspan="3"></td></tr>
<tr><td>学生人数</td><td colspan="3"></td></tr>
<tr><td>您的联系地址</td><td colspan="3"></td></tr>
<tr><td>邮政编码</td><td></td><td>联系电话</td><td></td></tr>
<tr><td>电子邮件（必填）</td><td colspan="3"></td></tr>
<tr><td>您是否为人大社教研网会员</td><td colspan="3">□ 是　会员卡号：________
□ 不是，现在申请</td></tr>
<tr><td>您在相关专业是否有主编或参编教材意向</td><td colspan="3">□ 是　　　□ 否
□ 不一定</td></tr>
<tr><td>您所希望参编或主编的教材的基本情况（包括内容、框架结构、特色等，可附页）</td><td colspan="3"></td></tr>
</table>

我们的联系方式：北京市海淀区中关村大街 31 号

中国人民大学出版社教育分社

邮政编码：100080

电话：010-62515923

网址：http：//www.crup.com.cn/jiaoyu

E-mail：jyfs _ 2007@126.com